KB009220

러시아를 넘어 미국에 도전하는

중국의 우주 굴기

러시아를 넘어 미국에 도전하는

중국의 우주 굴기

초판 1쇄 발행일 | 2020년 10월 31일

지은이 | 이춘근
펴낸이 | 이원중

펴낸곳 | 지성사 **출판등록일** | 1993년 12월 9일 등록번호 제10-916호
주소 | (03458) 서울시 은평구 진흥로 68 정안빌딩 2층(북측)
전화 | (02) 335-5494 **팩스** | (02) 335-5496
홈페이지 | www.jisungsa.co.kr 이메일 | jisungsa@hanmail.net

© 이춘근, 2020

ISBN 978-89-7889-453-1 (03500)

잘못된 책은 바꾸어드립니다. 책값은 뒤표지에 있습니다.

이 도서의 국립중앙도서관 출판예정도서목록(CIP)은 서지정보유통지원시스템 홈페이지(http://seoji.nl.go.kr)와 국가자료공동목록시스템(http://www.nl.go.kr/kolisnet)에서 이용하실 수 있습니다. (CIP제어번호:CIP2020046054)

러시아를 넘어
미국에 도전하는

이춘근 지음

중국의 우주 굴기

*굴기(崛起) : 우뚝 일어남

지성사

2020년 7월 20일, 아랍에미리트(UAE)의 첫 화성 탐사선인 '아말(Amal)'이 일본의 로켓 'H2A'에 실려 발사되었다. 같은 달 23일에는 중국 최초의 화성 탐사선 '톈원 1호(天問一號)'가 '창정 5Y4'에, 일주일 후인 30일에는 미국의 화성 탐사선 '퍼시비어런스(Perseverance)'가 '아틀라스 V'에 실려 발사되었다. 주요국들의 경쟁적인 화성 탐사는 이들의 기술 주도권 싸움이 머나먼 우주까지 이어지고 있다는 것을 잘 보여준다.

경쟁의 전면에는 미국과 중국이 있다. 얼마 전까지는 우주개발 초강대국인 미국을 러시아와 유럽이 뒤따르는 모양새였지만, 최근 들어 많은 영역에서 중국이 러시아와 유럽을 넘어 미국에 도전하고 있다. 근래 격화된 미중 양국의 안보, 경제 경쟁을 넘어 우주개발과 개척이 전면에 나선 것이다.

우주 개척에는 강력하고 효율적인 발사체와 다양한 위성 플랫폼이 필요하다. 이를 개발하기 위해서는 지도자의 결단과 치밀한 장기 계획, 막대한 투자, 사명감이 투철한 대규모 전문가 집단과 충분한 지상 설비가 있어야 한다. 중국은 무려 60여 년의 간고한 노력을 거쳐 우주 개척의 기반을 뒷받침할 거대한 산업을 일구었다.

필자는 1993년 중국 연변과학기술대학 교수로 부임한 이후부터 지금까지 10여 년을 중국에 체류하며 과학기술 정책과 그 결과들을 살펴볼 수 있었다. 특히 중국이 자랑하는 과학기술 성과인 양탄일성(兩彈一星, 원자탄,

수소탄, 인공위성)은 필자에게도 최대의 관심사였다.

중국이 우주개발 과정에서 선진국들을 넘어서기 위해 채택한 수많은 정책들은 고유의 발사체를 개발해 신흥 우주 강국으로 부상하려는 우리나라에 많은 교훈을 줄 것이다. 아울러 중국과 유사한 개발 경로를 택한 북한을 이해하고 대응 방안을 수립하는 데에도 도움이 될 것이다. 이것이 바로 이 책을 쓴 이유이다.

이 책의 목적은 중국의 우주기술 개발사를 짚어가며 그 목적과 개발 정책, 결정 과정과 결과를 살펴보고 우리에게 주는 시사점을 이끌어내는 데 있다. 따라서 시간에 따른 변화와 분야별 정책을 장별로 구분하여 독자가 필요한 부분을 선택해 파악할 수 있도록 했다. 국내 우주기술 전문가들과 관계자들에게, 그리고 우주개발에 관심이 많은 독자들에게 이 책이 조금이나마 도움이 되기를 바란다.

끝으로, 어렵고 바쁜 상황에서도 이 책을 흔쾌히 맡아 출판해주신 지성사 이원중 사장님을 비롯한 직원 여러분에게 깊은 감사의 마음을 전한다.

일러두기

우리 생활과 언어에 한자가 깊숙이 자리 잡고 있지만, 우주기술과 같은 전문 용어들은 대부분 영어로 표기된다. 다만, 정책에 관련된 용어들은 중국어를 사용해도 이해하는 데 큰 어려움이 없어 보인다. 오히려 중국어를 사용함으로써 중국의 특성을 좀 더 잘 이해할 수 있다. 필자가 한국에서 주로 사용하는 '미사일'이라는 표현 대신 중국어 표현인 '유도탄(導彈, 도탄)'을 사용한 것도 이 때문이다.

사람이나 지역 이름도 대부분 중국식 표현을 그대로 사용했고, 특별한 경우에는 한자를 병기했다. 다만 우주개발에 관련된 기관들은 수없이 변화했고 그 과정이 매우 복잡하기 때문에 11장에 기관별 특성과 변화 과정을 도표로 설명하여 이해를 돕고자 했다. 이를 참고하여 읽는다면 중국 우주개발의 시기별, 분야별 특성을 좀 더 잘 이해할 수 있을 것이다.

차 례

01 첸쉐썬의 귀국

첸쉐썬(1911. 12. 11. – 2009. 10. 31.)

"양탄일성(兩彈一星)을 보유하지 못했다면, 중국은 결코 지금처럼 중요한 영향력과 지위를 가진 대국이 되지 못했을 것이다."

_ 양탄일성 공훈과학자 훈장 수여식(1999.9.18)에서, 장쩌민(江澤民)

중국인들은 양탄일성(兩彈一星, 원자탄, 수소탄, 인공위성 또는 원자탄, 유도탄, 인공위성)을 중국 최고의 과학기술 성과로 생각하고 자랑스럽게 여긴다. 첨단무기의 필요성을 절감한 중국 지도자들이 오랜 시간 국력을 총동원하여 개발했기 때문이다. 물론 중국 과학자들의 뛰어난 역량과 애국심, 희생이 더해졌기 때문에 가능한 일이었다. 여기에는 열강의 침략과 국가적 혼란이 극심했던 때에 외국에서 공부했던 수많은 과학자들이 포함된다. 첸쉐썬(錢學森)이 그 대표적인 예이다.

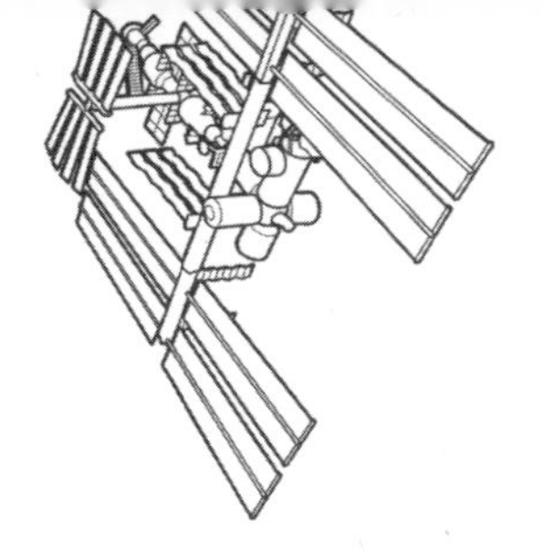

양탄일성과 유학파 과학자

1949년 건국 당시 중국은 대규모 농업국가로, 일본의 침략과 내전으로 인한 상흔에 피폐해진 상태였다. 이런 상황에서 첨단기술과 대규모의 관련 산업이 필요한 핵무기, 유도탄, 인공위성을 개발하는 것은 매우 어려운 일이었다. 이에 중국 정부는 자연스럽게 외국으로 유학을 떠난 고급 과학자들을 적극적으로 유치, 활용하게 되었다.

1999년에 선발된 양탄일성 공훈상 수상자 23명 중 19명이 외국에서 학위(박사 13명, 석사 4명, 학사 2명)를 취득했고, 2명은 외국에서 연구를 진행한 경험이 있었다. 수상자들 대부분은 당시 세계 최고의 과학기술자 밑에서 배우고 연구했기 때문에 첨단기술의 발전 추세를 잘 알고 있었고 창의적인 연구를 하는 데 익숙했다.

물론 이들 모두가 투철한 공산주의자는 아니었다. 전체의 70퍼센트 이상이 지식인 부모 밑에서 태어났고, 나머지 대부분도 도시 상공인 가정에서 태어났다. 문화대혁명(1966~1976년까지 마오쩌둥을 중심으로 한 사회주의 운동) 기간에 상당수가 '반동학술권위'로 핍박받고 자오주장과 펑환우가 요절한 것도 그들의 출신 성분과 외국 유학 경험 때문이었다.

이 름	최종 학위와 대학	이 름	최종 학위와 대학
첸쉐썬(錢學森)	캘리포니아 공과대학(칼텍) 박사(미국)	양쟈츠(楊嘉墀)	하버드대학 박사 (미국)
첸싼창(錢三强)	파리대학 박사(프랑스)	투서우어(屠守鍔)	매사추세츠 공과대학(MIT) 석사(미국)
자오주장(趙九章)	베를린대학 박사(독일)	황웨이루(黃緯祿)	런던대학 석사(영국)
야오퉁빈(姚桐斌)	버밍엄대학 박사(영국)	왕시지(王希季)	버지니아대학 석사(미국)
주광야(朱光亞)	미시간대학 박사(미국)	왕다헝(王大珩)	런던대학 석사(영국)
덩자셴(鄧稼先)	퍼듀대학 박사(미국)	쑨자둥(孫家棟)	주콥스키 공군대학 학사(소련)
런신민(任新民)	미시간대학 박사(미국)	천넝콴(陳能寬)	예일대학 학사(미국)
우즈량(吳自良)	피츠버그대학 박사(미국)	저우광사오(周光召)	베이징대학 석사(중국)
궈융화이(郭永懷)	캘리포니아 공과대학 박사(미국)	위민(于 敏)	베이징대학 석사(중국)
왕간창(王淦昌)	베를린대학 박사(독일)	첸이(錢 驥)	중앙대학 학사(중국)
펑환우(彭桓武)	에든버러대학 박사(영국)	천팡윈(陳芳允)	칭화대학 학사(중국)
청카이자(程開甲)	에든버러대학 박사(영국)		

그럼에도 위의 2명을 제외한 모든 수상자들이 중국과학원의 원사(院士, 최고 학술 칭호의 종신 영예)로 선발되었고, 정권 역시 이들을 최대한 활용했다. 따라서 이들의 유학 과정과 귀국 동기, 과학자로서의 역할 등을 자세히 살펴보는 것도 중국의 첨단무기 개발 과정을 이해하는 데 상당히 유효하다. 첸쉐썬이 대표적인 사례가 될 것이다.

첸쉐썬의 어린 시절과 미국 유학

첸쉐썬을 빼고는 중국의 우주산업을 논할 수 없을 정도로 그가 중국의 우주개발에 미친 영향이 실로 막대하다. 그러나 그의 역할이 처음부터 계획된 것은 아니었다. 다른 양탄일성 수상자들처럼 첸쉐썬의 일생도 당시 중국이 처한 국내외 정세에 큰 영향을 받았다.

첸쉐썬은 1911년, 항저우(杭州) 출신의 교육자인 첸쥔푸(錢均夫)의 아들로 태어났다. 어려서부터 총명했던 그는 주위의 기대를 한 몸에 받으며 상하이교통대학 기계공학과에 입학했고 철도(鐵道)를 전공했다. 그가 철도를 선택한 이유는 쑨원(孫文)의 『건국방략(建國方略)』을 읽고 중국의 미래에 철도가 아주 중요하다는 것을 깨달았기 때문이라고 한다. 청년 첸쉐썬이 조국의 현실과 미래에 깊은 사명감을 지녔던 것을 알 수 있는 대목이다.

그러나 대학 재학 중이던 1932년에 일어난 상하이 사변 당시, 일본군 전투기의 습격에 속수무책으로 당하는 중국군을 보고 생각이 바뀌었다. 열강의 침입을 막고 부국강병을 이루려면 강한 국방력과 이를 뒷받침할 과학기술이 필요한데, 당시 중국은 이러한 기반이 거의 없었던 것이다. 이에 분개한 첸쉐썬은 선택 과목으로 항공공학을 이수하며 꾸준히 항공 관련 분야를 공부했고, 미국 공비유학 시험에서도 항공공학과를 선택하게 되었다.

🌐 중국인의 미국 공비(公費) 유학은 미국 정부가 의화단 사건 배상금을 재원으로 1909년에 시작한 프로그램이다. 이를 추진하기 위해 중국은 1910년 칭화학당(1928년 국립 칭화대학으로 개명)을 설립했다. 선발된 유학생들은 미국에서 학비와 기숙사비를 면제받았고 월 100달러의 용돈을 최대 3년간 받을 수 있었다.
선발 초기에는 학과 구분 없이 100여 명의 고등학교 졸업생을 모집했으나, 일본의 만주 침략으로 고급 인력의 수요가 급증하자 대학 최우수 졸업생 약 20명을 선발해 단기 유학을 보내게 되었다. 1933년부터 1936년까지 4회에 걸쳐 공개 모집했는데, 항공공학과는 1기에 2명이, 첸쉐썬이 선발된 2기부터는 1명이 선발되었다.

첸쉐썬은 항공공학과에 지원한 4명 중 수석이었지만 평균 점수가 낮았고 심지어 수학은 과락(科落)이었다. 다만, 항공공학 점수가 매우 높았고 재학 중 썼던 몇 편의 글을 인정받아 선발될 수 있었다. 이것이 20년 후의 중국 우주산업 발전의 토대가 되었다.

당시 칭화(清華)대학은 선발된 공비 유학생에게 1년 동안 예비 학습과 현장실습 과정을 거치도록 하고, 이를 토대로 진학할 미국 대학을 결정했다. 첸쉐썬은 항저우(杭州) 비행기 제조공장과 난창(南昌) 제2항공수리공장, 난징(南京) 제1항공수리공장 등에서 실습한 후, 칭화대학 기계공학과의 항공공정모임에서 공부했다. 항공 관련 분야에서 중국이 처한 현실과 수요를 파악하고, 공비 유학자로서의 사명감을 고취하는 시간이었다.

1935년 9월, 첸쉐썬은 미국 매사추세츠 공과대학(이하 MIT)의 항공공학과 항공기설계 전공에 입학했다. 당시 이 학과에는 제롬 헌세커(Jerome Hunsaker) 학과장을 비롯해 세계 최고의 교수진이 있었다. 다행인 점은 첸쉐썬의 모교인 상하이교통대학이 MIT의 교과과정을 철저히 모방했다는 것이었다. 그는 빠르게 학습에 적응할 수 있었고 성적도 아주 우수해 1년 만에 석사학위를 취득했다. 이에 교수들은 그에게 박사과정에 진학할 것을 제안했다.

자유로운 사고와 완벽한 이론체계 정립을 좋아하는 첸쉐썬의 진가가 발휘되는 순간이었다. 당시 MIT는 공학이 주를 이루고 있어서 과학적 원리를 깊이 탐구하려는 그의 열망을 채워주지 못했다. 특히 그의 석사학위 논문 주제인 변계층[1] 연구에서 MIT의 풍동(인공으로 바람을 일으켜 기류가 물체에 미치는 작용이나 영향을 실험하는 장치) 설비가 만족스럽지 못하자, 다른 대학을 찾기 시작했다.

1) 유체가 고체 표면을 흐를 때 표면에 발생하는 고밀도, 저속의 박층으로, 유동량 손실과 마찰을 일으킴

제트추진 분야의 대가로 성장하다

1936년 8월, 첸쉐썬은 캘리포니아 공과대학(칼텍) 항공공학과 학과장이자 구겐하임 항공연구소(Guggenheim Aero Laboratory California institute of Technology, GALCIT)의 소장인 폰 카르만(Theodore von Karman)의 박사과정 학생이 되었다. 이후 2년가량 남은 유학 기간을 1년 더 연장하여 3년 만인 1939년, 28세의 나이에 박사학위를 받았다. 그의 학위논문인 「압축 가능 유체 운동과 반작용 추진 문제」 연구는 당시 항공학계의 난제를 해결하는 뛰어난 업적으로 각계의 커다란 주목을 받았다.

◍ 폰 카르만은 헝가리 태생의 유대인이다. 독일 괴팅겐 대학에서 박사학위를 받고 아헨 공과대학에서 교수로 재직하다가, 1930년 독일의 유대인 박해를 피해 미국으로 건너갔다. 그는 탄성론과 진동론, 공기역학 등을 연구했는데, 특히 수리과학을 기초로 하는 공학 연구에서 큰 업적을 남겨 근대 항공공학의 아버지로 불린다.
카르만은 칭화대학의 공비유학 프로그램 고문을 맡았던 적이 있어 중국인을 잘 이해하고 있었고, 독일식의 엄격한 학사 관리와 학생들의 직접 실험을 강조했기 때문에 첸쉐썬이 매우 신뢰하고 따른 교수였다. 첸쉐썬 스스로도 "카르만 교수를 만난 것은 내 일생에서 결정적인 의미가 있다"라고 했다. 카르만 역시 "첸쉐썬은 상상력이 풍부하고 수학에 천재적인 재능이 있으며, 자연현상에서 핵심 원리를 찾아내는 능력이 탁월하다"고 칭찬했다.

졸업 후 첸쉐썬은 귀국을 미루고 폰 카르만 교수가 세운 제트추진실험실(Jet Propulsion Laboratory, JPL)과 초음속풍동 건설의 핵심 연구원이 되었다. 1939년 제2차 세계대전이 발발하여 로켓 개발이 본격화되면서, 연구 분야도 추진제와 엔진 설계 등으로 확대되었다. 처음에는 외국인 신분이라 군사기밀을 다루는 데 제한이 있었지만 카르만 교수의 추천으로 모두 해제되어 연구에 집중할 수 있었다. 1943년에 조교수가 되었고, 1944년부터는

JPL과 미군이 체결한 대형 로켓연구계획(ORDCIT)에 참여하여 실전 로켓 개발 경험을 쌓았고 곧 명성을 얻었다.

1945년, 첸쉐썬에게 천재일우의 기회가 찾아왔다. 독일이 항복하면서 미 공군의 주도로 로켓기술조사단이 구성된 것이다. 폰 카르만 교수가 책임자가 되었고 첸쉐썬도 대령 신분으로 조사단의 핵심 구성원이 되었다. 이들은 4월부터 6월까지 노르트하우젠(Nordhausen)의 V-2 생산 공장과 각지에 흩어진 공기역학연구소, 공군기지, 풍동 설비, 대학 연구실 등을 둘러보면서 수많은 로켓과 부품들, 설계도를 입수했다. 투항한 독일의 폰 브라운(Wernher von Braun) 박사에게는 「독일 액체연료 로켓 발전과 미래 전망」이라는 보고서를 쓰도록 했다.

미국으로 돌아와 부교수로 승진한 첸쉐썬은 동료들과 함께 공군의 기술 교범인 『제트추진』을 집필했다. 또한 총 13권으로 구성된 독일 로켓 시설 조사 보고서도 완성했다. 이 보고서에 첸쉐썬은 공기역학과 엔진, 추진제, 발사 기술 등을 정리해 각계의 격찬을 받았고, 위상도 폰 카르만 교수 다음으로 높아졌다. 첸쉐썬 스스로도 "안목이 크게 떠지는 엄청난 경험"이라고 할 만큼, 당시 세계 최고였던 독일 로켓기술의 습득은 그를 새로운 세계로 이끌었다.

1946년 8월, 첸쉐썬은 캘리포니아 공과대학을 떠나 MIT의 종신 부교수가 되었다. 은사인 폰 카르만 교수가 대학과의 불화로 인해 다른 학교로 떠났고, 첸쉐썬 자신도 MIT에서 관련 분야를 폭넓게 연구하고 싶었기 때문이다. 그는 곧 능력을 인정받아 6개월 만에 최연소 정교수가 되었고 미국 영주권도 취득했다.

같은 해 7월 귀국한 첸쉐썬은 유년 시절을 함께 했던 8년 연하의 성악가 장잉(蔣英)과 결혼했다. 장잉의 부친은 장제스(蔣介石)의 핵심 참모였던 장바이리(蔣百里) 장군이고, 모친은 장바이리가 입원했을 때 그를 간호했던 일본인 간호사였다. 양가의 부친은 일본 유학을 함께한 사이였고, 어린 시절 장잉이 첸쉐썬의 집에서 수양딸로 지내기도 했기 때문에 귀국한 첸쉐썬은 자연스럽게 장잉을 찾아 청혼했다. 당시 국민당 정부로부터 모교인 상하이교통대학 총장으로 초빙되었으나 전쟁과 정국 혼란에 회의를 느껴 바로 미국으로 돌아왔다.

곧 그에게 새로운 기회가 찾아왔다. 캘리포니아 공과대학이 구겐하임 재단의 지원을 받아 제트추진센터를 설립하면서, 그를 파격적인 조건으로 초빙한 것이다. 1949년 가을, 첸쉐썬은 신임 총장과 화해한 폰 카르만 교수의 적극적인 권유로 항공공학과 정교수 겸 제트추진센터 책임자로 부임했다. 또한 미국의 로켓 선구자인 로버트 고더드(Robert Goddard)의 이름을 딴 '고더드 강좌' 특임교수의 명예를 얻었고, 유럽으로 떠난 폰 카르만 교수의 연구실을 물려받았다.

갈등과 귀국

하지만 당시 중국의 상황은 첸쉐썬을 가만두지 않았다. 1949년 10월, 공산 정권이 수립되면서 국민당 정부는 대만으로 피난을 갔다. 두 정당이 인재 쟁탈전에 돌입하면서 첸쉐썬도 선택의 기로에 서게 되었다. 그의 이름이 널리 알려진 만큼, 고난도 크게 다가온 것이다.

그런 그에게 먼저 손을 내민 것은 대만이었다. 부친이 국민당 정부의 교육부에서 일했고, 장인은 장제스 총통의 심복 장군이었기 때문이다. 무엇보다 첸쉐썬이 대만 여권을 가지고 있었기에 주미대사관에서 대만행을 독촉했다. 이에 맞서 중국공산당도 재미 과학자들에게 깊은 관심을 보였고, 다양한 방법을 동원하여 이들의 귀국을 종용했다.

첸쉐썬은 이를 모두 마다하고 미국에 남기를 바란 것으로 보인다. 1949년에 미국 국적을 신청한 것이 이를 입증한다. 그러나 몇 개월 후인 1950년 6월, 그에게 인생 최대의 고난이 닥친다. 미국 전역에 매카시즘(매카시 선풍, 반공산주의 선풍)이 몰아치면서 첸쉐썬을 공산당원으로 의심한 미군 당국이 그의 비밀 취급 권한을 전격 취소한 것이다.

첸쉐썬의 연구 대부분이 국가 기밀에 속했으므로 비밀 취급 권한의 취소는 그가 더 이상 첨단기술 연구에 참여할 수 없다는 것을 의미했다. 크게 실망한 그가 대학에 사표를 내고 중국 귀국을 선언하자, 이민국에서는 그를 '기밀문서 휴대 출국죄'로 체포, 구금했다. 당시 해군장관은 "그의 능력은 5개 사단에 필적하니 귀국시키는 것보다 죽이는 게 낫다"라고 말한 것으로 알려졌다. 폰 카르만 교수의 탄원과 대학의 보석금으로 보름 만에 풀려났지만, 이후 5년 동안 미국의 감시와 통제를 받아야만 했다.

그는 분노를 삭이면서 할 수 있는 범위에서 연구와 교육에 매진했다. 가장 먼저 몰두한 것은 물리역학이었다. 제트추진과 같이 고온, 고속 상태에서 재료가 받는 열과 미시 구조의 변화를 파악하고 이를 조절하는 방법을 개발한 것이다.

첸쉐썬은 제어공학에도 큰 관심을 가졌는데. 장거리 로켓의 자동제어와 엔진의 연소 불안정성 문제를 이론적으로 해석하고 제어하는 것이 주 내용이었다. 이를 발전시켜 1954년에 『공정제어론』을 출간했고, 이 책은 곧 독일어, 러시아어, 중국어 등으로 번역되었다. 첸쉐썬과 그의 연구는 어려움 속에서도 또다시 학계의 주목을 받았다.

1955년 6월, 첸쉐썬은 집으로 배달된 채소 상자에서 잡지에 실린 중국의 5.1 노동절 경축식 사진을 발견했다. 이 사진에 부친의 친구인 천수퉁(陳叔通) 인민대표대회상임위원회 부위원장이 마오쩌둥(毛澤東)과 함께 천안문 성루에 서 있었다. 첸쉐썬은 즉시 구명을 청원하는 편지를 써서 감시를 피해 벨기에에 살고 있던 처제 장화(蔣華)에게 보냈다. 그녀가 편지를 첸쉐썬의 부친에게 전달했고, 곧 천수퉁을 통해 저우언라이(周恩來) 총리에게 전해졌다. 이에 그의 귀국 문제가 미·중 정부 간 주요 협상 의제로 떠올랐다.

같은 해 4월, 제네바에서 열린 5개국 회의에서 미·중 양국의 한국전쟁 포로 교환 협상이 있었으나, 첸쉐썬 등은 귀국을 원한다는 명백한 증거가 없다는 이유로 교환 대상에 포함되지 못했다. 그러나 8월에 열린 미·중 대사급 회의에서 중국이 첸쉐썬의 편지를 공개하고 10여 명의 미군 조종사들을 석방하면서 상황이 바뀌었다. 결국 이민국이 그의 귀국을 허락했고, 그를 포함한 가족 4명은 1955년 9월, 귀국길에 오를 수 있었다.

중국 유도탄 개발의 선두 주자

중국에 도착한 첸쉐썬은 열렬한 환영을 받았고 마오쩌둥도 그를 직접 만나 첨단무기 개발을 당부했다. 이에 그가 「국방항공공업 육성 의견서」를 제출했고 정부가 이를 전폭적으로 지원하면서 우주기술 개발이 본궤도에 오르게 되었다.

첸쉐썬은 인민해방군 소장 신분으로 중국과학원 역학연구소 설립 소장과 국방부 제5연구원 원장(이후 부원장), 제7기계공업부 부부장(차관), 국방과학기술위원회 부주임 등을 역임하면서 중국의 우주 계획 수립과 기술개발, 인력 양성 전반에서 핵심적인 역할을 수행했다.

그러나 그가 사회주의 이념을 맹신한 것은 아닌 것 같다. 미국에서의 행적이나 처가와의 관계에서 이러한 단면이 드러난다. 결국 그의 처신이 공산당에 입당할 때 문제가 되기도 했다. 특히 문화대혁명 시기에는 미국에서 유학한 그를 비난하는 목소리가 높았고, 첸쉐썬 자신도 다른 사람을 비판하기도 했다. 그의 부인은 부친이 장제스 정부의 고위 장군이고 모친은 일본인이어서 첸쉐썬보다 더 많은 고통을 감내해야 했다. 항공기 개발자들은 국가 자원을 유도탄 분야로 과도하게 집중시킨다고 비난하기도 했다.

이러한 상황들이 가족 관계에도 영향을 미쳤다. 국가가 경제적으로 어려울 때, 그는 스스로 월급을 깎기도 했다. 게다가 유도탄 개발은 국가 기밀이라 가족들에게도 그가 어디서 무슨 일을 하는지 알릴 수 없었다. 몇 개월씩 연락이 두절되는 첸쉐썬 때문에 부인이 국방부를 찾아가 "그가 살아있는지만이라도 알려달라"며 하소연했을 정도였다. 미국에서 태어나 어릴 때 함께 귀국한 아들 첸융강(錢永剛)도 "아버지는 자녀 교육에 크게 신경 쓰지 않았다"고 회고한 바 있다. 첸쉐썬이 이러한 난관을 극복할 수 있었던 것은 그의 탁월한 역량과 고집스러운 헌신, 그리고 그를 인정한 당시 최고 지도자들의 보호가 있었기 때문이다.

첸쉐썬은 열강의 침략에 시달리는 조국의 현실을 보면서 과감히 전공을 바꾸었다. 또 학술적 열망으로 가득 차 첨단기술 연구에 몰두했으며, 미국에 머무르는 대신 귀국을 선택하여 중국의 우주개발사에 엄청난 업적을 남겼다.

중국인들은 그를 '우주산업의 아버지', '양탄일성 원훈' 등이라 부르며 최고의 찬사를 보냈고, 2009년 10월 31일 98세로 사망했을 때는 전국이 애도의 물결로 뒤덮였다.

"과학에는 국경이 없지만, 과학자에게는 조국이 있다"라는 말이 있다. 아마 첸쉐썬만큼 자신의 생애를 통해 이 말의 의미를 잘 보여준 중국인 과학자는 없을 것이다.

02 소련의 지원과 기반 구축

중국의 첫 지대지 유도탄 둥펑 1호
(東風一號 , DF-1, 중국 군사박물관)

"자력갱생을 위주로 하되
외국의 지원을 확보하고
자본주의 국가들의 기존 성과를 이용한다."

중국에서 처음 제정한 유도탄 개발 지침이다. 중국의 우주산업은 미약한 공업 기반과 시설, 문화대혁명으로 인한 혼란의 시기를 극복하며 발전했고, 사회주의 동원체제와 과학자들의 커다란 희생을 통해 육성되었다. 사업 초기에는 소련의 전폭적인 지원이 있었으나 양국의 관계가 악화되면서 자주 개발에 의존해야 했다. 이렇게 형성된 거대한 인프라와 수십만 명의 전문직 종사자들이 오늘날 중국 우주산업을 지탱하는 기반이 되었다.

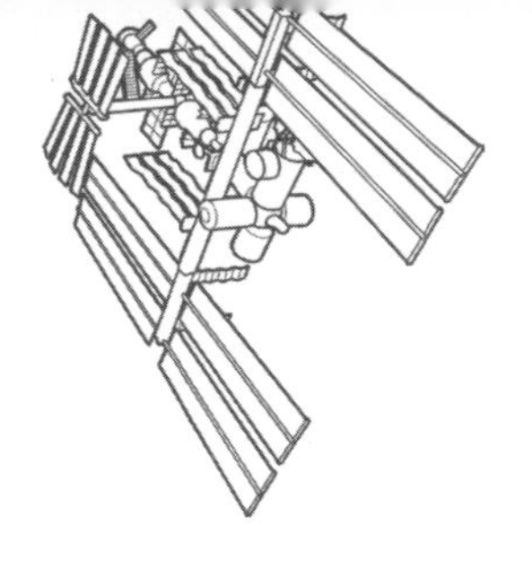

군부의 견인과 전폭적인 지원

세계적인 전문가 첸쉐썬의 귀국은 유도탄 개발에 관심이 있던 군부 지도자들의 관심을 끌었다. 그중 해방군 부총참모장이자 하얼빈(哈爾濱)군사공정학원 원장인 천경(陳賡) 대장이 있었다. 그는 한국전쟁에 참전하여 첨단 무기의 위력을 실감한 장교로서 군 장비의 현대화에 큰 관심을 가지고 있었다. 이에 천경이 첸쉐썬을 초청하여 유도탄의 국내 개발 가능성을 타진했다.

1955년 12월, 귀국한 지 얼마 안 된 첸쉐썬은 중국과학원의 지원으로 일제 시기의 중화학공업 시설이 남아 있는 동북지방을 시찰했다. 특히 그는 하얼빈군사공정학원에서 외국 유학 경험이 있는 유능한 교수진들이 고체로켓과 포병 탄도학 등에서 수준 높은 강의와 연구를 하고 있는 것을 알게 되었다.

첸쉐썬과 이들의 회합에서 자연스럽게 유도탄 개발 가능성이 화두에 올랐다. 첸쉐썬은 "외국인들이 만든 것을 중국인들이 만들지 못할 이유가 없다"라 답했고, 참석자들 모두가 유도탄 개발에 힘을 쏟기로 결의했다. 이때의 만남은 우수한 교수진들이 첸쉐썬이 주도하는 국방부 산하 연구소로 옮기는 계기가 되었다.

🌐 하얼빈군사공정학원은 1953년 9월에 설립되었으며, 초대 원장은 천경 대장이었다. 이 대학은 군대 장비 편제에 맞추어 해군공정학, 공군공정학, 장갑병공정학, 포병공정학, 공정병공정학의 5개 학과로 구성되어 있었고, 20여 명의 소련 전문가를 초청해 교육할 정도로 당시로서는 중국에서 가장 앞선 국방공업 교육 설비와 역량을 갖추고 있었다.

며칠 후, 천경 대장이 베이징에서 국방부 장관 펑더화이(彭德懷)와 천쉐썬의 만남을 주선했다. 펑 장관도 한국전쟁에 참전했던 군인으로 첨단무기의 위력과 개발의 필요성을 절감하고 있었다. 그가 사거리 500킬로미터 정도의 유도탄 개발이 가능한지 물었고, 첸쉐썬은 "사회주의 동원 체제를 활용해 물력과 인력을 집중한다면, 미국이 10년 걸린 일을 5년 내에 할 수 있다"고 대답했다. 이에 펑더화이가 적극적으로 나서면서 중국 군부가 유도탄 개발에 착수하게 되었다.

당시 중국은 군인 출신들이 국정을 장악하고 있었고, 이들은 냉전 상황에서 핵무기와 유도탄 확보에 전력을 기울이고 있었다. 때문에 군부의 수요를 충족하면서 이들의 적극적인 지지를 받은 것이 유도탄 개발을 앞당기는 결정적인 역할을 했다. 또 국가적으로 어려운 상황에서도 물적·인적 자원을 빠르게 동원할 수 있었다.

우주개발 계획의 수립

그로부터 1개월 후인 1956년 2월 1일, 정치협상회의 연회장에서 마오쩌둥이 첸쉐썬을 자신의 옆자리에 앉혔다. 그가 당시 입안 중이었던 '1956~1967년 과학기술발전 장기계획(약칭 12년 계획)' 기간 내에 원자탄과 유도탄 등의 첨단기술을 세계 수준으로 끌어올릴 수 있는지 물었다. 이에 첸쉐썬은 “주도면밀한 계획을 수립해 전력을 기울이면 실현 가능하다”고 답했다.

이 계획은 바로 추진되었다. 국방위원회 부주석 예젠잉(葉劍英)이 첸쉐썬에게 유도탄 개발계획 수립을 부탁했고, 불철주야 노력한 첸쉐썬은 2주 만에 「중국 국방항공공업 건립 의견서」를 제출했다. 보안상 제목을 ‘국방항공공업’이라 했을 뿐 실제 내용은 로켓과 유도탄에 관한 것이었다.

저우언라이 총리가 이를 검토·수정한 후 마오쩌둥에게 보고했고, 중앙군사위원회 위원들에게도 전달했다. 첫 번째 조치로 1956년 4월, 지도 기관인 항공공업위원회가 설립되었고 녜룽전(聶榮臻) 중화인민공화국 원수가 주임이 되었다. 5월 말에 개최된 중앙군사위원회에서는 “여건이 조성되기를 기다리지 말고 각계 전문가들을 동원해 연구와 생산에 몰두하며 중점을 돌파한다”라는 방침을 제정했다.

유도탄 개발은 앞서 언급한 12년 계획(1956~1967년 과학기술발전 장기 계획)에도 중요 항목으로 포함되었다. 이 계획은 13개 영역, 57개 주요 과제로 구성되었는데, 이 중에서도 핵심인 중점 임무 12개에 원자력, 유도탄, 전자계산기, 반도체, 무선통신, 자동화를 포함하고 긴급 추진 과제로 재분류했다.

첸쉐썬은 12년 계획의 종합조장을 맡았고 전문가 몇 명과 함께 ‘제트 추진과 로켓기술 육성’ 부분을 집필했다. 그들은 ‘로켓기술을 적극 개발하여 12년 내에 세계 수준에 올라서고, 군의 수요를 충족시킨다’는 목표 아래, 1956년에 국방부 산하 유도탄연구원 설립을 시작하고 1960년에 완성한다는 계획을 세웠다.

첸쉐썬의 「중국 국방항공공업 건립 의견서」(핵심 부분 발췌)

1. 항공공업의 구성

1) 항공공업은 제조 공장 외에, 설계를 수행할 강력한 연구 시험 기관과 기초 및 장기 연구 기관을 갖추어야 함
– 설계 기관은 정해진 기간 내의 개발 임무 완수와 문제해결 능력 중시
– 기초연구 기관은 메커니즘 이해 위주로 유연한 운영과 창의력 중시
2) 이들을 관리할 통일된 지도 기관을 만들어 전면적인 계획과 수행 업무 일임

2. 항공공업의 조직

1) 지도 기관 : 국방부 산하에 과학, 공정, 정치, 군사 전문가들로 구성
2) 연구 기관 : 중국과학원 소속으로 하되 지도 기관의 감독도 받음
– 인력은 약 600명(석사 이상 120~150명)
3) 설계 시험 기관 : 종합적, 전면적 개발 기관으로, 지도 기관 산하에 설치
– 인력은 6,000명(석사 이상 500~600명)
4) 생산 공장 : 금속/비금속 재료, 부품, 전기, 추진제, 조립 공장
– 제2기계공업부 등의 주관부서와 지도 기관의 협력체제 구축

3. 국내 현실

1) 설계 : 매우 취약, 일부 항공기 수리 및 조립 공장 존재
2) 소재 : 2만 톤/년 알루미늄 공장 외의 특수 금속과 전기 부품 공장 매우 적음
3) 연구 : 일부 교육 설비 보유, 연구 가능한 고급 인력은 약 30명에 불과

4. 발전 계획

1) 기존 역량으로 육성하려면 20~30년이 소요되므로 외국의 지원 필요
2) 전면 육성하되 초기에는 생산에 중점을 두고 다음으로 설계를 병행하며, 최종적으로 연구를 병행
3) 순차적 추진
– 국방부에 항공국을 설치해 전면 계획과 지도 기능 수행
– 인력 확충 : 1967년까지 공장 2,400명, 설계 5,700명의 전문가 확보
– 소련과 기타 형제 국가들의 지원 확보 : 시찰단과 유학생 파견
– 중국과학원 항공 관련 연구 인력의 순차적 확충 : 1967년에 600명

※ 관련 전공 대학 졸업생 수요

1) 1956년 400명(공정 100, 설계 300명)
2) 1957, 1958년 각각 400명(모두 공정 전공) : 유도탄 생산 시작
3) 1959년 600명(설계 전공) : 항공설계원 가동 시작
4) 1960~61년 매년 700명(공정 100, 설계 600명)
5) 1962~65년 매년 800명(공정 200, 설계 600명)
6) 1966~67년 매년 900명(공정 300, 설계 600명)

국방부 제5연구원 설립과 확장

1956년 8월에 유도탄 개발을 총괄하는 국방부 5국(국장 종푸샹鍾夫翔, 부국장 첸쉐썬)이 설립되었고, 10월에는 약 200여 명의 전문가, 대학 졸업생이 모인 국방부 제5연구원(원장 첸쉐썬)이 설립되었다. 연구원은 전국에서 가장 우수한 인력을 선발할 수 있는 권한이 있었다.

여기에 하얼빈군사공정학원 교수 4명을 포함한 12명의 핵심 인력과 각계 전문가들을 모아 모두 10개의 연구실을 구성했다. 6실(총설계), 7실(공기동력), 8실(구조강도), 9실(엔진), 10실(추진제), 11실(제어시스템), 12실(제어기기), 13실(무선통신), 14실(계산기술), 15실(기술물리)이 그것이다. 이듬해 초에는 관리의 편의성과 간소화를 위해 국방부 5국을 제5연구원에 합병하고 전체 구성원들에게 군인 신분을 주었다.

연구원의 인력은 그해 대학 졸업생(또는 졸업 예정자) 150여 명과 각 부처에서 온 기술 인력이 충원되어 연말에 400여 명이 되었다. 이후에도 우수 인력이 연구원에 우선 배정되었다. 자주 개발이 본격화된 1960년에는 전국의 중점 대학에서 졸업생의 약 11퍼센트인 6,000명을 대거 흡수하여 설립 5년여 만에 전체 인력이 수만 명에 달했다.

제5연구원의 핵심 임무는 여러 번 바뀌었다. 설립 초기인 1957년 3월에 3대 임무로 불리는 지대지·지대공·무인기를 계획했고, 소련의 전폭적인 지

분야	세부 내용
지대지	•소련의 R-2를 역설계해 1960년까지 생산 •사거리 1,200~1,500킬로미터급을 1959년부터 개발해 1962년에 완성 •사거리 3,000킬로미터급을 1961년에 시작해 1967년에 완성
지대공	•소련의 543 지대공 유도탄 복제를 1960년까지 완성 •장거리 지대공 유도탄을 1962년까지 개발
지대함	•소련의 C-2 지대함 유도탄을 복제해 1960년까지 완성 •램제트(ramjet) 엔진 개발

원을 받았던 제2차 5개년 계획(1958~1962)에서는 이를 구체화하여 세 가지 목표를 정했다. 이 중에서도 핵심은 지대지 유도탄이었다.

소련의 지원과 중단

중국은 외국의 지원을 확보한다는 방침에 따라 가장 먼저 소련에 지원을 요청했다. 소련은 간부 육성 위주의 지원을 약속하고, 1956년 말에 2발의 교육용 R-1 지대지 유도탄을 중국에 제공했다. 이듬해에는 4명의 소련 전문가들이 2주간 중국에 거주하며 유도탄 관련 기술을 전수했고, 50명의 중국 유학생들을 소련의 유도탄 관련학과에 입학시켜주었다.

곧 새로운 기회가 찾아왔다. 1957년 9월, 흐루쇼프의 스탈린 격하로 사회주의 진영이 분열될 때, 소련이 중국의 지지를 유도하면서 첨단무기 제공을 약속한 것이다. 이에 따라 군사, 원자탄, 유도탄, 항공기, 무선통신 5개 위원회로 구성된 40여 명의 대표단이 소련을 방문했다. 첸쉐썬도 유도탄 분과에 소속되어 유도탄 생산에 필요한 공장들의 규모와 핵심 설비, 재료 소재 등을 파악했다.

10월 중순에 「신무기, 군사기술장비 생산과 종합적인 원자력 공업 육성에 관한 중·소 협정(국방신기술협정)」이 체결되었다. 이 협정에는 1957년부터 1961년까지 소련이 4종의 원자탄 실물과 기술 자료, 4종의 유도탄(R-2 지대지, C-75 지대공, C-2 지대함, K-5M 공대공) 실물과 설계도, 기술 등을 지원한다는 내용이 포함되어 있었다. 이에 소련 전문가들의 중국 파견과 중국의 소련 유학생 파견 수도 확대되었다.

2개월 후에 소련의 소규모 유도탄 대대 장병들이 2발의 R-2 훈련탄과 관련 설비들을 가지고 중국에 도착했다. 그 유도탄 중 하나는 초급 점화가 가능한 것이었다. 그들은 제5연구원과 포병이 공동 설립한 중국 유도탄

교도대대와 관련자들 800여 명을 4개월간 훈련시켰다. 소련이 지원한 R-2 훈련탄은 교도대대와 제5연구원에 각각 한 발씩 배정되었다.

소련의 지원에 발맞춰 제5연구원도 조직을 개편했다. 1957년 말에 유도탄의 총설계와 탄체, 엔진을 개발하는 1분원(기존 6~10실)과 각종 제어시스템을 개발하는 2분원(11~15연구실과 해방군 군사전자과학연구원의 연구실 6개, 시험생산공장 1곳을 합병)으로 재조직하고, 첸쉐썬은 원장 겸 1분원장이 되었다.

1958년 초에는 소련 전문가들이 중국에 와서 1분원과 2분원의 역량을 강화하고 엔진 및 탄체 시험대와 공기동력연구소를 설립하는 프로젝트를 집중 지원했다. 유도탄 초기 설계와 중요 사항은 소련 전문가들이 수행하고, 나머지를 중국이 수행한 것이다.

◍ R-1은 소련이 독일의 V-2(이륙중량 13톤, 엔진 추력 27.2톤, 최대 직경 1.65미터)를 입수해 역설계한 것이고, R-2는 이를 개량해 사거리를 2배(590킬로미터)로 늘린 것이다. R-2는 길이 17.7미터, 최대 직경 1.65미터에 4개의 꼬리날개가 있고, 에틸알코올/액체산소 엔진을 장착해 이륙중량 20.5톤, 엔진 추력 37톤에 달했다. 또한 관성유도와 무선지령신호에 의한 편차교정 혼합제어시스템을 채택했고, 1,300킬로그램의 일반 고폭탄두를 장착했다.
R-2가 R-1보다 개량된 것이지만, 소련은 1957년 8월에 사거리 8,000킬로미터의 대륙간탄도탄 R-7을 성공적으로 발사했다. 중국 입장에서는 R-2가 당시에 입수 가능한 최첨단 무기였으므로, R-2의 복제 생산에 전력을 기울이기로 결정했다.

하지만 1959년 하반기부터 중국과 소련의 관계가 악화되기 시작했다. 1960년 7월에는 소련 정부에서 전문가들을 철수하고 관련 부품과 기술 제공도 중단했다. 결국 같은 해 10월에 녜룽전 등이 고위 국방과학 연구자들을 모아 인민대회당에서 회의를 열고, 스스로의 힘으로 첨단무기를 개발할 것을 결의했다.

전국적인 인프라 구축과 R-2 모방 생산

1958년 4월, 제5연구원은 R-2 모방 생산을 결정했다. 건국 10주년인 1959년 10월까지 생산과 시험발사를 완료한다는 목표를 세우고, 프로젝트 명칭을 '1059'라 했다. 후에 둥펑(東風) 1호로 공식 명명되었지만, 소련의 지원이 끊기면서 투쟁 의욕 고취를 위해 "지지 않는다(싸워 이긴다)"는 '쩡치탄(爭氣彈)'이라는 명칭도 붙였다. 첸쉐썬도 행정 업무에서 벗어나 기술개발에 집중하기 위해 원장의 자리를 내려놓고 부원장이 되었다.

역설계란 실물을 하나씩 분해하면서 모든 부품들을 세밀히 분류하고, 이를 측정 및 분석하여 성능을 파악한 후, 도면을 보며 하나씩 재조립해 전체를 완성하는 과정을 말한다. 제5연구원은 먼저 인수한 R-1 역설계를 추진한 경험이 있었기에 R-2를 더 빠르게 복제할 수 있었다.

초기 목표는 전국적인 동원을 통해 금속과 비금속 재료 전체의 3분의 2를 국산으로 조달하는 것이었다. 당시는 대약진운동 기간이었기 때문에 총동원 태세가 수립되었고, 그들의 개발 의지도 아주 강했다. 그러나 도면과 실물이 있음에도 복제 과정은 쉽지 않았다.

첫째, 소련에서 제공한 자료들이 완전하지 않았다. 특히 지상 설비와 2차 하청기업 간의 연계 자료가 매우 부족했다. 둘째, 국산 소재와 부품이 부족했다. 특히 엔진에 들어가는 수백 종의 부품들이나 특수 금속은 국내에서 조달할 수 없었다. 셋째, 생산과 시험 설비들이 제대로 갖춰지지 않았다. 유도탄 조립 공장은 원래 항공기 수리 공장인 탓에 리벳 장비들이 많았을 뿐, 유도탄 제작에 필요한 용접과 대형 판금 설비, 유압기기, 선반, 정밀기기 등은 거의 없었다. 넷째, 공장 기술자와 관리자도 모자랐고 경험마저 부족했다. 유도탄을 만들기 위해서는 용접이 필요한데, 아크 용접과 아르곤 용접, 스팟 용접 등과 같은 다양한 용접 기술을 가진 기능공들이 거의 없었다. 대약진운동으로 속도가 강조되는 상황에서 유도탄의 특성을 제대로 이해하지 못하고, 성능을 엄밀히 파악하지도 못해 불량품이 도처에서 나타났다.

이를 극복하기 위해 국가과학기술위원회의 지원을 받아 1,400여 개의 기업들과 협력체제를 구축하고, 3,800여 종의 부품들을 생산하기 시작했다. 이 과정에서 다양한 방법과 임기응변이 동원되었다. 한 예로 스테인리스강이 없어 탄소강에 주석 피막을 입혀 연료통으로 사용하기도 했다. 결국 소련의 지원이 중단되었을 당시, R-2 유도탄 제작에 필요한 주재료 40퍼센트 이상과 보조 재료의 80퍼센트 이상을 중국산으로 대체할 수 있었고 전체 재료의 자체 생산 비율을 3분의 2로 끌어올리는 데 성공했다.

유도탄 발사장도 1958년 초부터 대대적인 조사를 거쳐 간쑤성(甘肅省) 북

◍ 대약진운동

1957년에 종료된 제1차 5개년 계획이 좋은 성과를 거두자, 마오쩌둥은 대약진운동이라는 집단적이고 빠른 자력갱생 노선을 채택했다. 15년 내에 영국을 따라잡는다는 목표를 세우고 농촌의 인민공사 개편과 철강, 전력, 석탄, 석유 등의 중화학공업에 자원과 인력을 집중했다.

그러나 최신 기술과 설비가 부족한 생산 환경에서 대중의 열정에만 의존해 생산 목표를 늘리는 정책은 곧 한계에 직면했다. 허위 보고가 난무했고 산업 불균형이 심화되었다. 여기에 자연재해까지 겹쳐 수백만 명이 아사하면서 당내 비판론이 대두되었고 농민들의 저항도 심해졌다.

결국 마오쩌둥이 물러나고 류사오치(劉少奇)가 국가주석이 되었으며 국가 경제도 3년(1963~1965)의 조정기에 들어갔다. 이러한 정치적 조정은 1966년에 시작된 문화대혁명의 근원이 되었다.

서부에 있는 주취안(酒泉)에 건설을 시작하여, 2년 반 만에 완공했다. 1960년 3월에는 대형 엔진 시험 장치를 완성해 R-2 엔진의 초급 점화 실험에 성공하기도 했다. 그러나 소련 전문가들이 중국제 액체산소 품질에 이의를 제기하며 실제 비행시험은 지연되었다.

결국 소련 전문가들이 철수한 후인 1960년 9월, 소련제 R-2에 중국산 알코올과 액체산소, 과산화수소 연료를 채워 발사하는 데 성공했다. 11월 5일에는 R-2의 최초 복제품인 1059가 발사 7분여 만에 550킬로미터 떨어진 목표 지점에 낙하했고, 12월에 시행된 두 번의 시험발사도 성공했다. 이를 토대로 모두 30발의 유도탄을 생산했다.

1059 프로젝트의 성공은 중국이 기초적인 유도탄 생산 기술을 확보했다는 것을 의미한다. 이 성공에 힘입어 중국은 자신들의 역량으로 유도탄 사업을 발전시킬 수 있다는 자신감을 얻었고, 개발 의지 역시 굳건해졌다. 1964년 2월, 생산한 유도탄 중 1발이 군사박물관에 전시되었고, 수개월 후 '둥펑 1호(DF-1)'로 이름을 바꾸어 군 장비로 공식 채택되었다.

외국의 지원과 국가적 동원의 결합

중국의 유도탄 개발은 사회주의 진영을 둘러싼 힘의 역학관계 변화를 효과적으로 이용하는 동시에 소련의 앞선 설비와 기술을 짧은 시간 내에 확보하면서 빠르게 진전되었다. 정치 변화에 민감한 전략무기를 이처럼 쉽고 빠르게 보유하게 된 것은 냉전이 해소된 오늘날에는 결코 흔치 않은 일이다.

정치 주도 세력인 군부의 수요를 촉발하고, 대약진운동이라는 극약처방과 함께 사회주의 계획경제체제를 이용해 물적·인적 자원을 집중한 것도 커다란 성공 요인이다. 계획에 동원된 과학기술자들은 일반인들이 상상하기 어려운 고난과 희생을 치러야 했는데, 이 역시 현대 시장경제 국가에서는 쉽게 추진하기 어렵다. 결국 대형 첨단무기의 개발에는 국가 지도자의 통치 역량과 거국적인 지원, 치밀한 장기 계획, 군부의 견인과 전문가들의 끊임없는 노력과 희생이 필요하다.

03 중국과학원의 핵심기술 축적

상하이시 신기술전람관의 고공 로켓(T-7M)을 시찰하는 마오쩌둥(1960년 5월 28일)

국가과학원(중국과학원)은 사회주의 과학기술 체제의 특징을 대표한다. 이 체제 하에서 중국은 행정기관인 과학기술부와는 별도로 장관급의 국책 연구 기관을 설립하고 고급 인력과 자원을 집중적으로 공급했다. 중국과학원 역시 건국 해인 1949년에 설립되어 핵무기와 인공위성, IT, 기계, 생명공학 분야에서 상당한 업적을 남겼다.

중국과학원의 연구 목표는 세 가지로 나눌 수 있는데, 1) 세계 첨단과학기술, 2) 국가 중대 수요, 3) 국민 경제 주전장이 그것이다. 현재 12개의 분원과 100여 개 연구소, 3개 대학에서 7만 1천 명의 인력과 6만 4천 명의 대학원생들이 중장기 기초연구와 전략 과제, 핵심과제를 연구하고 있다.

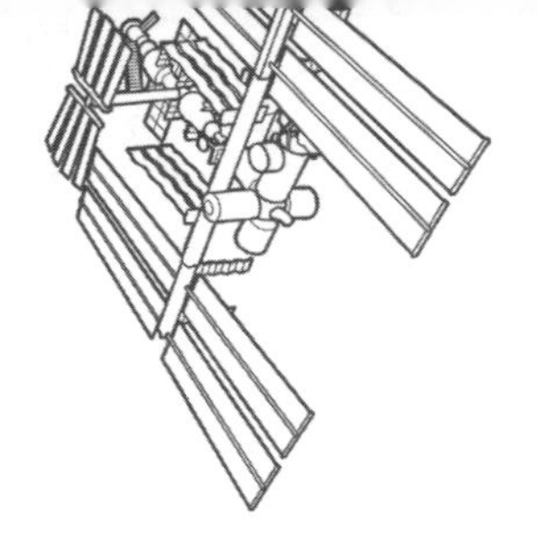

역학연구소 설립과 고급 인력의 양성

국가 전략 과제를 연구하는 중국과학원이 핵심 분야인 우주개발에 참여하는 것은 당연한 일이다. 여기에서도 첸쉐썬이 중요한 역할을 했다. 1956년 1월 초 중국과학원 역학연구소가 설립되었고, 첸쉐썬은 초대 원장이 되어 28년 동안 원장직을 연임했다.

역학연구소는 응용과학을 중시하는 실용형 연구소였다. 따라서 배치된 연구원들 모두가 실무를 배우며 주어진 과제를 수행하여야 했다. 연구 조직도 탄성역학조, 소성역학조, 유체역학 및 공기역학조, 자동제어 이론조로 구성했고, 이어진 '12년 계획' 수요에 따라 물리역학조, 화학유체역학조, 플라스마 역학조, OR(operations research)조를 추가로 설립했다. 곧 자동제어조의 규모가 크게 확대되어 중국과학원 자동화연구소가 되었고, OR조는 수학연구소로 이관되었다.

대학과 연합하여 필요한 인력도 양성했다. 당시 중국에는 종합대학인 베이징대학에만 역학과가 있었고 일반 이공계 대학에는 없었다. 이에 중국과학원은 칭화대학과 연합해 공정역학과 자동화 연구반 2개를 신설했고, 첸쉐썬을 비롯한 역학연구소 주역들이 강의를 맡았다.

당시에는 학위 제도가 없어 공식 학위를 수여하지 않았지만 엄연한 대학원 과정이었다. 이러한 연구반들은 훗날 대부분 정규과정이 되어 국방을 책임질 고급 인력 양성의 핵심 통로가 되었다. 정규대학의 역학과 설립도 확대되어 1958년에 칭화대학에 공정역학수학과가 설립되었고, 후에 역학 분야가 분리되어 공정역학과가 되었다.

당시 고급 인력이 태부족인 상태였기 때문에 유도탄 관련학과 졸업자들이 국방부 제5연구원에 집중 배치되고 있었다. 이에 중국과학원은 산하 연구소들의 고급 인력을 이용해 필요한 인력을 스스로 양성했다. 1958년, 베이징에 설립한 과학원직속 중국과학기술대학이 그 예이다.[2]

이 대학은 "중국과학원 전체에서 대학을 운영하고, 연구소와 학과를 겸한다"는 방침에 따라 신흥학과 위주로 편성되었다. 첸쉐썬은 이 대학에서 우주개발에 필요한 인력을 양성할 것을 건의했고, 설립 초기부터 역학과 학과장을 맡아 교과과정을 작성하면서 직접 강의했다. 이렇게 양성한 고급 인력 상당수가 우주 관련 기관들에 배치되었다.

초기 인공위성 개발 계획의 수립과 좌절

1957년 10월 4일, 소련이 인공위성 발사에 성공했다. 이에 큰 자극을 받은 중국과학원 지구물리연구소에서 소련과학원에 요청해 위성 관측팀을 조직했다. 난징 즈진산(紫金山) 천문대에 인공위성 이론 연구실을 설립하고 이를 12개 지역으로 확장해 위성궤도 계산과 기초연구를 추진했다.

1958년 5월, 중국과학원 연구자들이 인공위성 개발을 건의했고, 마오쩌둥은 "우리도 인공위성을 개발할 필요가 있다"라고 답했다. 중국과학원은 재빨리 1958년 제1호 핵심과제인 '인공위성 개발 과제(581과제)'를 수립

2) 1970년에 안후이성(安徽省) 허페이(合肥)로 이전했다.

했다. 그들은 곧 녜룽전에게 3단계로 구성된 「인공위성 개발 계획」(초안)을 보고했다. 당시 녜룽전은 1956년부터 국무원 부총리로서 과학기술 분야를 총괄하고 있었고, 1958년부터는 신설된 국가과학 기술위원회 주임과 국방부 국방과학기술위원회 주임을 겸임하며 민간과 국방 전 분야의 과학기술 업무를 주관하고 있었다.

같은 해 12월, 중앙서기처에서 중국과학원의 위성 개발에 동의했다. 과학원에서는 인재 양성을 위해 신흥학과 위주의 중국과학기술대학을 설립했고, 자오주장(趙九章)을 단장으로 하는 6명의 시찰단을 소련에 파견했다. 이들은 70일 동안 소련 각지를 방문했고, "현대 공업이 필요한 위성 개발은 외국 지원이 어려워 자주적으로 개발해야 하는데, 국내 수준은 이에 크게 미치지 못한다"라고 보고했다.

과학원의 초안은 1단계에 고공 로켓을 개발하고, 2단계에 100~200킬로그램의 소형 위성을 발사하며, 3단계에 몇 톤 중량의 대형 위성을 발사한다는 것이었다. 국방부 제5연구원이 운반 로켓개발을 주도하며 과학원의 지원을 받고, 과학원은 소련에게 받은 자료를 분석하며 새로운 길을 개척해 고성능 추진제 개발에 주력한다는 것이 임무 내용이었다.

과학원 내에는 581과제조가 구성되었다. 역학연구소의 첸쉐썬이 조장을 맡았고 지구물리연구소의 자오주장이 부조장을 맡았다. 또한 실무 추진을 위해 3개의 설계원을 설립했다. 제1설계원은 역학연구소 주도로 위성과 운반 로켓의 전체 설계를 담당하고, 제2설계원은 자동화연구소 주도로 제어 시스템을 개발하며, 제3설계원은 지구물리연구소 주도로 고공 측정기기 개발과 우주물리 연구를 수행하도록 했다. 동시에 해방군에서 8,000여 명의 기술병들을 지원받았고 철도부에서도 숙련 노동자들을 지원받아 기능공 문제도 해결했다.

제1설계원은 제5연구원과 달리, 소련의 지원 없이 스스로의 힘으로 설계와 시험, 생산, 발사를 담당하는 체제를 갖추었다. 첫 번째 임무는 인공위성 발사가 가능한 2단 운반 로켓을 개발하는 것이었다. 먼저 에틸알코올/액체불소 엔진을 사용하는 1단 로켓을 T-3로 명명하고, 에틸알코올/액체산소 2단 로켓을 T-4로 명명했다. 두 로켓 모두 단독으로 고공 로켓을 만들 수 있도록 고안되었다.

당시의 대약진운동 분위기에 힘입어 대담한 계획을 수립했고 목표의 조기 달성을 강조했다. 그 결과 설계원 설립 두 달 만인 1958년 10월 말, T-3의 초기 설계안을 작성하고 모형을 만들 수 있었다. 10월 25일, 마오쩌둥은 중국과학원 자연과학 약진전람회에 전시된 모형을 보며 "과학자들은 반드시 자력갱생, 간고분투의 정신으로, 아무도 가지 않은 길을 용감하게 걸어야 한다"고 격려했다.

곧 중국과학원의 인공위성 개발 프로젝트에 당시로서는 천문학적 금액인 2억 위안이 지급되었다. 이 지원금은 제1설계원의 로켓개발, 고성능 추진제와 엔진 및 시험기지, 초음속풍동, 리모트 센싱(remote sensing) 실험실과 반도체 부품 개발, 상온 도금 재료 개발, 실험기기 공장, 고공환경 모사 실험실 설립, 분야별 공장(전자, 자동화 고온 금속, 광학) 건설 등에 사용되며 위성 개발 기반을 다졌다.

허나 이 계획은 1년도 채 되기 전에 흔들리기 시작했다. 소련의 지원이 끊겼고, 대약진운동으로 인한 혼란과 자연재해 등으로 국가의 지원이 어려워진 것이다. 이에 1959년 1월, 덩샤오핑(鄧小平)이 과학원의 위성 개발 임무 축소를 지시했다. 인공위성은 발사체가 있어야 궤도에 진입할 수 있으니 우선적으로 유도탄 개발에 자원을 집중한다는 것이었다.

단, 581과제조는 해체하지 않고 제한된 상황에서 연구를 계속하게 했다.

우주환경 모사실험실을 건설하고 지상 추적 설비를 개발하면서 기반을 다지도록 했다. 중국과학원에서는 1961년에 '성제항행(星際航行) 좌담회'를 구성하고 지속적으로 해외 관련 기술개발 동향과 핵심기술을 추적하고 자료집도 발간했다. 1963년에는 이를 '성제항행위원회'로 발전시켰다.

이를 바탕으로 1960년대 전반기에 중국과학원의 우주과학기술이 크게 발전했다. 또한 중소형 열진공 시험설비와 원심분리기, 진동 시험기, 충격 시험기, 소음 설비와 전자조사 실험실, 우주물리 측정기기와 같은 기초 설비도 갖추었다. 1965년 1월 초, 자오주장과 첸쉐썬이 인공위성 개발을 다시 건의했을 때 중국은 과거와는 달리 수준 이상의 기술과 설비를 보유하게 되었다.

고성능 추진제의 개발

계획과 목표가 바뀜에 따라 생산 기술과 설비가 더 우수한 제5연구원이 일반 추진제와 유도탄 생산 개발에 주력하고, 전문 인력과 산하 연구소가 많은 중국과학원은 장기 연구와 기초연구, 특히 고성능 추진제 개발에 집중하게 되었다. 첸쉐썬은 제5연구원 원장과 과학원 역학연구소의 소장을 겸하고 있었기 때문에 양쪽을 모두 주관했다.

고성능 추진제는 유도탄 사거리의 연장과 탑재 능력 확대에 필수적이다. 독일 V-2의 에틸알코올/액체산소 엔진 비추력[3]이 290초 정도인 데 비해, 당시 선진국들이 연구하던 액체산소/액체수소 엔진의 비추력은 400초에 달했다. 단, 이런 연구는 모두 국가 기밀이라 기술 도입이 쉽지 않았으므로 자체 개발을 해야만 했다.

3) 로켓 추진제 1킬로그램이 1초 동안에 연소될 때 발생하는 추력으로, 추진제의 성능을 나타내는 기준이 되는 값

먼저 1958년, 중국과학원이 4개의 산하 연구소(베이징화학연구소, 다롄大連화학물리연구소, 장춘長春응용화학연구소, 상하이유기화학연구소)들을 동원해 액체·고체 고성능 추진제를 연구하도록 했다. 또 베이징에 액체산소·수소·질소 생산 공장을 설립하고 물리연구소는 액화수소 기술을 개발하도록 했다.

역량을 온전히 집중하기 위해 역학연구소에 2부를 조직하고, 미국 브라운대학 석사 출신인 린홍순(林鴻蓀)을 책임자로 임명했다. 그의 주요 임무는 로켓 역학, 특히 고성능 추진제를 개발하는 것이었다. 2부 산하에는 3개의 연구실(고속 기체동력, 고온 구조, 액체 추진제 및 연소)과 3개의 지원 조직(시험설비설계실, 기기측량설계실, 기계공장)이 있었다. 1960년부터는 2부의 주도로 베이징시 교외에 위치한 화이로우(懷柔)에 대대적인 액체 엔진 시험기지를 건설하기 시작했다.

이들은 액체수소/액체산소와 메틸알코올/액체불소 두 가지 추진제를 연구했다. 초기에는 상대적으로 생산이 쉬운 메틸알코올/액체불소에 집중했으나, 불소의 독성이 너무 강해 어려움을 겪었다. 후에 미국이 액체산소/액체수소 엔진을 개발했다는 정보를 입수하고 중국과학원 물리연구소에서 수소의 저온액화 기술을 개발하면서 추진제 개발 방향을 바꾸었다.

1960년부터 액체산소/액체수소 엔진 연구가 본격적으로 시작되었다. 끈질긴 노력 끝에 추력이 200킬로그램힘(200kgf)에 달하는 액체산소/액체수소 엔진을 개발해 최장 400초가량의 연소에 성공했다. 1964년 말에는 추력 500킬로그램힘(500kgf)인 엔진을 개발, 20초 이상 연소시키는 데 성공했다.

린홍순은 견착식 지대공 유도탄 개발에도 두각을 나타내어 유도탄 설계에서 핵심 역할을 했다. 그러나 1966년에 시작된 문화대혁명으로 그에게 엄청난 시련이 닥쳤고, 단기적 성과에 집착한 군부에 의해 프로젝트가 취소되었다. 린홍순도 격리 조사를 받으면서 극심한 핍박과 모욕을 당해 1968년 말에 결국 요절했다.

다만, 이들의 연구 성과는 중등 추력과 대추력 액체산소/액체수소 엔진을 개발하는 데 적용되었고, 1970년대에는 창정 3호(長征, CZ-3) 운반 로켓 3단에 사용되었다. 1984년에는 통신위성 발사에 사용되어 약 1.5톤의 위성을 지구동기궤도에 진입시키는 데 성공했다. 최근에는 달 탐사용 창어(嫦娥) 발사에도 사용되었고, 50톤급의 대용량 엔진도 개발되어 창정 5호(CZ-5) 주 엔진으로 탑재되었다.

중국과학원에서 일찍부터 고성능 추진제와 액체산소/액체수소 엔진 연구를 시작해 장기간에 걸쳐 다수의 고급 인력을 양성하고, 후기 실용 개발에 필요한 핵심 기술 확보를 주도한 것이다.

◍ 중국과학원 역학연구소의 핵심기술 개발

중국과학원 역학연구소는 제1설계원과 2부 설립 이외에, 핵탄두 탑재 유도탄 개발에 필요한 기초연구와 탐색적 연구도 일찍 시작했다. 이를 효율적으로 추진하기 위해 조직을 구성하고 다음과 같은 연구 과제를 정했다.

- 탄두의 대기권 재진입 시 기동 특성 규명과 발열 방지
- 고온 구조물, 비행체 외벽, 경량, 극한환경 극복 및 안전성과 신뢰성 높은 구조 관련 이론과 실험
- 마하 6 이상의 극초음속 램제트 엔진 개발
- 폭발 성형, 경량화, 박형의 우주 제품 생산을 위한 고효율 가공 방법 연구

고공 로켓의 자주 개발

1958년 10월에 T-3 설계도면이 나왔으나 생산이 어려워 당시 공업 기반이 양호했던 상하이시의 지원을 받게 되었다. 11월에 역학연구소 제1설계

원이 상하이로 이전해 상하이기전설계원이 되었고, 지역 내 대학과 연구소, 기업에서 인력을 지원받아 600여 명으로 확대되었다. 설계원 산하에는 총체설계실과 구조설계실, 자동제어시스템설계실, 엔진설계실, 회수실 등 5개의 설계실을 설치했다.

T-3는 메틸알코올/액체불소 엔진을 사용했고 2단인 T-4는 에틸알코올/액체산소 엔진을 탑재하도록 설계되었다. 그러나 불소의 부식 문제를 극복하지 못했고 독성으로 인한 중독 사건이 빈발했다. 결국 T-3 개발이 취소되면서 과학원의 대형 운반 로켓 연구도 중단되었으며, 개발의 범위도 고공 로켓으로 축소되었다.

1959년 3월에 연내에 T-4, T-5, T-6를 개발하되, T-5 개발에 전력을 다하는 것으로 목표를 바꾸었다. T-5는 직경 0.85미터, 이륙중량 2.62톤, 지상 엔진 추력 5톤으로 메틸알코올/액체산소 엔진을 장착하고, 가변 엔진과 보조 날개를 이용해 자세를 제어하도록 했다. V-2의 중량보다 5분의 1 정도로 축소된 가변 엔진을 사용한 모델이었다. T-6는 T-3와 성능이 비슷하지만 에틸알코올/액체산소 연료를 사용하기로 했다.

그러나 간단해진 T-5의 개발도 쉽지 않았다. 엔진 시험 장치가 없는데다가 당시 전국 어디에서도 영하 180도 이하의 극저온 상태인 액체산소용 호스를 구할 수 없었다. 결국 1959년 중반에 개발 방향이 다시 수정되었다. 추력 5톤(후에 3톤으로 축소)에 상승고도 100킬로미터의 T-7 고공 로켓을 개발하되 우선적으로 크기는 T-7의 절반, 중량은 1/8~1/10인 소형 로켓 T-7M을 개발하여 경험을 축적한다는 내용이었다.

T-7M은 아닐린/푸르푸릴알코올 혼합 연료와 백연질산 산화제를 사용하는 주 엔진과 고체연료 보조 추진기를 결합한 무유도 2단 로켓이었다. 먼저 보조 추진기를 점화해 일정 고도에 도달한 후 2단 주 엔진을 점화하

며, 정상에서 탄체가 분리되고 탄체와 탄두를 모두 낙하산으로 회수하는 방식이었다. 이륙중량은 190킬로그램, 보조 엔진 부착 총길이 5.345미터, 직경 0.25미터, 보조 엔진 추력 1,780킬로그램힘, 주 엔진 추력 226킬로그램힘, 상승고도 8~10킬로미터로 설계되었다.

이들은 8월부터 T-5를 계속 연구하면서 T-7M 개발에도 집중한 결과, 연말에 개발을 완료하고 엔진 시험까지 마쳤다. 1960년 1월, 주 엔진에 연료 4분의 3만 채우고 시험발사를 시도했으나, 파이프와 추력실 연결 부위가 파열되어 연료가 누출되고 발사대에서 연소되며 실패했다. 2월 중순에 추력실을 교체하고 다시 발사를 준비했지만 추진제 밸브 고장으로 또 실패했다.

1960년 2월 19일, T-7M 제1호 주 엔진 로켓 발사에 성공하여 고도 2킬로미터까지 도달했다. 자체 개발한 액체연료 로켓이 처음으로 성공한 순간이었다. 4월에는 폭발 볼트를 이용해 탄체를 분리했고, 낙하산으로 측정 결과가 담긴 탄두를 회수했다. 연말에는 고체연료 보조 추진기가 달린 T-7M의 발사에 성공했다. 도달 고도는 9.8킬로미터였다.

1960년 5월 28일, 마오쩌둥은 양상쿤(楊尙昆) 등과 함께 상하이시 신기술전람관을 방문해 전시된 T-7M을 참관하고 "고도 8킬로미터, 그것도 대단하다. 앞으로 마땅히 8킬로미터, 20킬로미터, 200킬로미터를 넘어서자"고 관계자들을 격려했다. 국방부 제5연구원의 둥펑 유도탄에 비하면 초라한 결과였지만 외국의 지원 없이 자주적으로 개발한 것을 크게 치하한 것이다.

T-7M이 성공하면서 기상관측용 T-7 개발에도 속도가 붙기 시작했다. T-7은 고체연료 보조 추진기와 액체연료 주 로켓으로 구성된 무유도 로켓으로 길이 8.23미터, 직경 0.45미터, 이륙중량 1,138킬로그램, 추력 3톤, 최대 상승고도 60킬로미터, 탑재 기상장비 중량 25킬로그램이었다. 탄두에

주 낙하산과 보조 낙하산을 부착해 대기압과 온도, 풍력, 풍속 등의 측정 결과를 회수 및 분석할 수 있었다. 로켓의 규모가 커지면서 상하이를 벗어나 안후이성에 52미터 높이의 새로운 발사대를 세우고 주변 설비(603기지)를 건설했다.

1960년 7월에 시행된 첫 번째 시험발사는 T-7M과 유사하게 엔진 파이프가 파열되어 실패하고 말았으나, 9월에는 보조 추진기를 붙이지 않은 T-7 주 로켓 발사에 성공했다. 상승고도는 19킬로미터였고, 탄두의 분리와 회수도 성공했다. 이후 보조 추진기를 부착한 실험도 성공했고 상승고도도 60킬로미터 이상에 도달했다.

고공 로켓의 활용

중국이 자주 개발에 성공한 싼값의 고공 로켓은 다양한 곳에 활용되었다. 중국과학원은 T-7을 상승고도 80~100킬로미터, 유효 탑재 중량 40킬로그램 이상으로 개량할 것을 지시했다. 개량품은 고도 60킬로미터 이상의 대기압과 온도, 풍향, 풍속을 측정한 후 탄두와 탄체를 회수할 수 있어야 했다. 둥펑 2호(DF-2) 등의 유도탄 개발에 필요한 기상 자료를 얻기 위함이었다.

개량을 거친 T-7이 시험발사에 성공했고 고도는 65킬로미터에 달했다. 이후 시행된 수십 차례의 발사에서도 거의 실패가 없을 만큼 개량은 성공적이었다. 후속 기술 개조와 성능 제고 과정을 거쳐 기상 고공 로켓 T-7A와 생물실험 로켓 T-7A(S1) 및 T-7A(S2), 대기권 핵실험 샘플 채취 로켓 등이 개발되었다.

T-7A는 당시 가장 첨단이었던 벌집 구조의 알루미늄 꼬리날개(미익)를 채택하고 얇은 연료통과 3축 추력 지지대를 사용해 주 로켓의 구조 중량

을 경감하면서 성능을 개선했다. 또한 주 엔진과 보조 엔진의 연료통을 늘려 추력을 높이고 연소 시간도 연장했다.

길이 10.32미터, 주 로켓 직경 0.45미터, 보조 로켓 직경 0.46미터였고, 주 로켓 이륙중량 815킬로그램, 지상 추력 14.3킬로뉴턴(kN)이었다. 보조 로켓 결합 후의 이륙중량은 1,260킬로그램, 보조 로켓 추력 98.6킬로뉴턴이었다. T-7A는 아연과 구리선 레이더를 사용해 해발 6~57킬로미터 고도의 바람을 측정하고, 폭발 볼트로 탄두와 탄체를 분리한 후 낙하산으로 회수할 수 있었다. 1963년 12월, 첫 시험발사에 성공했고, 상승고도는 125킬로미터에 달했다.

상하이기전설계원에서는 T-7A를 개량해 생물 실험을 수행하는 연구도 진행했다. 이는 소련이 1957년 11월에 두 번째 인공위성을 발사하면서 개를 탑승시켜 생리 반응을 측정한 것이 계기가 되었다. 중국이 개발한 T-7A(S1)는 길이 10.81미터, 이륙중량 1,165킬로그램이고, 고정형과 활동형으로 큰 쥐 각 두 마리와 작은 쥐 네 마리, 12개의 생물 시험관을 탑재했다. 1964년 7월, 첫 발사에 성공했으며 상승고도는 60~70킬로미터에 달하면서 대량의 실험 결과를 얻을 수 있었다.

T-7A(S2)도 개발했다. 로켓에 탑승한 동물은 두 마리의 개였는데, 1966년 7월 중순과 말에 발사해 모두 성공했다. 두 마리의 개는 큰 명성을 얻고 베이징으로 이동했다. 군부는 원숭이를 탑승시키려는 계획을 세웠으나 문화대혁명으로 중단되었다. 다만, 생물 실험의 성과는 훗날 유인우주선을 발사하는 데 중요하게 활용되었다.

1965년부터 1969년까지는 고공 로켓을 활용해 위성의 자세제어와 고공 촬영, 운반 로켓 말단용 고체 엔진 고공 점화 시스템의 핵심기술을 개발하고, 여러 차례의 비행시험을 거쳐 고도를 312킬로미터까지 올렸다. 이를 통해 중국이 자주적으로 심우주 연구와 인공위성 발사에 필요한 기술을 습득했고, 1965년부터 개발한 허핑(和平) 고체 고공 로켓과 같은 각종 로켓 개발에 든든한 기반이 되었다.

허핑 1호는 지구물리 탐사를 목적으로 하는 로켓이다. 최초로 개발한 둥펑 1호를 개량해 사용하려 했으나 둥펑 2호가 빠르게 개발되면서 목표가 수정되었다. 동시에 국방부 제5연구원에서도 허핑 1호의 성능 개량을 요구했다.

이에 군사용 기상관측 수요를 충족하기 위한 허핑 2호 기상 로켓이 개발되었다. 고체연료를 사용하는 2단 로켓으로, 1965년에 개발이 시작되어 1968년 11월부터 생산에 들어갔다. 허핑 2호는 1단 직경 0.225미터, 2단 직경 0.205미터, 총길이 6.645미터, 이륙중량 331킬로그램, 최대 상승고도 72킬로미터였다. 약 10킬로그램의 측정기기를 탑재한 탄두를 최고 고도 근처에서 분리하여, 낙하산으로 하강하며 60킬로미터 이하의 기상을 측정할 수 있었다.

곧이어 허핑 6호도 개발되었다. 1970년에 개발해 1971년 말 최초로 비행에 성공한 허핑 6호는 1단의 소형 고체 기상관측 로켓으로, 최대 직경 0.1615미터, 이륙중량 60킬로그램이었으며, 2.8킬로그램의 측정기기를 60~80킬로미터 상공에 올리거나 2킬로그램의 측정기기를 70~90킬로미터 상공에 올릴 수 있었다.

무유도 고공 로켓은 유도 체계를 갖춘 정밀 무기로 전용되거나 유도탄 개발에 필요한 요소 기술개발에도 활용되었다. 중국이 개발한 저고도·중고도 지대공 유도탄 등이 그 예이다. 오늘날 중국의 중소형 지대공 유도탄 상당수가 상하이 인근 지역을 기반으로 생산되는 것도 그리 놀라운 일은 아니다.

장기적 안목을 바탕으로 한 핵심기술의 자주 개발

1960년은 소련제 R-2 복제품인 둥펑 1호 개발과 자체 개발한 고공 로켓인 T-7의 첫 발사 성공이 모두 이루어진 해이다. 우주개발 계획이 수립되면서 국방부 제5연구원과 중국과학원 역학연구소가 설립된 지 4년 만에 거둔 성과이다. 개발 초기에 우주개발과 관련된 기반시설이 거의 없었던 상황을 고려한다면 상당히 빠른 성과라 할 수 있다. 여기에는 사회주의 계획경제체제를 이용해 인력과 자원을 집중하고 소련의 지원을 확보한 것 외에도 또 다른 성공 요인이 있다.

먼저 제5연구원과 중국과학원이 서로의 장점을 살리며 업무를 분담한 것이 주효했다. 당면한 복제 생산 업무는 소련의 지원과 생산 기술, 자원이 집중된 제5연구원에서 수행하고, 중국과학원은 산하 연구소들과 고급 인력을 활용해 기초 및 핵심기술과 중장기 연구에 몰두했다. 이는 1956년 「중국 국방항공공업 건립 의견서」에서 첸쉐썬이 주장한 설계 기관과 기초 연구 기관의 독립 설치를 실현한 것이라 할 수 있다. 이를 통해 자원의 중복 투입을 줄이고 국가적으로 필요한 인력 양성과 기술개발 및 생산이 이루어졌다.

두 기관을 통일된 기준으로 관리한 것도 중요한 성공 요인이다. 국방부와 중국과학원 모두 장관급의 독립 기관이지만, 우주 관련 사업들은 모두 통일적으로 조정, 통제되었다. 특히 우주개발 계획을 수립한 첸쉐썬이 제5연구원 원장과 역학연구소 소장을 겸임하면서 실질적으로 두 기관의 업무를 조정하고 통제한 것이 효과를 발휘했다. 이 안에서 소속기관과 연구개발 성과, 자원, 인력이 필요에 따라 상대 기관으로 이전되었다. 녜룽전도 국가 전반의 국방과 민간 과학기술 업무를 총괄하면서 이를 전폭 지원했다.

무엇보다도 중장기적인 안목을 가지고 스스로의 힘으로 기술을 개발하는 데 혼신의 노력을 기울였다는 것이 중요하다. 중국과학원은 숱한 어려움과 실패 속에서도 실현 가능한 범위 내에서 V-2보다 작은 T-7M과 후속으로 T 시리즈 고공 로켓을 자체 개발했다. 이를 통해 경험 축적은 물론 자신감과 의지가 넘치는 고급 인력도 대거 양성할 수 있었다.

중국과학원의 자주 개발 성과가 제5연구원에 비해 상대적으로 미미해 보이지만, 인공위성과 고성능 추진제, 고공 로켓처럼 훗날 중요한 역할을 하는 원천기술들은 이들이 개발한 것이다. 국가적으로 극심한 경제난과 자연재해를 극복하고 연구와 실험에 몰두한 결과, 우주 분야에서 빛을 발하는 기술을 가지게 된 것이다. 최근에 떠오르고 있는 심우주 탐사와 달 여행, 첨단 융·복합 분야 등에서 중국과학원이 핵심적인 역할을 수행하고 있는 것도 이러한 역사와 전통이 있었기에 가능한 일이다.

04 자주 개발의 신호탄: 둥펑 2호의 탄생

"導彈不能帶箸疑点上天."
(유도탄은 의심을 품은 채로 하늘에 올라갈 수 없다.)

중국이 자주 개발의 꿈으로 야심차게 개발한 둥펑 2호는 첫 시험발사에서부터 좌절을 맛보았다. 이에 국방부에서는 지상에서 충분히 성능이 입증되기 전까지는 비행시험을 허가하지 않는다는 지침을 세웠다. 위 구호는 현재 중국 우주개발의 모토로 지상 시험설비들을 충분히 갖추고 고장을 일으킬 요소들을 지상에서 모두 없앤 후에 비행시험을 한다는 의미이다.

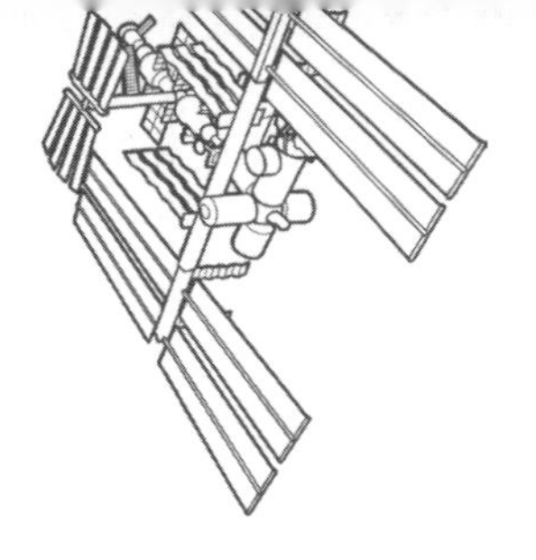

대형 유도탄의 자주 개발 추진

1960년 3월, 소련과의 협력에 문제가 발생하자 국방부 제5연구원은 연구 개발의 중점 목표를 복제에서 자주 개발로 전환했다. 핵심 전략은 단거리, 중거리, 장거리 유도탄을 순차적으로 개발하는 것으로 '3반(班)'이라 했다. 그러나 대약진운동 직후의 경제 조정기에 유도탄 개발의 지속 여부에 대한 논란이 일었다. 유도탄은 대규모 투자가 필요했기 때문이다. 결국 국가 지도층에 포진한 군인들이 지속 개발을 주장해 중단 위기는 넘겼으나, 예산이 크게 감축되어 상당한 어려움을 겪어야만 했다.

개발 방향에서도 논쟁이 있었다. 일부에서는 단거리 유도탄을 개발했으니 바로 중거리 유도탄을 개발하자는 도약식 개발을 주장했다. 그러나 첸쉐썬 등은 점진적 개발을 주장했다. 자주 개발은 복제 생산과 다르기 때문에 예기치 못한 문제가 발생할 수 있다는 것이 그 이유였다. 따라서 과도기를 두고 둥펑 1호를 대폭 개량한 독자 모델을 개발하며 경험을 쌓기로 했다.

1960년 7월, 둥펑 2호로 명명된 개량형 유도탄의 개념 설계가 완성되었고 곧바로 제작에 들어갔다. 둥펑 2호의 제원은 길이 20.9미터, 최대 직경 1.652미터, 4개의 삼각형 꼬리날개, 이륙중량 29.8톤, 탄두 중량 1,500킬로그램이었다. 개량 초점은 R-2 복제 경험을 살리면서 사거리를 1,200킬로미터로 2배가량 늘리는 데 있었다. 정확도는 특별히 개선되지 않았다. 따라서 개량 과정의 대부분은 엔진 추력을 제고하며 중량을 감축하는 데 맞춰졌다.

간단한 일이라 해도 세부 설계는 쉽지 않았다. 소련이 제공한 자료는 대부분 생산 도면이었고 설계와 관련된 내용은 매우 부족했다. 게다가 국내 전문가들도 대부분 대학이나 전문학교를 갓 졸업한 청년들로 설계 경험이 없었다. 결국 이들이 몇 안 되는 장년층 경험자들에게 교육을 받으면서 연말까지 모든 설계 작업을 완수했다.

가장 먼저 사거리를 늘리기 위해 엔진 추력을 높였다. 추력은 유도탄의 기초 중의 기초이므로 첸쉐썬도 엔진을 아주 중요하게 여겨 '동력선행(動力先行)'이라는 구호를 붙이기도 했다. 이후 이 구호는 중국 신형 유도탄 개발의 기본 원칙이 되었고 오늘날까지 이어지고 있다.

둥펑 2호의 총설계를 맡은 런신민(任新民)은 둥펑 1호의 엔진 부품 168종 중 63퍼센트에 달하는 106종의 부품을 재설계하거나 개조했다. 연료 펌프의 회전속도를 10퍼센트 정도 높이고 출력을 35퍼센트 증가시켜 비추력이 220초에 달하게 했다. 또 1961년 초부터 11월까지 수차례의 엔진 시험을 거쳐 125초 연소에 성공했고, 엔진 점화에 관련된 문제점들을 개선해 44.5톤의 추력을 얻을 수 있도록 했다.

그러나 추가 시험에서 추력실 밸브가 파손되는 등 문제가 발생했는데, 단순히 품질 문제로 치부하며 철저히 살피지 않은 것이 훗날 화근이 되었다. 대부분의 기술자들은 둥펑 1호에 비해 개선 사항이 많지 않았으므로 큰 문제가 되지 않을 것이라 믿었다.

두 번째로 탄체의 중량을 감소시켰다. 이를 위해 액체산소 연료통을 이

중 구조에서 얇은 단일 구조로 바꾸고, 꼬리날개의 재료를 철에서 삼각형 모양의 알루미늄 합금으로 바꾸었다. 생산 공정에서도 폭발 성형 등 다양한 신기술을 적용해 구조 중량이 0.22(둥펑 1호)에서 0.14로 감소했다.

탄두의 모양도 개선했다. 둥펑 2호의 최대 비행 속도는 초속 3.5킬로미터(3.5km/sec)이므로 대기권 재진입 시 발열을 낮추기 위해 탄두 끝을 뾰족한 모양에서 둥근 모양으로 수정했다. 이어서 탄두 재진입 시의 비행 안정성 유지를 위해 이론 계산과 실험을 수없이 반복했고, 제어시스템도 무선지령신호 편차교정 방식으로 엔진출력 개선을 반영했다. 이외에도 수송과 기립, 탄두 결합, 과산화수소 보온, 연료 주입 차량 등의 지상 설비도 개량했다.

시험발사 실패와 그 원인

1962년 3월, 첫 번째 둥펑 2호가 생산 완료되어 주취안 발사장으로 이동했다. 둥펑 2호의 탄체 표면에는 '독립자주, 자력갱생'이라고 적혀 있었는데, 중국의 자주 개발 의지를 확고히 드러낸 것이었다. 대부분의 관계자들도 성공을 의심하지 않았다. 발사 15분 전에는 모든 인원들이 엄폐 지역으로 대피해야 했으나, 많은 현장 인력들이 피하지 않고 근처에서 발사를 지켜본 것이 그 예이다.

점화된 유도탄이 요란한 소리와 함께 상승하자 "성공했다!"라는 함성이 터져나왔다. 그러나 몇 초 후, 탄체가 크게 흔들리며 궤도 편차가 커졌고, 10여 초가 더 지난 후에는 엔진이 꺼지면서 탄체 중간 부분에서 불꽃과 함께 하얀 연기가 발생했다. 균형을 잃은 유도탄은 자세제어가 되지 않아 뒤집어졌고, 발사 1분여 후에 600미터 떨어진 사막에 추락해 굉음과 함께 폭발했다.

불과 1분여 만에 환호성이 침통한 울음소리로 바뀌었다. 유도탄에는 20여 톤의 연료가 들어 있었는데, 이 때문에 폭발한 유도탄의 연기가 100미터 상공까지 치솟았다. 지면에 깊이 4미터, 직경 22미터의 웅덩이가 파였고 유도탄의 파편들이 반경 수백 미터까지 흩어졌다. 담당 총설계사인 런신민은 잔해로 생긴 웅덩이 앞에서 "이 웅덩이는 바로 나 자신이다. 내가 이 웅덩이에 묻힐 것이다"라며 통곡했다고 한다.

그러나 유도탄 개발을 총괄하던 녜룽전은 오히려 "과학 실험은 실패를 허용하니 책임을 물을 필요가 없다. 중요한 것은 실패 원인을 찾아 다시 도전하는 것이다. 이를 찾아내는 사람들을 장려하라"고 지시했다. 첸쉐썬도 미국에서의 경험을 이야기하며 "과학 실험이 모두 성공한다면 왜 실험이 필요하겠는가? 좌절과 실패를 거치면서 우리는 더욱 총명해지는 것이다"라고 격려했다.

첸쉐썬은 곧바로 폭발 잔해를 수집, 분석했고 전문가 회의를 통해 원인 규명에 나섰다. 3개월 동안 세밀한 조사를 거쳐 실패 원인을 찾을 수 있었다. 유도탄이 탄성체라는 것을 망각하고 세장비(細長比, 길이와 굵기의 비율) 변화를 고려하지 않아 진동이 제어 범위를 초과했고, 엔진의 구조 강도가 약해 비행 중에 파손되어 화재가 발생했다는 것이다.

둥펑 2호는 사거리 연장을 위해 추진제 양을 늘렸는데, 이때 연료통의 직경은 그대로 두고 길이만 연장했다. 때문에 장대 진동 효과로 양끝이 흔들려 기립할 때와 비행 중에 탄성 진동이 발생했다. 결국 탄체 구조가 파손되고 진동 주파수와 제어시스템이 공진(같은 진동이 겹쳐 진폭이 커짐)하면서 유도탄이 빠르게 해체되었다. 둥펑 1호 개발 당시에는 이 문제가 명확하게 규명되지 않았고 둥펑 2호의 설계에도 반영되지 않았다.

후에 전탄(全彈) 진동 시험을 통해 이 문제를 발견했다. 둥펑 1호는 제어

기기 박스가 탄체 중간에 있었는데, 이곳은 유도탄 진동 파형의 좁은 계곡 부분에 해당해 제어기기가 받는 진동이 극히 작았다. 그러나 둥펑 2호는 박스를 파형의 정점인 꼬리 쪽으로 옮겼기 때문에 진동이 비정상적으로 확대되었다. 결국 진동의 상호작용으로 상승효과가 나타나 비행 자세를 제어하지 못했다. 발사 전의 제어기기 박스 측정에서도 진동 문제는 발견하지 못했다.

엔진 문제는 더욱 복잡했다. 수많은 개량과 실험을 반복했으나 화염 누출과 파열이 자주 발생했다. 연소 또한 계속 불안정한 상태로 이루어졌다. 연구자들은 실패의 원인을 연소실의 연소 불안정과 엔진의 강도 부족에서 찾았다. 결국 엔진이 연소할 때 진동을 감소시키는 방안과 취약 부분에 대한 강도 보강 등을 거쳐 문제를 해결했다.

기술 관리 체제와 방법에서도 문제가 있었다. 설계가 완성된 후 각 부서들이 자신이 맡은 임무만 수행했을 뿐, 기술을 총괄하는 책임자가 없었다. 연구개발 시험과 생산 시험도 구별이 없어 모두 생산 기준에 맞춰 시험을 수행했다. 즉 낮은 표준으로 생산되어도 문제가 되지 않았던 것이다. 결국 둥펑 2호의 엔진 추력을 44.5톤에서 40.5톤으로 낮추고, 사거리를 1,000킬로미터로 줄이며 제어 기준도 변경해야만 했다.

조직의 분산도 문제가 되었다. 전체 개발은 제5연구원 1분원에서 담당했지만, 제어시스템은 2분원 담당이었다. 분산된 관리 체제로 인해 전체와 부분을 효율적으로 조절하지 못한 것이다. 제어계통의 인력 부족으로 종합 조정 부분에 있던 제어 전문가들이 2분원으로 대거 이동한 것도 문제가 되었다. 심지어 제어계통에 문제가 있다는 사실은 비행시험을 하기 전까지 아무도 몰랐다. 결국 둥펑 3호를 개발할 때 2분원의 제어계통 전문가들이 모두 1분원으로 전환 배치되었다.

종합 설계에서도 문제점이 드러났다. 탄체 강도가 떨어지고 탄성 진동이 발생할 것이라는 예측도 없었고 측정 시험도 하지 않았다. 전반적으로 시스템 공학에 대한 인식과 개발 순서에 대한 개념이 정립되지 않은 상태였다. 시스템 전체를 보며 연구개발을 해야 하는데, R-2 모방 생산처럼 오직 생산에만 몰두하며 분산된 체제를 그대로 유지한 것이다.

지상 시험 역시 부족해 문제점들이 곳곳에 숨어 있었다. 발사장에서도 책임 소재가 불분명한 일들이 발생했다. 발사 전날, 돌연 베이징에서 전화가 와 부품을 교환해야 한다고 했고, 결국 리벳을 풀어 교체했다. 심지어 연료가 주입되는 상황에서도 케이블을 교체했다.

대대적인 인프라 확충과 관리 체제의 개편

첸쉐썬은 실패를 교훈삼아 문제점을 찾고 해결하기 시작했다. 전국적인 협력망을 구축해 선행 연구를 강화하고, 과학적인 관리 제도와 책임제를 도입했다. 또 설계와 생산 전 과정을 수정하며, '비행시험 중에 문제를 해결한다'는 생각은 절대로 하지 못하도록 했다.

비행 자세에 민감한 부품들의 위치 조정은 오직 시험을 통해서만 해결할 수 있었다. 아직 경험이 부족하고 이론적 기반이 약했기 때문이다. 따라서 지상 시험설비를 갖추는 것이 가장 시급한 문제로 떠올랐다. '모든 고장은 지상에서 없앤다'는 기준을 두고 지상 시험에서 충분히, 반복적으로 성능이 검증되기 전까지는 비행시험 자체를 허가하지 않았다. 이 기준은 "유도탄은 의심을 품은 채로 하늘에 올라갈 수 없다(導彈不能帶箸疑点上天)"라는 구호로 바뀌어 중국 우주개발의 모토가 되었다.

국방부와 제5연구원 당위원회의 전폭적인 지원에 힘입어 1962~1964년, 대형 엔진시험대, 전탄 계류시험대, 전탄 진동시험탑, 정력시험장, 수력실험실, 제어모사실험실, 열응력실험실, 극초음속 풍동, 고속고온 풍동 등 28종의 대형 시험설비를 건설했다. 재설계 후의 유도탄은 엔진 성능 신뢰성 시험, 제어시스템과 측정시스템의 구배 시험, 전탄 진동시험, 복수 전탄시험 등 17항목의 대형 지상 시험을 거쳐야만 했다.

첸쉐썬은 특히 전탄 계류시험대(약칭 전탄시험대) 건설을 강조했다. 이 시험대는 그의 아이디어로, 유도탄 발사대와 유사한 구조물을 만들어 측정 설비들이 대거 부착된 형태였다. 여기에 유도탄을 고정한 후, 엔진과 장치들이 동작하는 상태에서 비행 전 과정을 모사한다. 실제 비행 상황에서 각종 기기들의 동작과 상호연계, 신뢰성을 확인하는 것이다.

관리 체제도 대폭 개편했다. 대약진 시기에 구축한 연구, 설계, 생산, 시험을 병행하는 돌격형 각개약진에서 벗어나 과학적이고 규범적인 관리 체제를 구축한 것이다. 그 첫 번째 조치로 1962년 11월, 「국방부 제5연구원 잠정조례」가 발표되었다. 조례에서는 연구개발 순서를 방안(계획) 단계, 모형 단계, 생산 단계, 시제 시험 단계, 정형(제식) 단계의 5단계로 구분하고, 다음 단계로 넘어갈 때에는 반드시 평가와 검증, 비준을 받도록 했다.

두 번째로 지휘 체제를 개편해 지휘선(指揮線)을 두 갈래로 구분했다. 총설계사 중심의 설계 계통과 행정총지휘 중심의 행정 계통으로 분리하고, 책임 소재를 명확히 구분하며 협력하도록 한 것이다. 설계 계통은 총설계사와 부총설계사, 주임설계사, 주관설계사로 4계층을 두어 전체와 부분이 연계하며 책임을 지도록 했다. 이 두 갈래 지휘선은 그대로 굳어져 수십 년을 이어온 중국 유도탄 개발 체제의 특성이 되었다.

세 번째로 총체(종합)설계부를 설립해 전체를 아우르며 각 부분과의 연계를 총괄하도록 했다. 1964년에는 '형호(型号, 모델)연구원'을 설립하여 "형호를 목표로 하고, 전공을 기초로 한다"는 방침을 정했다. 1분원, 2분원과 같은 소련 방식은 전문 기술 분야별로 조직을 구성했기 때문에 구분이 명확해 개별 기술 발전에는 유리했으나 실제 업무에서는 상당히 불편했다.

이에 따라 1분원은 지대지 유도탄과 운반 로켓 개발에 주력하고, 2분원은 지대공 유도탄을, 3분원은 지대함 유도탄을 전담하도록 했다. 고체연료 엔진을 개발하는 4분원도 신설되었다. 분원의 조직이 대거 재편되었고 모든 연구원이 하나의 형호를 전담하도록 조정되어 연계와 책임이 분명해지고 관리 효율도 개선되었다. 여기에 기술과 행정의 두 갈래 지휘선 체제가 시행되어 업무 전체가 순조롭고 빠르게 진행되었다.

1965년 1월 1일에는 국방부 제5연구원이 제7기계공업부로 개편되고,[4] 조직체계도 형호연구원, 총체(종합)설계부, 계통전문연구소, 시험생산공장으로 계열화되었다. 아울러 기반 연구를 위해 공기동력연구소, 환경시험연구소, 재료응용연구소, 정보자료연구소, 표준화연구소를 설립했다. 이들은 소재지에 관계없이 형호를 개발하는 기관과 상급 기관의 이중 관리를 받았다.

둥펑 2호의 성공

1964년 봄에 개량형 둥펑 2호가 지상 시험에 성공하며, 6월 말에 주취안 발사장에서 시험발사를 하게 되었다. 그러나 또 다른 문제가 발생했다. 뜨겁고 건조한 사막의 여름 날씨로 추진제의 밀도가 변하고 액체산소가 빠르게 기화해 목표량을 채울 수 없었던 것이다. 전문가들은 목표 사거리에 도달하지 못할 수 있으므로 측정 설비들을 가까운 곳으로 옮기는 방안

4) 1964년 말, 전국인민대표대회 결정으로 정부 조직이 개편되었다. 이에 따라 제2기계공업부(핵공업)와 제3기계공업부(항공), 제4기계공업부(전자), 제5기계공업부(병기), 제6기계공업부(선박), 제7기계공업부(우주)가 탄생했다.

을 논의했다.

이때, 32세의 청년 설계사 왕융즈(王永志)가 오히려 에틸알코올을 일부 배출시키고 추진제 혼합비를 조정하면 추진제의 한쪽 과잉을 해소하며 사거리를 늘릴 수 있다고 주장했다. 대부분의 전문가들은 고개를 저었지만 첸쉐썬은 왕융즈의 아이디어를 바로 이해하고 그대로 시행하도록 지시했다.

시험은 성공적이었다. 왕융즈의 말대로 에틸알코올 600킬로그램을 배출한 후 발사해 원목표 사거리에 도달한 것이다. 이어진 후속 발사도 모두 성공했다. 문제를 해결하는 데 크게 기여한 왕융즈는 첸쉐썬의 적극적인 후원을 받아 후에 중국 유인우주선 개발 총책임자가 되었다.

실패와 좌절을 거치며 중국은 유도탄 핵심기술을 축적하고 독립 설계와 생산 능력을 갖추게 되었다. 1969년부터 양산된 둥펑 2호가 부대에 배치되어 약 90발 정도가 전력화되었다. 다만 둥펑 2호의 연료는 액체 상태로 장기 보존이 불가능하고 즉시 발사가 어렵다는 문제가 있었다. 결국 둥펑 2호는 비교적 빨리 퇴역했고, 차기 유도탄에는 새로운 연료 체계를 적용하게 되었다.

실패의 극복과 지상 설비 구축의 중요성

"실패는 성공의 어머니"라고 하지만, 특히 우주개발에서 실패의 의미는 더욱 크다. 많은 우주개발 선진국들이 수많은 실패를 피하지 못했던 만큼, 이를 어떻게 해석하고 극복하는지가 성공적인 우주개발에 아주 중요하기 때문이다.

중국은 초창기 개발 과정에서 처절한 실패를 겪었지만 감정적으로 대처하거나 과도하게 책임을 묻지 않았다. 대신 차분하게 과학적으로 원인을 분석하고 실질적인 해법을 모색하여 이전보다 더욱 발전되고 완비된 개발 체제를 구축하게 되었다.

엔진은 유도탄의 심장과 같다. 따라서 이를 먼저 개발하고 다른 부분들은 엔진의 성능에 맞게 조정할 필요가 있다. 중국 역시 둥펑 2호 개발 과정에서의 실패를 교훈 삼아 '동력선행'이라는 구호를 천명하고, 오늘날까지 이를 고수하고 있다. 우리는 우주 발사체를 개발할 때에도 엔진을 우선시해야 한다는 교훈을 되새길 필요가 있다.

지상 설비를 충분히 갖추는 것도 중요하다. 유도탄을 개발하는 데에는 많은 비용이 들어가고, 우리 손이 닿지 않는 곳으로 발사되므로 일단 발사된 후에는 고장을 찾거나 비상 상황에 대처하기 어렵다. 그러므로 지상에서 충분한 시험과 평가를 거쳐 신뢰성을 높인 후에 발사해야 한다. 특히 우주개발에서 다반사로 발생하는 엔진 고장과 진동, 비행 안정성, 단 분리 등은 지상 설비를 통해 문제점을 철저히 해결하고 완성도를 높여야 한다.

우리나라도 액체 엔진 개발 과정에서 연소 불안정과 진동 문제로 많은 어려움을 겪었다. 또 비행시험에서는 페어링 분리와 단 분리에 실패하기도 했다. 한국형 발사체(KSLV: Korea Space Launch Vehicle, 누리호) 개발에서도 엔진의 연소 불안정 문제로 일정이 지연되었다. 북한 역시 지상 설비가 부족해 단 분리와 엔진 연소, 진동 문제 등 여러 분야에서 어려움을 겪었다. 중국은 전탄시험대와 엔진 연소시험대, 초음속풍동 등을 건설해 이를 해결했다.

누군가 고성능 컴퓨터를 통한 이론 계산과 시뮬레이션으로 대형 풍동 설비 등을 대체할 수 있다고 주장했다. 첸쉐썬은 이러한 주장에 대해 다음과 같이 말했다.

"컴퓨터로 모든 변수를 모사할 수 없다. 컴퓨터 계산 결과를 입증하기 위해서라도 실제 상황에 가까운 대형 지상 설비가 필요하다." 우리가 반드시 새겨들어야 할 말이다.

관리 체제 역시 중요하다. 중국은 오랫동안 행정 부서와 연구 기관, 생산 공장이 함께 하는 '과학연구생산 연합체'를 만들었고, 장기적인 목표 아래 일관성 있는 우주개발을 추진했다. 앞서 말한 것처럼 행정과 기술을 분리한 지휘 체제 역시 주목할 만하다. 두 갈래 지휘 체제는 행정 분야의 비전문가들이 기술 문제에 개입해 일을 그르치지 못하게 했고, 과학기술자들은 지나친 행정 책임을 지지 않으면서 개발에만 몰두할 수 있었다. 우리나라가 과학기술 행정과 연구, 생산 기관이 모두 분리되어 있고, 정권이 교체될 때마다 파동이 심한 것과는 상당히 다른 모습이다.

중국의 우주 발사체들이 신뢰도가 높은 이유는 관리 체제가 효율적이고 지상 설비가 충분하며, 반복적인 실험을 통해 단점이 적은 엔진과 탄체를 개발했기 때문이다. 일각에서는 중국이 오래된 기술을 사용한다며 수준을 폄하하는 사람들이 있다. 하지만 이는 우주개발 과정에서 '해본 것'과 '해보지 않은 것'의 차이가 아주 크다는 사실을 간과한 것이다.

특히, 발사체의 경우는 지상 설비와 오랜 경험의 축적이 없으면 성공적인 자주 개발이 어렵다. 때문에 선진국에서는 기술 이전을 극히 꺼리기도 한다. 바꿔 말하면 실패를 거듭하면서도 긴 안목으로 지속적인 투자와 노력 그리고 희생을 반복해야 신뢰성이 높은 독자적인 우주 발사체를 보유할 수 있다.

05 핵탄두의 결합과 시험발사

둥펑 2호갑(DF-2A)
유도탄과 핵탄두의 결합

"嚴肅認眞, 周到細緻, 穩妥可靠, 萬無一失."
(엄숙진지하고 주도면밀하며, 신뢰성을 확보하여 만의 하나라도 놓치지 말라.)

독자 개발한 둥펑 2호를 개량한 둥펑 2호갑 유도탄과 핵탄두의 결합 실험에 돌입할 당시, 저우언라이(周恩來) 총리가 지시한 '16자 방침(十六字 方針)'이다. 중국은 국내외로 아주 어려운 상황에 처해 있었음에도 핵무기 개발을 포기하지 않았다. 이를 통해 조기에 독자적인 핵탄두 유도탄 개발에 성공했고 전 세계가 중국의 실전용 전술·전략 핵무기 보유를 인정하게 되었다.

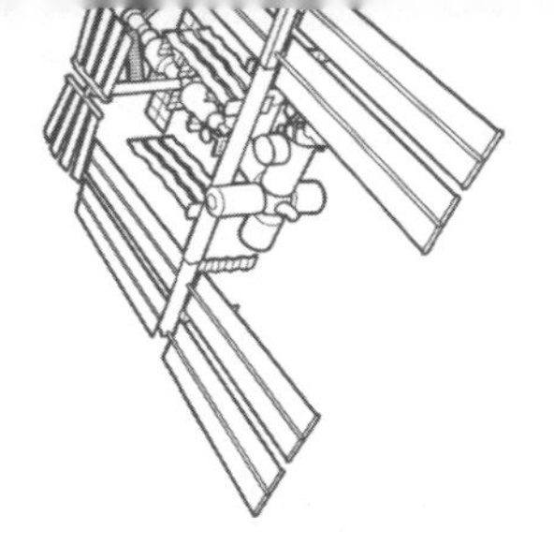

중앙전문위원회의 설립과 양탄 결합 추진

중국 정부는 원자탄 개발의 통일 영도를 위해 1962년 11월 17일, 중공중앙(中共中央, 중국공산당 중앙위원회의 약칭) 직속의 '중앙 15인 전문위원회(약칭 중앙전위)'를 설립했다. 저우언라이 총리가 주임을 맡고 관련 분야를 관장하는 7명의 부총리와 7개 부처 장관을 위원으로 두었다.

중국은 핵무기 개발 초기부터 빠른 실전 배치를 추구했다. 이에 1963년 9월, 국방과학을 총괄하던 녜룽전이 핵무기 개발 부서에 "우리 군에 배치하는 핵무기는 유도탄 탑재를 위주로 개발하고 항공 폭탄은 이를 보조한다"고 했고, 중앙전문위원회는 12월에 이를 승인했다. 항공기는 요격 없이 적진에 진입하기 어려우므로 먼저 유도탄에 집중한다는 것이다.

1965년 2월에 열린 중앙전문위원회 10차 회의에서 '양탄 결합(원자탄과 유도탄의 결합)' 세부 계획을 확정하고 이를 위해 7명의 위원을 추가했다. 이들은 국가계획위원회 제1부주임과 유도탄 관련 6개 부처 장관들이었다. 제7기계공업부 부부장(차관)이었던 첸쉐썬도 회의에 몇 번 참석하다가 1967년 5월에 정식 위원이 되었다.

◍ **원자탄과 수소탄 시험의 성공**

중국은 둥펑 2호 시험발사에 성공한 지 3개월 만인 1964년 10월 16일 15시에 신장 위구르자치구의 뤄부포(羅布泊, Lop Nor) 사막 102미터 철탑에서 첫 번째 원자탄을 폭발시키는 데 성공했다. 핵장치 중량 1,550킬로그램의 위력은 22킬로톤에 달했다. 이듬해 원자탄의 항공기 투하 폭발 실험에 성공했고, 1967년에는 중국 최초의 수소탄 투하 실험에 성공했다.

유도탄과 핵탄두의 결합

둥펑 2호의 개발이 성공을 거두자, 후속 조치로 사거리 연장 계획이 수립되었다. 먼저 둥펑 2호(DF-2)를 개량한 둥펑 2호갑(DF-2A)의 개발이 시작되었다. 이것은 핵무기와 연동하여 명실상부한 중단거리 핵탄두 유도탄을 개발하기 위함이었다. 따라서 자연스럽게 유도탄에 탑재할 수 있는 핵탄두의 개발과 결합 시험이 당면 과제로 떠올랐다.

둥펑 2호 시험발사가 임박했던 1964년 9월, 첸쉐썬에게 양탄 결합에 대한 내용이 전달되었다. 국방부 제5연구원은 첸싼창(錢三强)이 있는 제2기계공업부와 함께 타당성 연구에 돌입했다. 이때 제5연구원이 제7기계공업부로 개칭되었으므로 양탄 결합 프로젝트를 두 기관의 이름을 따 '27펑바오(風暴, firestorm)'이라 명명했다.

1964년 12월 말에 첸쉐썬이 주도하는 타당성 연구팀에서 「양탄 결합 계획 보고서」를 제출했다. 이 보고서는 유도탄 개량, 원자탄 탄두 개량, 양탄 결합을 위한 전면적 조치와 협력의 세 부분으로 구성되었다. 핵심 사항으로 검토한 것은 탄두의 소형화(小), 유도탄의 개량(槍), 탄두 결합(合), 안전(安)의 네 가지였다.

탄두 소형화는 원자탄 소형화와 함께, 핵탄두가 유도탄 발사 후의 소음과 충격, 진동, 대기권 재진입 시의 파열음과 진동, 중량 초과 등의 환경 조건을 극복하도록 개량하는 것이었다. 유도탄은 핵탄두 운반수단인데, 기존의 둥펑 2호를 개량해 사거리가 늘어난 둥펑 2호갑(DF-2A)을 만드는 것을 의미했다.

탄두 결합은 원자탄과 유도탄의 결합을 의미한다. 즉, 진동 감축과 완충 기능을 갖춘 유도탄 밀봉 탄두에 핵무기를 안장하여 일정한 강도와 온도, 습도를 유지하도록 하는 것이었다. 안전은 실제 핵폭발 시험에서의 안전을 의미한다. 유도탄이 자국 내 주민들의 거주 지역 상공을 통과해 폭발하므로 만일의 사태에 대비하여 비행 탄도 아래 주민들을 보호할 대책을 강구해야 했다.

요소 기술의 개발

핵탄두의 소형화는 핵무기 주관 부서인 제2기계공업부 주도로 완성되었다. 1964년에 실험했던 중국 최초의 핵장치 중량은 1,550킬로그램 정도로 탄두 중량이 1,500킬로그램인 둥펑 2호갑에 탑재하기에는 너무 무거웠다. 재진입에 필요한 유리섬유강화플라스틱(GFRP) 보호막의 무게가 200킬로그램에 달했기 때문이다.

1965년 5월 14일, 핵탄두의 소형화를 목표로 한 항공기 투하 핵폭발 실험에 성공했고, 이후에는 지상 핵실험을 통해 소음, 진동, 충격, 온도 등에 대한 모사 실험을 반복했다. 하지만 방열 재료를 포함한 탄두의 소형화가 어려워 일정이 지연되었고, 둥펑 2호갑이 개발 완료된 1966년 초까지 완성하지 못했다. 결국 폭약 사용량을 줄여 폭발 위력을 22킬로톤(kt)에서 12킬로톤으로 낮아졌고, 최종적으로 1,290킬로그램 정도의 탄두를 개발하는 데 성공했다.

둥펑 2호의 개량은 제7기계공업부 주도로 이루어졌다. 제5연구원 1분원의 주도로 추진제 사용량을 늘리고 엔진 추력을 40.5톤에서 45.5톤(실제 측정 결과 47.5톤)으로 개선했다. 이를 통해 비추력을 개선하고 사거리를 1,200킬로미터까지 연장했다.

제어계통도 전 관성유도(All-Inertial Guidance)로 전환하여 작전 성능을 개선했다. 이전에 사용했던 소련식 무선지령신호에 의한 편차교정 방식은 발사기지 후방에 수십 킬로미터 길이의 교정 기지를 설치해야 했다. 이러한 기지는 적군의 간섭과 공격을 받기 쉽고 이동이 불편해 작전 수요에 부적합했다. 설계 전문가들은 기존의 좌우 편차교정에 전후 편차교정을 더하고 좌우 편차교정용 가속도계를 추가하여 간단한 계산으로 제어가 가능하도록 개량했다.

이때 탄두의 형상 문제가 제기되었다. 기존의 둥펑 2호의 고성능 폭약 탄두는 타원형이었다. 핵장치를 탑재하려면 외형을 바꾸고 용적을 늘려야 했다. 하지만 이는 유도탄의 전반적인 공기역학에 영향을 주기 때문에 설계를 바꿔야만 했다. 그래서 탄두의 모양을 크게 바꾸지 않으면서 내부 구조를 조정하여 핵장치를 탑재하는 방안을 추진했다.

다른 기술들의 개발은 둥펑 2호 개발 경험과 잘 구비된 지상 시험설비를 활용해 비교적 순조롭게 이루어졌다. 1965년 11월부터 2개월 간 둥펑 2호갑의 시험발사가 8차례 수행되었고, 7번 성공했다. 1차 실패도 우연히 발생한 사고임을 감안하면, 핵탄두 탑재를 위한 개량형 둥펑 2호갑 유도탄 개발이 성공적이었음을 알 수 있다.

양탄 결합은 탄두의 방열 문제로 어려움이 있었다. 첸쉐썬은 이를 근본적으로 해결하면서 사거리 연장이라는 미래 수요에도 효과적으로 대비하기 위해 1964년 2월부터 전국 범위의 프로젝트를 추진했다. 이 프로젝트에는 중국과학원 물리연구소와 역학연구소, 제7기계공업부와 기타 관련 부처 등 30여 기관들이 포함되었다.

이들은 다양한 방식의 유도탄 탄두 방열 방법에 대해 연구했다. 탄두 외벽에 도료 피막을 입히고 내부에 공간을 두어 격벽을 만들었으며, 산화막층을 만들기도 했다. 실리콘 복합재료와 유리섬유 복합재료 등의 방열 재료 연구와 유체역학을 이용한 탄두 형상 최적화 연구도 이때부터 본격적으로 시작되었다.

결국 연구자들이 새로운 기술들을 집대성하여 핵탄두에 유리섬유강화플라스틱 방열층을 입히고 대기권 재진입 시 내부 온도를 100도 이하로 떨어뜨리는 데 성공했다. 또한 내부 핵장치에 비행 환경 정보를 제공하는 장비와 밀봉 상태에서 온도 조절과 진동 감지 및 완충이 가능한 부가 장비도 설치했다. 물론 탄두 중량이 증가하긴 했으나 최적화 과정을 거쳐 한계를 넘지 않도록 했다.

원자탄 개발은 국가 기밀 사항이라 비밀 보호 조치 상태였다. 핵무기와 유도탄 개발자들의 보안 등급이 서로 달랐다. 핵무기 개발자들은 유도탄을 볼 수 있지만 반대로 유도탄 개발자들은 핵무기의 실물과 설계도를 볼 수 없었다. 따라서 유도탄 개발자들이 탄두 장착에 필요한 무게중심과 중량, 위치, 관성 특성 등 필요한 정보를 얻을 수 없었고, 어느 정도의 공간이 필요한지도 몰랐다.

결국 첸쉐썬이 상부에 이러한 문제점을 보고했고, 제2기계공업부와 제7기계공업부 핵심 관련자들이 연합 사업팀을 결성해 비밀 제한을 해제했다. 이에 따라 제1분원의 유도탄 개발자 12명이 핵무기를 개발하는 제2기계공업부 제9연구원에 파견되어 원자탄의 실물과 조립 과정을 파악했다. 그들은 이때 얻은 정보를 근거로 탄두 용량을 확대하며 핵탄두의 안장 위치를 조절했다.

이외에도 주민의 안전 문제가 대두되었다. 저우언라이 총리는 제7기계공업부에 "유도탄이 중도에 추락하면 안 된다"고 지시했고, 제2기계공업부에는 "유도탄이 비행 도중 추락하더라도 핵폭발이 일어나면 안 된다"고 지시했다. 또한 핵탄두의 안전 조치와 비상시 폭발 차단을 위해 핵물질 없이 진행하는 냉(冷) 실험을 한 후, 그 결과를 보고 실제 핵을 폭발시키는 열(熱) 실험 여부를 결정하기로 했다.

핵탄두 탑재 유도탄 폭발 실험

저우언라이 총리는 중앙전문위원회의 마지막 양탄 결합 회의에서 다양한 의견을 들은 후, "엄숙진지하고 주도면밀하며, 객관적 신뢰성을 확보하여 만의 하나라도 놓치지 말라(嚴肅認眞, 周到細緻, 穩妥可靠, 萬無一失)"는 '16자 방침'을 하달했다.

이를 들은 한 전문가가 "만무일실은 도저히 감당할 수 없다"며 하소연을 하자, 총리가 웃으며 "당신들이 생각할 수 있는 문제들만 해결하면 된다. 발견할 수 있는 문제들을 모두 해결하는 것이 만무일실이다"라고 답했다고 한다. 당시에 제5연구원 제1분원에서 계산한 바에 따르면 핵탄두 유도탄이 민간인 지역에 낙하해 폭발할 확률은 10만분의 6이었다.

곧 제7기계공업부에서 7발의 둥펑 2호갑 유도탄을 제작했다. 이 중 5발은 공중폭발 실험과 핵탄두 기폭장치 실험용이었고, 나머지는 실제 핵폭발 과정인 열실험용이었다. 비상시 폭발 방지 대책으로는 문제 발생 시 지상에서 암호를 전송해 핵탄두를 무력화한 후 유도탄을 자폭시키는 방법을 택했다.

1966년 9월 초, 4발의 둥펑 2호갑이 주취안 발사장에 도착했다. 저우언라이 총리의 지시대로 먼저 비상시 핵폭발 방지 체계 확인을 위한 공중폭발 실험을 하고 그다음으로 냉실험을 한 후, 마지막에 열실험을 하기로 했다. 10월 초에 둥펑 2호갑이 정상 비행 50초 후에 비상 핵폭발 방지실험을 성공적으로 완료했고, 중순에는 두 차례의 냉실험에 성공했다. 첸쉐썬은 모든 준비가 완료되었다고 보고하고 열실험 명령을 기다렸다.

곧 베이징에서 중앙군사위원회가 열려 최종 점검에 들어갔다. 철도부에서는 3량의 열차를, 해방군 총후근부(總後勤部, 군수업무 담당)와 국방과학기술위원회에서 500대의 자동차를 대기시켰다. 만일의 사태에 대비하여 공군이 유도탄 예정 비행경로를 정찰해 양쪽 200킬로미터 이내의 거주민 수만 명을 안전지대로 이동시켰다. 지역 주민 대부분이 소수민족인데다 수많은 가축을 기르고 있었기 때문에 이들을 설득하고 이동시키는 데 어려움을 겪었다.

발사 3일 전, 녜룽전이 마오쩌둥에게 시험발사에 대해 보고했고, 그는 "이번 시험에 성공할 수도 있고, 실패할 수도 있다. 실패해도 긴장하지 마라"며 최종 승인했다. 발사 하루 전날, 강한 바람이 부는 상황에서 유도탄과 핵탄두를 발사장으로 운반했고 발사 당일 새벽, 양탄 결합을 시작하여 80여분 만에 완료했다.

하지만 발사가 임박했을 때, 탄착 지역에서 급한 연락이 왔다. 예정 지역 3,000미터 상공에 강한 바람이 분다는 것이었다. 탄도 편차가 커지지 않을까 염려한 녜룽전이 이를 베이징에 보고했으나, 저우언라이 총리는 모든 사항을 현지에서 판단해 결정하라는 지시를 내렸다. 녜룽전이 급히 회의를 개최했고 바람의 영향이 크지 않을 것이라 판단한 전문가들의 의견에 따라 계획대로 유도탄을 발사하기로 했다. 이후 총리에게 결정 사항을 보고하고 동의를 얻어 실험을 시작했다.

1966년 10월 27일 9시, 핵탄두를 장착한 둥펑 2호갑 유도탄이 발사되어 9분 14초 후 894킬로미터 떨어진 뤄부포(羅布泊) 상공 569미터 고도에서 폭발했다. 탄두의 소형화로 위력은 최초 원자탄의 절반 수준인 12킬로톤으로 낮아졌다. 연구자들은 환호성을 질렀고, 이 소식은 바로 총리에게 보고되었다. 다음날 〈신화사〉 공보를 통해 중국과 전 세계에 전파되었다.

원자탄 실험 후 핵탄두를 개발하는 데 미국은 13년, 소련은 6년이 걸렸다. 하지만 중국은 단 2년 만에 성공을 거두었다. 이 실험의 성공으로 중국은 실전 사용이 가능한 핵 유도탄을 보유하게 되었다. 같은 해 7월 1일, 해방군은 전략유도탄부대인 제2포병을 창설했다.

관계 기관의 협력과 역경의 극복

원자탄과 유도탄의 양탄 결합이 성공할 수 있었던 것은 연구 기관들의 협력이 있었기 때문이다. 보안이 철저하고 성격이 이질적인 기관들이 원만하게 협력한 것은 우리도 본받을 만하다. 핵무기를 개발하는 제2기계공업부와 유도탄을 개발하는 제7기계공업부는 1960년대 중국 첨단무기 개발의 양대 축으로, 고위층의 관심과 지원이 가장 많이 집중된 곳이다. 따라서 소련의 지원도 이 두 분야에 대부분 할애되었고 지원 중단의 피해도 가장 크게 받았다.

두 기관은 개발 과정에서 오는 부담과 어려움을 같이 겪었고, 자력갱생으로 반드시 목표를 이루고야 말겠다는 의지도 공유했다. 두 기관의 장이 중앙전문위원회와 같은 관리 기구에 함께 들어가 자주 교류를 한 것도 주효했다. 이러한 여정을 겪으면서 제2기계공업부와 제7기계공업부가 깊은 동질감과 자긍심을 가지게 되었고, 서로 긴밀히 협력하게 되었다.

원자탄 개발 이후 투발 수단 확충에 투자가 집중되어도 협력 분위기는 줄어들지 않았다. 중국 정부가 '양탄일성(兩彈一星) 정신'을 내세우면서 '양탄'을 '원자탄과 수소탄'과 함께 '원자탄과 유도탄'으로 병행하는 것도 이들이 겪은 고난과 긴밀한 협력을 동등하게 평가하기 위한 것으로 보인다. 이들과 유사한 경험을 한 원자력 잠수함 개발자들도 '양탄일정(兩彈一艇)'이라는 구호를 제창하며 널리 쓰고 있다.

원자탄을 만들기 전에 미리 신뢰성이 높은 유도탄을 개발한 것도 양탄 결합에 유리한 상황을 마련해주었다. 미국과 소련이 원폭 실험에서 미사일 탑재까지 많은 시간을 소모한 이유는 핵실험 당시 신뢰할 만한 유도탄을 보유하지 못했기 때문이다. 이에 비해 중국은 1964년 핵실험 이전에 둥펑 2호를 스스로 개발하는 데 성공했고, 초기부터 유도탄 탑재를 목표로 핵탄두를 소형화하여, 개발 기간을 단축할 수 있었다. 북한의 조기 핵탄두 소형화 가능성을 거론하는 것도 이와 유사한 논리이다.

06 사거리 연장과 대륙간탄도탄 개발

중국 최초의 대륙간탄도탄
둥펑 5호(DF-5)

중국은 1960년대 초, 유도탄 개발의 '3단 발전(三步棋) 원칙'을 확정했다. 이는 장기 계획을 수립해 동일 시기에 탐색 연구, 설계 및 시험 생산, 제식화와 초기 생산 3가지를 모두 수행한다는 것이다. 이를 토대로 1965년 3월에 '1965~1972 지대지 유도탄 발전 계획(약칭 8년 4탄 계획)'을 수립했다.
이 계획은 명확한 목표와 단계별 전략을 가진 중국 최초의 유도탄 개발 장기 계획으로 모든 목표를 달성하여 중국 유도탄 개발 사업의 이정표가 되었다. 또한 이를 통해 대형 엔진 개발과 연료 체계 및 구조 재료 개선, 다단 연결과 4개 엔진 연동, 유도 체제 개선 등을 이룩하여 관련 기술의 수준이 비약적으로 발전했다.

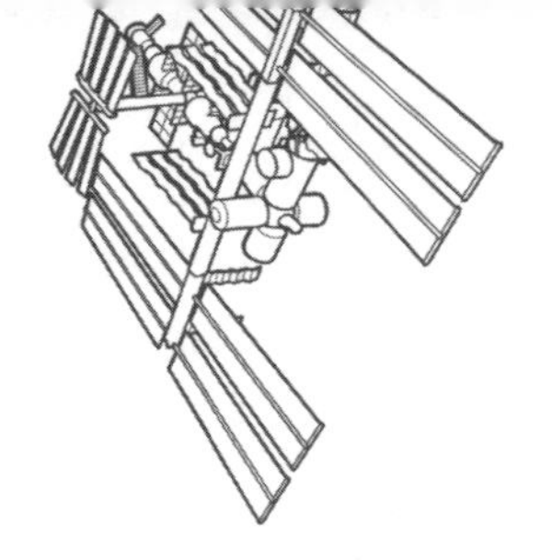

3단 발전 원칙

1960년대 초, 녜룽전이 각 연구 기관에 '3단 발전(三步棋) 원칙'을 준수할 것을 지시했다. 연구, 설계와 생산, 제식화와 초기 생산을 모두 수행하라는 것이다. 즉 하나의 유도탄을 제식화해 생산하고 있을 때, 다음 단계 유도탄의 설계와 시험 생산을 병행하고, 역시 그다음 단계의 유도탄에 대한 탐색 연구를 같이 수행하라는 뜻이다.

이는 기초연구와 응용, 개발, 생산 전반을 연결하여 단계별로 개발하는 장기 계획이다. 계획에 맞춰 우수한 연구진들이 동원되었고 유도탄 사거리와 단 수, 부스터, 추진제, 직경, 유도 방식, 엔진 유형, 탑재 수송 방식, 기동 성능, 탄두 유형 등의 문제들을 체계적으로 연구하게 되었으며, 후에 '8년 4탄 계획'의 골격이 되었다.

8년 4탄 계획과 단계별 목표

8년 4탄 계획이란 1965년 수립된 '1965~1972년 지대지 유도탄 발전 계획'을 말한다. 1962년, 녜룽전이 '유도탄 개발 기술 경로 제정'을 지시했고, 1965년 초에는 저우언라이 총리가 '지대지·지대공·지대함 유도탄 발전 규칙 제정'을 지시했다. 이에 제7기계공업부에서 약 2개월 간 2,400여 명의 핵심 관계자들을 모아 토론회를 개최했고, 그 결과로 8년 4탄 계획이 수립되었다. 지대공과 지대함은 별도 계획을 수립하여 시행했다.

8년 4탄 계획은 8년에 걸쳐 4종의 신형 유도탄, 즉 중단거리 개량형, 중거리, 중장거리, 대륙간탄도탄을 연속 개발한다는 내용을 담고 있다. 중단거리 개량형은 핵탄두 탑재를 위한 둥펑 2호의 개량이었고 나머지는 단계적인 사거리 연장이었다. 신형 유도탄은 각각 둥펑 2호갑, 둥펑 3호(DF-3), 4호(DF-4), 5호(DF-5)로 명명되었다.

중국은 사거리에 따라 유도탄을 단거리(近程, 1,000킬로미터 이하), 중거리(中程, 1,000~3,000킬로미터), 장거리(遠程, 3,000~8,000킬로미터), 대륙간(洲際, 8,000킬로미터 이상)으로 구분한다. 새로운 계획에서는 중거리와 대륙간 사이에 속하는 중장거리를 추가했다. 장거리 유도탄에 필요한 다단 연결과 분리, 엔진의 고공 점화 기술을 먼저 개발하기 위함이었다.

사거리 연장은 사실 유도탄의 미국 도달을 목표로 한 것이었다. 중국 북부에서 미 대륙까지의 거리인 10,000~12,000킬로미터를 둥펑 5호의 최종 목표로 하고, 1971년까지 전 사거리 비행시험을 마친다는 계획을 세웠다. 중간 단계로 둥펑 3호가 2,500킬로미터 거리의 필리핀 미군기지(당시 클라크 공군기지와 수비크 해군기지)를, 둥펑 4호는 4,000킬로미터 거리의 괌 B-52 발진 기지를 목표로 했다.

그러나 1969년 3월 2일 발생한 우수리강 유역의 전바오다오(珍寶島) 무력 충돌로 소련을 목표로 한 유도탄도 개발하게 되었다. 그 예로 둥펑 4호의 사거리를 4,750킬로미터로 연장해 중국 칭하이성(青海省)에서 모스크바(4,500킬로미터)를 사정거리에 두도록 한 것을 들 수 있다. 이를 뒷받침하기 위해 1970년대 초, 갓 개발한 둥펑 5호를 충분한 '비행시험' 없이 실전에 배치하기도 했다.

기술개발 전략과 목표 달성

첸쉐썬은 8년 4탄 계획을 효율적으로 추진하기 위해 두 가지 중요한 아이디어를 제안했다. 첫째는 기술의 점진 개발이었다. 진행하고 있는 형식 개발 과정에서 일련의 핵심기술을 새로 만들어내고, 다음 형식에 이를 적용한다는 것이다. 즉 모든 형식을 개발할 때마다 진일보하며 부단히 기술을 혁신해 나간다는 뜻이다.

둘째는 하나의 로켓을 두 가지 용도로 개발하는 것이다. 즉 유도탄과 운반 로켓을 겸용으로 개발하여 물력과 인력을 절약하고 개발 시간도 단축하는 것이다. 이는 먼저 개발한 둥펑 4호를 개량해 중국 최초의 인공위성 발사체인 창정(長征) 1호를 개발하고, 이어 개발된 둥펑 5호를 개량해 차세대 우주 발사체인 창정 2호를 개발하는 것으로 실현되었다.

여기에 녜룽전의 '3단 발전 원칙'에 따라 한 개 형식을 생산함과 동시에 차기 형식의 설계 시제와 차차기 형식의 탐색 연구를 병행했다. 이에 따라 연구진이 둥펑 2호를 주취안 발사장에서 발사할 때, 둥펑 3호의 전체 설계에 들어갔다.

이 계획의 방향성은 다음과 같았다.

1. 반드시 신기술 성과를 응용한다.
2. 설계에 여유를 두고 추가적인 개량에 대비한다.
3. 필요한 재료와 부품은 국내 생산이 가능해야 한다.
4. 공정을 단계별로 나누어 다음 단계로의 이행 조건과 지표를 명확히 한다.
5. 하부 시스템은 반드시 전체 설계의 요구를 반영하고, 전체는 하부의 실현 가능성을 토대로 한다.

8년 4탄 계획은 문화대혁명의 역경 속에서 일정이 잠시 지연되기도 했으나, 전반적으로 초기 목표를 달성하는 데 성공했다.

- 1966년 10월, 둥펑 2호갑으로 양탄 결합 시험 성공
- 1966년 12월, 둥펑 3호 중거리 유도탄 비행시험 성공
- 1970년 1월, 둥펑 4호 중장거리 유도탄 비행시험 성공
- 1971년 9월, 둥펑 5호 대륙간탄도탄 저탄도 비행시험 성공
- 1980년 5월, 둥펑 5호 대륙간탄도탄 전 사거리 비행시험 성공

중거리 유도탄: 둥펑 3호

중거리 유도탄인 둥펑 3호(DF-3)는 진정한 의미에서 완전히 자주적으로 개발한 첫 번째 유도탄이라 할 수 있다. 둥펑 3호는 사거리 2,500킬로미터로 당시 필리핀에 있던 미군기지를 목표로 했다. 탄두 중량 목표는 당시 개발한 위력 3메가톤(Mt) 수소탄의 최소 무게인 2,000킬로그램으로 설정했으나, 실제 무게는 2,150킬로그램이었다.

추진제는 상온 저장이 가능한 적연질산(AK-27, RFNA)[5]과 비대칭디메틸히드라진(UDMH)으로 하고, 4개의 엔진을 결합한 동력장치(YF-2)를 채용해 추력을 높였다. 스트랩다운(strap-down, 관성 센서를 직접 이동체에 부착한 상태) 보상 유도방식의 전 관성유도장치를 채택하면서, 제트 베인(Jet vanes 로켓, 미사일 등의 초기 방향조절 장치)으로 편차를 교정했다. 탄체 길이 24미터(초기 20.65미터)에 직경 2.25미터, 이륙중량 65톤이었고, 탄착 오차는 반경 2킬로미터 정도였다.

5) AK-27은 질산에 27퍼센트의 사산화이질소(N_2O_4)를 추가한 것이다. AK는 러시아어로 질산(azotnia kislota)을 의미한다.

둥펑 3호는 중앙전문위원회의 비준(1965년 3월) 후 1년이 되기도 전에 모든 설계를 마쳤고, 제7기계공업부 제1연구원(1원)에서[6] 상세 설계와 시제 생산에 들어갔다. 그러나 엔진을 연결해 만든 동력장치(YF-2)의 전 단계인 개별 엔진(YF-1) 연소 실험에서 연소가 계속 중단되는 문제가 발생했다. 엔진 총설계사 런신민의 주도로 70여 가지의 개선 방안을 마련해 하나씩 적용했지만 문제가 해결되지 않았다.

첸쉐썬은 문제해결을 위해 "고주파 진탕(振盪) 문제에 대해 고민해보라"고 조언했다. 기술자들은 첸쉐썬의 말을 듣고 연소실의 고유 주파수와 연소 생성 주파수가 결합해 공진을 일으키고, 이것이 연소실의 압력과 온도에 순간적인 파동을 크게 일으켜 엔진을 파손시킨다는 것을 알았다. 이에 런신민은 격판과 액상 분리 등을 이용해 엔진을 개선하고 1965년 7월, 50초 연소와 100초 연소에 성공했다. 엔진의 연소 불안정을 해결한 이러한 경험은 이후 유도탄 개발에 아주 중요한 교훈을 주었다.

이후 개발 과정은 비교적 순조롭게 진행되었다. 비대칭디메틸히드라진의 독성 극복과 4개 엔진의 동조, 엔진별 추력 편차교정, 대형 연료통의 내부 유체 유동 문제, 연료통 구조 설계와 내부식성(耐腐蝕性) 강화 등의 기술적인 문제들을 모두 해결했다.

1966년 12월, 둥펑 3호의 이름을 단 최초의 유도탄이 주취안에서 시험발사에 들어갔다. 그러나 발사 111초 만에 엔진 2호가 망가지고 추력이 떨어져 탄착 오차가 증가했다. 1967년 1월에 두 번째 시험발사를 진행했으나 엔진 연소 종료에 거의 다다랐을 때 엔진 2호의 추력이 크게 감소해 또 탄착 오차가 커졌다. 비록 시험은 실패였지만 두 번의 시험에서 다른 기관들

6) 1965년 초에 국방부 제5연구원 제1분원을 제7기계공업부 제1연구원(1원)으로 개칭했다.

은 정상적으로 작동하는 것이 확인되어 총설계가 신뢰를 얻게 되었다.

제1연구원에서는 이론 분석과 지상 시험을 실시하여, 엔진 연소실 내벽이 장시간의 연소로 변형되고 파열된다는 결론을 얻었다. 이를 개량한 후 1967년 5월 중순에 3차 시험을 했다. 하지만 추진제 주입 과정에서 연결 부위가 변형되어 압력이 증가하지 않았고, 변형 부위를 수리한 후 5월 말에 성공적으로 발사했다. 그러나 1967년 6월에 진행된 4차 발사에서 엔진 1호의 추력이 떨어지는 문제가 다시 발생했다.

연구자들은 이 문제를 해결하기 위해 광활한 사막에 흩어진 탄착구 파편들을 회수하여 철저히 분석했다. 그 결과 엔진 추력 감소는 추력실 내벽 용접 부위가 열응력에 의해 부식해 파열되었기 때문임을 알았다. 이를 수정하자 지상 시험 시간을 기존 186~195초에서 300~500초로 늘려도 엔진 추력 감소가 발생하지 않았다.

둥펑 3호의 개량형은 곧 시제 생산에 돌입했으나 문화대혁명이 일어나 제1원이 투쟁에 휘말렸고 이를 말리던 재료공예연구소(1원 703연구소) 소장 야오퉁빈(姚桐斌)[7]이 살해당하는 사건이 발생했다. 이런 상황에서도 1968년 12월, 타이위안(太原) 발사장에서 둥펑 3호를 성공적으로 발사했고, 고도 2,500킬로미터까지 도달하는 쾌거를 이루었다. 또한 1969년 1월에도 성공하며 자신감을 얻었다.

둥펑 3호는 1970년, 본격적으로 전력화를 시작해 150여 발을 제2포병에 배치했다. 1980년대 후반에는 파생형을 만들어 사우디아라비아에 60여 발을 수출한 것으로 알려졌다. 후기 개량형인 둥펑 3호갑(DF-3A)은 사거리 2,800~4,000킬로미터이고 2메가톤 수소탄 1발 또는 50~100킬로톤(kt)

7) 훗날, 문화대혁명 시기의 핍박으로 요절한 중국 인공위성 개발의 선도자이자 중국과학원 지구물리연구소 소장이었던 자오주장(趙九章)과 함께 양탄일성 공훈상 수상자로 선정되었다.

증폭형 핵탄두 3발을 탑재했다. 탄착 오차는 1.5~3킬로미터였고 생산량도 많았으나, 현재는 대부분 퇴역했다.

중장거리 유도탄: 둥펑 4호

둥펑 4호는 사거리 4,000킬로미터의 2단 유도탄이다. 처음에는 미국 괌을 목표로 했으나, 후에 사거리를 4,750킬로미터로 늘려 모스크바를 겨냥했다. 탄체 길이 29미터, 직경 2.25미터, 이륙중량 82톤이며 연료는 둥펑 3호와 같은 적연질산/비대칭디메틸히드라진이었다. 탄두도 동일했으나 재진입 시의 발열이 더 높아 방열 재료의 사용량이 늘어나면서 중량이 2,200킬로그램으로 증가했다. 탄착 오차는 1.5킬로미터 정도였다.

둥펑 4호는 앞선 3호 개발에서 얻은 성과를 최대한 활용했기 때문에 엔진 연소 불안정과 같은 문제가 거의 없었다. 그러나 최초의 2단 로켓이었기 때문에 단 연결과 분리, 2단 엔진의 고공 점화와 고공 성능시험, 세장비 증가 후의 자세제어, 발사 방식 등이 새로운 해결 과제로 등장했다. 1단 엔진은 둥펑 3호 엔진을 개량해 추력을 8퍼센트 향상시킨 후 4개를 묶어 종합 추력 100톤급으로 만들었다. 이와 함께 대형 지상 설비인 100톤급 시험대와 펌프 시험대 등을 완성해 1단, 2단 엔진 개발에 필요한 기반을 마련했다.

진공 추력 32톤인 2단 엔진은 공기가 희박한 60킬로미터 이상의 고공에서 점화해야 하므로, 나팔관 후미를 팽창비 50:1로 확대했다.[8] 이를 검증하려면 고공에서 연소 실험을 진행해야 하는데, 외국 설비는 매우 복잡하고 가격이 엄청나게 비쌌다. 이에 설계원들은 엔진 외부면의 분수 냉각

8) 노즐에서 나오는 배기가스 압력이 주변 대기압과 같을 때 가장 좋은 추력을 얻을 수 있다. 공기가 희박한 고공에서는 주변 대기압이 낮으므로 노즐을 확대하여 효율을 높인다.

에 의한 열 발산과 엔진 외부의 단층벽 추가, 엔진 자체 배기 등을 적용해 18~20킬로미터 고공 환경을 모사하는 데 성공했다. 1966년 11월, 이를 적용한 3단 엔진의 첫 고공 모사 시험을 수행했다.

단 분리는 열 분리(Hot Separation) 방식을 채택했는데 1단 엔진 종료 전에 2단을 점화하고, 양 단이 실중을 일으키지 않는 상태에서 단을 분리하는 방법이다. 먼저 2개의 단을 막대형으로 연결해, 2단 엔진 점화 후 화염이 잘 배출되고 탄체가 요동치지 않게 했다. 1단 연료통 위에 유리섬유 방열층을 두어 연료통이 화염에 의해 파손되지 않도록 했고, 2단 연료통 구조를 개선해 엔진을 직접 지지하도록 했다. 이 과정을 거쳐 유도탄의 길이와 세장비를 줄일 수 있었고 무게도 줄어들었다.

사거리가 긴 만큼 유도탄의 정확도 향상을 위한 유도장치 개량도 핵심 사안 중 하나였다. 관성기기연구소에서는 정압공기부유기술(Aerostatic guide way)을 채택해, 일정 압력을 가한 기체로 자이로축을 부상시켜 마찰력을 기존의 1퍼센트 정도로 줄였다. 또한 유도탄의 안정 상태를 유지하는 데 성공했고 지극히 어려운 자이로 가공 기술도 극복했다. 이를 바탕으로 3축 유도 자이로와 공기부유 자이로 가속도계를 빠르게 생산하여 중국 관성기기 개발에 일대 이정표를 세웠다.

본격적인 개발은 1965년에 시작했다. 둥펑 2호 실패를 교훈 삼아 "모든 문제는 지상에서 해결한다"는 원칙을 적용해 하부 시스템과 유도탄 전체에 대한 지상 시험을 강화했다. 1967년에서 1969년까지 일반 정력 시험과 진동 시험을 완료하고, 새로 개발한 시스템에 20여 가지의 대형 시험도 수행했다. 6번에 걸친 전탄 시험과 간이 시험도 수행했고, 이 과정에서 발생한 관성유도장치의 강도 부족 등 많은 문제를 해결했다.

개발 막바지에는 인공위성 발사체인 창정 1호와 발맞추어 개발을 진행했다. 1968년 10월, 유리섬유강화 소재 나팔관을 적용한 2단(YF-3) 엔진이 시험에 성공했고, 이듬해 5월에 1단 전탄 시험을, 6월에 2단 전탄 시험을 완료했다. 10월 말에는 YF-3 엔진의 300초 연소 시험에 성공했다.

1969년 8월 말, 첫 시험탄이 생산되었으나 문화대혁명으로 인한 품질 불량 사태로 각종 측정에만 3개월이 소요되었다. 1969년 10월에 첫 둥펑 4호가 주취안 발사장에서 발사되었지만, 1단 엔진 단류펌프가 오작동을 일으켜 2단 엔진이 손상되었다. 또 11월에 다른 유도탄을 발사했으나, 제어시스템이 1단 엔진 종료 지령신호를 보내지 않아 2단이 점화하지 않았고 단 분리도 일어나지 않아 실패했다. 원인은 비행 중 배전기가 고장을 일으켰기 때문이었다.

결국 엔진을 여러 번에 걸쳐 종료했던 기존 방법 대신 동시에 종료시키는 것으로 문제를 해결했고, 1970년 1월에 둥펑 4호의 발사와 단 분리, 목표 사거리 도달에 모두 성공했다. 중국은 다단 로켓기술과 단의 연결 및 분리 기술, 고공 점화 기술, 재진입 방열 기술 등을 개발해 장거리 유도탄 개발의 기초를 차근차근 다져갔다. 둥펑 4호는 1980년대에 전력화되었으나 2세대 유도탄이 개발되면서 생산량은 30발 정도에 그쳤다.

대륙간탄도탄: 둥펑 5호

8년 4탄 계획의 최종 목표는 미국에 도달할수 있는 대륙간탄도탄 둥펑 5호의 개발이었다. 둥펑 5호는 2단 로켓으로 길이 35미터, 직경 3.35미터, 이륙중량 192톤이며, 사거리는 8,000킬로미터 이상, 탄착 오차는 800미터 정도였다. 탄두는 3,200킬로그램의 3~4메가톤 수소탄이나 다탄두를 탑재할 예정이었고, 1971년까지 비행시험을 완료하고 1973년에 제식화한다는 목표를 세웠다.

제1연구원에서는 이를 실현하기 위해 다음과 같은 방침을 정했다.

1. 추진제는 추력이 높고 장기 저장이 가능해야 한다.
2. 탄체의 크기가 국내 도로와 철도 운송에 적합해야 한다.
3. 새로운 유도 방식을 개발해 정확도를 높인다.
4. 자세제어도 새로운 기술을 적용해 개선한다.
5. 추력 증가를 위해 동력장치도 개선한다.

추진제의 경우 둥펑 4호는 27퍼센트의 사산화이질소(N_2O_4)를 섞은 적연질산을 산화제로 사용했지만, 둥펑 5호에서는 100퍼센트 사산화이질소를 사용했다. 사산화이질소의 농도가 올라가면 비등점이 낮아지고 빙점이 높아져[9] 저장성과 환경 적응성이 악화되지만 출력이 높아진다. 연료는 둥펑 4호와 같이 질산 기반의 산화제를 만나 자연적으로 점화하는 비대칭디메탈히드라진을 사용했다.

둥펑 5호의 직경은 3.35미터로 비슷한 미국 유도탄의 직경 3미터보다 더 컸다. 직경을 더 늘리려 했으나, 국내 철도 운송에 사용하는 컨테이너 직경과 터널 길이 등을 감안해 제한을 둔 것이다. 1단 엔진은 71톤급 4개를 묶어서 사용했고, 2단은 1개의 주 엔진(진공 추력 73.4톤)과 4개의 유동 엔진(진공 추력 4.7톤)을 결합해 사용했다. 유도는 관성 플랫폼-컴퓨터 방식을 개발해 사용했다.

1966년 5월에 총설계 방안이 수립되고 1968년 1월에 상세 설계 방안을 확정했다. 1968년 12월 말에 1단 개별 엔진의 250초 전 사거리 연소 시

9) 사산화이질소는 유독한 적갈색 기체로 21.7도에서 끓고 영하 11.2도에서 언다.

험에 성공했고, 1969년 6월에는 4개 엔진 연결형의 연소 시험에 성공했다. 1969년 말, 설계 조건을 기본적으로 만족한 시제품을 생산할 수 있었다.

하지만 최종 목표를 달성하기까지에는 여러 난관이 있었다. 문화대혁명으로 많은 부품의 품질이 기준 미달이었고 신기술 개발이 지연되었으며, 필요한 지상 시험들도 정상적으로 수행할 수 없었다. 같은 시기에 인공위성 발사체인 창정 1호 개발에 대부분의 인력이 이동한 것도 어려움 중 하나였다. 결국 1971년 봄, 공장에서 조립과 측정을 할 때부터 수많은 문제들이 발생했고, 6월 말에 주취안 발사장으로 옮긴 후에도 문제들이 나타났다.

9월 10일, 저탄도 발사로 기초적인 부분은 성공했으나 자세제어에서 짧은 시간 동안 진탕이 일어났고, 2단 엔진이 6초가량 빨리 정지하여 목표 오차가 상당히 컸다. 전 사거리에서의 탄두 재진입 모사 또한 불가능했고, 방열 체계와 신관 시스템도 측정하지 못했다. 심지어 발사 3일 후에는 9.13 린뱌오(林彪) 반란 사건이 발생하여 현장 인력들이 급히 철수했다. 이후 추가 개발이 지연되었고 이미 생산된 시험탄도 1973년과 1974년에 발사했으나 모두 실패했다.

1975년 초, 문화대혁명 때 실각했던 장아이핑(張愛萍) 장군이 복권해 국방과학기술위원회 주임이 되었다. 그의 지도 아래 1977년 9월, 국방과학 분야의 3대 우주개발 중요 임무가 국가 계획에 포함되었다. 이 임무는 둥펑 5호의 전 사거리 비행시험, 잠수함발사탄도탄(SLBM), 지구정지궤도 통신위성 발사였다. 둥펑 5호는 사거리가 8,000~12,000킬로미터였으나 문화대혁명으로 고탄도, 저탄도 시험발사만 진행했기 때문에 전 사거리 시험발사가 주요 과제가 되었다.

여기서 또다시 탄두 재진입 시의 방열 문제가 대두되었다. 둥펑 2호 개발 때부터 탄두 방열을 연구했으나, 대륙간탄도탄의 방열은 차원이 다른 문제였다. 이에 1969년에서 1971년까지 두 종류의 중거리 유도탄으로 세 차례 비행시험을 수행하면서 탄두의 각 부분 방열 문제를 해결하려 했으나 실패했다. 결국 이를 해결하기 위해 일찍이 없었던 대규모의 방열 문제 해결 연구를 추진하게 되었다.

1975년 9월 10일, 전국 116개 기관에서 1천 명 이상의 전문가들을 소집해 '탄두 기동 회의'를 개최하고, 핵심기술을 재정리해 이론 계산과 기동시험, 비행시험의 세 가지로 구분했다. 연구 진척에 따라 재료공예연구소(1원 703연구소)에서 연구를 주도했고, 베이징과 상하이에서도 100여 명을 동원해 후속 연구를 진행했다.

가장 성능이 우수한 방열 재료는 고성능 탄소섬유 복합재료인데, 이는 일본과 미국이 거의 독점하고 있었고 수출을 강력히 통제하고 있었다. 낚싯대나 골프채 등 스포츠용품에 사용하는 중저가 탄소섬유로는 대륙간탄도탄의 탄두 방열을 해결할 수 없었다. 결국 조달이 가능한 고강력 섬유를 채택하고 1977년 9월과 1978년 4월에 저탄도 비행시험과 탄두 방열에 성공했다. 성능 개선을 위한 시험은 이후에도 다양하게 진행되었다.

전 사거리 비행시험은 두 가지를 해결해야 한다. 첫 번째는 국경을 벗어나 공해로 나가는 탄두의 비행경로를 측정하고 그 기록을 회수해 분석하여야 한다. 두 번째는 자국 영공을 충분히 비행하여 각 시스템의 신뢰성과 탄착 정확도를 파악하고 점차 향상시켜야 한다. 중국에서 동서, 남북으로 가장 긴 거리는 5,500킬로미터로 대륙간탄도탄의 사거리인 10,000킬로미터에 미치지 못했기 때문에 최종 탄착 목표를 태평양으로 잡았다.

1967년, 태평양에서 유도탄을 회수하기 위해 원양측량선 개발이 논의되었으나 추진하지 못했다. 이에 1972년 4월, 군사위원회에서 공해상 비행시험을 위한 5개 형식, 6척(2척의 측량선, 원양조사선, 구급선, 보급선, 지원선)의 선단 건조가 결정되었다. 예젠잉(葉劍英)이 '위안왕(遠望)호'로 명명했고, 1973년 건조를 시작하여 1979년 12월 말에 1호와 2호가 취역했다. 1980년 2월, 모든 준비가 완료되었다.

1980년 5월 1일, 11척의 선단과 4대의 헬리콥터로 구성된 원정단이 출항했고, 9일에는 〈신화사〉에서 비행시험을 공지하면서 선박 진입 금지를 요청했다. 1980년 5월 18일 10시, 주취안 발사장에서 발사된 둥펑 5호는 30분 후에 목표 지점에 도달했고, 수 킬로미터 상공에서 시험 데이터가 수록된 박스를 사출한 후 낙하했다. 낙하산에 매달린 박스는 해상에 떨어져 형광색 염료를 분출했고, 대기 중이던 헬리콥터와 고속정이 접근해 5분 20초 만에 회수했다. 둥펑 5호 비행시험의 오차는 9,000킬로미터 사거리에 250미터로 상당히 우수한 수준이었다.

소련과의 관계가 점점 악화되자 전 사거리 비행시험 이전에 사일로형 유도탄 몇 발을 실전 배치했다. 1986년에는 개량형인 둥펑 5호갑(DF-5A)을 개발해 50여 발을 실전 배치했는데, 사거리가 15,000킬로미터로 늘어났고 탄착 오차는 이전의 800미터에서 500미터로 줄었다.

장기 계획의 수립과 단계별 기술개발

유도탄의 사거리 연장에는 명확한 목표와 단계별 발전 전략을 세운 장기 계획이 필요하다. 그 계획 아래 단계별로 필요한 기술을 선별하고 선행 연구를 진행해야 하는데, 중국은 '8년 4탄 계획'과 '3단 발전 원칙'을 결합해 이를 실현했다.

실현 가능한 기술 수준을 파악하고 일정을 정해 목표나 계획을 무리하게 세우지 않는 것도 중요하다. 유도탄은 접근이 어려운, 매우 높은 상공을 비행하기 때문에 예측하기 어려운 난관이나 기술적 장애가 특히 많다. 따라서 이미 개발된 기술을 충분히 활용하며 여력을 집중해 핵심기술을 개발해야 한다.

'동력선행'이라는 말처럼 유도탄의 심장인 엔진을 가장 먼저 개발하는 것도 매우 중요하다. 엔진 개발은 연소 불안정성과 같은 대표적인 문제를 해결하는 데 많은 시간이 소요된다. 엔진이 안정된 후에도 유도탄의 추력과 구조, 연료량, 탑재 중량 등을 조정하기 때문에 변수가 많다.

탄두 방열과 같은 극한 소재의 개발은 장기간의 기초연구와 설비, 숙련된 기술자가 필요하다. 특별한 소재들은 일반 기업이 개발하기 어려우므로 국가 차원에서 집중적으로 투자하고 전문가 협의체를 구성하여 지혜를 모아야 한다. 중국은 유도탄 사거리를 연장하면서 탄두 방열의 필요성이 높아지자 전문기관을 설립했고, 국가 차원에서 투자를 집중했다. 또한 전국적으로 전문가 대회를 수시로 개최해 연구에도 소홀히 하지 않았다.

중국은 엔진과 유도탄 직경, 연료 체계, 유도 체계, 탄두 방열 소재 등을 선택할 때 자국의 현실과 보유한 기술을 충분히 반영해 실패를 줄이고 예산을 절감했다. 물론 문화대혁명과 같은 극심한 정치적 풍파를 겪기도 했지만, 원래 계획을 크게 수정하지 않고도 성공을 거둘 수 있었던 것은 치밀하게 계획을 세우고 일관성 있게 추진했기 때문이다.

우리나라 역시 나로호를 개발하며 수많은 시행착오를 겪었다. 정권이 바뀔 때마다 계획이 수정되었고, 때로는 무리한 계획을 세워 연구 부문 간의 균형을 맞추지 못했다. 엔진을 앞세워 연소 불안정성 등의 문제를 충분히 해결해야 하는데, 예산과 인력 충원 등의 문제로 이를 뒷받침하지 못한 경험도 있다. 그러므로 중국의 경우를 잘 살펴 앞으로는 시행착오를 줄이고 잘못을 되풀이하지 않아야 한다.

07 고체 추진제 개발과 유도탄의 현대화

중국 최초의 고체 추진제 잠수함발사탄도탄(SLBM) 쥐랑 1호(巨浪一號)

"1만 년이 걸려도 핵잠수함을 만들어야 한다."_**1959. 1. 9. 마오쩌둥**

1970년대 중반, '8년 4탄 계획'이 완료되면서 중국은 새로운 중장기 계획으로 2세대 유도탄을 개발하기 시작했다. 이는 유도탄의 생존 능력과 방어 돌파 능력, 타격 능력을 집중적으로 개선하는 것이었다. 이 계획 아래 연료를 고체로 전환하고 투발 수단을 첨단화, 다양화하면서 이미 개발한 요소 기술과 부품들을 다시 한 번 사용하고, 우주 발사체로의 전환도 추진했다.

중국의 첫 잠수함발사탄도탄(SLBM)이자 고체 추진제를 채택한 쥐랑 1호(JL-1)는 1세대에서 2세대로 넘어가는 중간 단계의 유도탄이라 할 수 있다. SLBM은 기동 범위가 넓고 은밀하며 생존 능력이 강해 적의 선제공격을 받은 후 핵심 반격 수단으로 각광을 받고 있다. 중국은 일찍부터 고체 추진제 SLBM과 지대지 유도탄을 개발해 2세대로의 전환을 앞당겼고, 이제 3세대를 개발하고 있다.

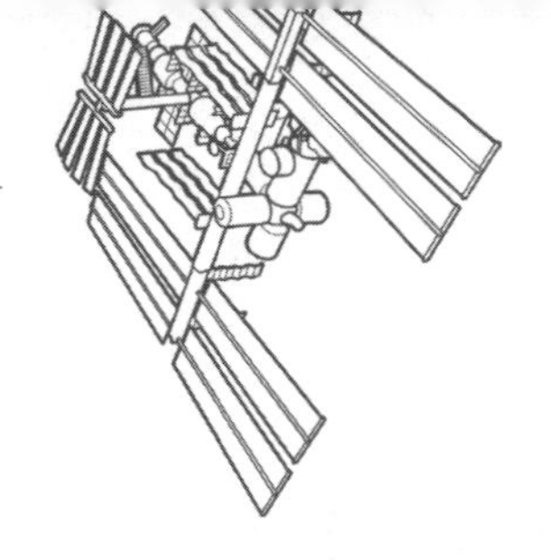

고체 추진제 개발을 위한 선행 연구

액체연료를 사용한 둥펑 1호에서 5호까지를 제1세대 유도탄이라 한다. 액체연료 유도탄은 시스템이 복잡하고 발사 준비 시간이 길며, 기동성과 은밀성이 떨어졌다. 따라서 운영 편의성과 방어 돌파 능력, 생존성, 기동성을 획기적으로 개선하기 위해 고체연료 유도탄을 개발하게 되었다. 고체연료 유도탄은 구조가 간단하고 부피가 작다. 또 신뢰성과 기동성이 좋고 발사 준비 시간이 짧으며, 지상 설비가 간단해 은폐와 장기 저장, 수송이 편리하다는 장점이 있다.

캘리포니아 공과대학에서 서전트미사일(Sergent Missile) 개발에 참여했던 첸쉐썬은 일찍부터 고체 추진제에 주목해왔고, 장점과 기술 특성도 이해하고 있었다. 그는 1956년 10월 국방부 제5연구원을 설립할 때부터 장기 과제로 고체 엔진 개발을 지시했다. 이에 연구원 산하 추진제연구실(10실)에 고체 추진제 연구팀을 만들어, 복합 추진제 중심의 고체연료 개발을 시작했다. 초기에는 대학을 갓 졸업한 청년 3명으로 출발했으나 1960년대에 70여 명으로 확대되었고, 학술 기반이 튼튼한 중국과학원과의 협력도 강화했다.

1958년에 중국과학원 창춘(長春)응용화학연구소에서 싸이오콜(thiokol)

고무[10] 합성에 성공했고, 다롄(大連)화학물리연구소에서는 과염소산암모늄(NH_4ClO_4)[11] 산화제를 개발했다. 하지만 싸이오콜 고무의 점도가 너무 높고 유동성이 떨어져 성형에 상당한 어려움을 겪었다. 연구원들은 연필 크기의 작은 연료통을 만들어 시험하면서 기술을 축적했다.

1959년부터 국방부 제5연구원과 제3기계공업부가 연합해 대대적인 기술개발을 추진했고, 1960년에 직경 65센티미터의 시험 엔진 연소 시험에 성공했다. 1961년 1월, 국방과학기술위원회에서 '제1차 전국 추진제 계획회의'를 개최해 액체·고체·혼합 추진제 등 14개의 연구팀을 결성했고, '복합 고체 추진제 3개년 발전 계획'도 수립했다. 이러한 노력이 쌓여 1961년 말에 유도탄에 적합한 싸이오콜 고무 복합 추진제 대량 생산이 가능하게 되었다.

1962년 11월, 국방부 제5연구원에 고체로켓엔진연구소를 설립하고 300밀리미터 직경의 시험 유도탄과 770밀리미터 무유도 고체 추진제 개발에 착수했다. 싸이오콜 고무는 점도가 높아 배합 공정이 매우 까다롭다. 1962년에 200킬로그램의 장약(gunpowder)을 교반하던 중 폭발이 일어나 4명이 희생되었으나, 일정 기간 동안 안전 조치를 강화한 후 연구를 재개했다.

1964년 4월, 제5연구원에서 고체로켓엔진연구소를 확장해 고체 엔진을 전문적으로 연구하는 제4분원을 창설했다. 이들은 우선적으로 300밀리미터 엔진 개발을 중점 과제로 삼고, 점성 유지와 연소 불안정[12] 문제를 해결했다. 엔진 28대의 지상 시험과 저장, 충격, 진동, 운송 시험을 했고 1965년

10) 다황화계(多黃化系) 합성고무로 에틸렌과 유황이 결합된 것이다. 저온 내성이 강해, 장거리 유도탄이나 우주 발사체 고체연료의 결합제로 사용된다.

11) Ammonium Perchlorate(AP). 복합고체 추진제의 산화제로 사용한다.

12) 첸쉐썬은 자신의 경험을 토대로 "고체 추진제에 알루미늄 분말을 첨가하면 연소되어 산화알루미늄이 되고, 이때 생성된 고체입자들이 교반기 역할을 해 연소 불안정을 억제한다"고 했다. 현재는 일반화된 기술이지만, 당시에는 비밀로 취급되어 파악하기 어려웠다.

여름, 6발의 모의탄 비행시험에 성공했다.

시험을 통과한 후, 300밀리미터 고체 엔진이 실용화되었다. 1965년 말부터는 우주 발사체인 창정 1호의 3단 고체 엔진(직경 770밀리미터, 길이 4미터, 추진제 중량 1.8톤) 개발을 시작했다. 3단 엔진은 공기가 없는 600킬로미터 상공에서 초당 180회를 회전하며 점화를 해야 하는데, 고속 회전으로 산화알루미늄이 침강해 엔진이 과열되는 문제가 해결 과제로 떠올랐다.

연구자들은 배합할 때 사용하는 알루미늄 입자를 16마이크론(μ) 이하로 작게 만들어 함량을 9퍼센트에서 5퍼센트로 줄였고, 결국 1968~1970년 사이에 진행된 19차례의 지상 시험을 모두 통과했다. 이로써 1970년 4월 24일, 창정 1호 3단에 자주 개발한 770밀리미터 고체 추진제 엔진을 탑재하여 중국 최초의 인공위성 발사에 성공했다.

고체 추진제 유도탄 개발이 본격화되면서 직경이 큰 고체 엔진 개발이 새로운 과제로 떠올랐다. 이는 대용량 혼합기를 갖추고, 추진제가 고체화될 때 분층(층으로 나눠짐)과 균열이 발생하지 않아야 한다는 것을 의미했다. 하지만 당시 중국에는 대형 혼합기가 없었다. 소련제 수평 혼합기는 생산 효율이 매우 낮았고 때때로 폭발하기도 했다. 군부는 대형 수직 혼합기 개발을 과제로 상정하고 지원을 시작했다.

국가 차원의 지원을 바탕으로 1968년에 중국 최초의 100리터 수직 혼합기를, 1978년에는 2,000리터급 대형 수직 혼합기를 개발하는 데 성공했다. 추진제의 냉각 고체화 과정에서 케이스와 추진제의 수축률이 달라 빈틈이 발생하기 쉬운데, 기술자들은 이중 격벽을 설치하고 내부 코팅제를 개선해 문제를 해결했다.

각고의 노력 끝에 생산된 직경 1.4미터의 고체연료 엔진이 1980년 말부터 쥐랑 1호 시제품에 적용되었다. 엔진 직경도 300밀리미터와 770밀리미터에서 1,000밀리미터, 1,400밀리미터, 1,700밀리미터, 2,000밀리미터로 점차 확대되었고 재료 성능과 품질도 개선되어 유도탄과 우주비행선 등에 활용되었다.

고성능 고체 추진제 개발

고체 추진제의 가장 큰 약점은 대형화가 어렵다는 것이다. 같은 추진제로는 주요 성분 배합비를 조절해 성능을 끌어올린다 해도 추력이 획기적으로 증가하지는 않는다. 또 케이스의 직경과 길이를 늘여 추진제 용량을 확장해도, 부피가 증가하는 것에 비해 추력이 늘어나지는 않는다. 추진제의 부피는 세제곱만큼 늘어나지만 연소가 내부 표면에서 일어나 추력은 제곱만큼만 증가하기 때문이다. 이는 사거리를 늘려 고체 추진제 대륙간 탄도탄을 개발하는 데 걸림돌이 된다.

이를 극복하기 위한 방안으로 탄두 소형화를 통한 중량 감축, 구조 재료의 교체(금속 케이스에서 고성능 섬유로)를 통한 중량 감축, 고성능 추진제 개발 등이 거론되었다. 중국은 1970년대 이후 핵탄두 소형화에 성공했고, 고성능 유기섬유를 개발해 중량을 대폭 줄이는 데 성공했다. 이와 함께 새로운 고성능 추진제 개발에도 집중했다.

초기에 개발한 싸이오콜 고무 추진제는 점도가 높아 고체연료 함량을 증가시키는 데 제한적이고, 연소 불안정이 심하다는 문제가 있었다. 심지어 생산 공정도 불안정하여 폭발 사고도 잦았다. 1960년대 중반부터 싸이오콜 대신 PBAA(Polybutadiene Acrylic Acid)로 눈을 돌렸고, 1960년대 말부터 CTPB(Carboxyl Terminated Polybutadiene) 추진제에 집중했다. 그러나 문화대혁명으로 사회적 혼란이 가중되는 바람에 연구 역시 큰 진전이 없었다.

문화대혁명이 진정되어가던 1975년, 제4연구원의 고체 추진제 기초연구가 활발해지면서 HTPB(Hydroxyl Terminated Polybutadiene) 추진제가 주류로 등장했다. 이 추진제는 가격이 저렴하고 점도가 낮아 생산성이 좋았고, 고체 함량이 높아 역학적 성능도 우수했다. 게다가 연소 속도를 조절하는 범위가 넓고 기술적 성숙도도 높아 유럽과 미국 등에서 폭넓게 사용되고 있었다.

싸이오콜 고무를 개발했던 중국과학원 창춘응용화학연구소에서 부타디엔 고무를 합성했고, 고화제 TDI(Toluene Diisocyanate)와 가소제 DOS(Dioctyl Sebacate) 등의 첨가제들도 대부분 국내에서 생산했다. 당시 최우선 국방 과제로 개발 중이던 잠수함발사탄도탄(SLBM) 쥐랑 1호에 HTPB를 채택했고, 지대지 유도탄들도 대거 고체연료로 전환되었다.

우수하고 안정적인 고체 추진제 생산은 또 다른 중점 과제인 통신위성 개발에도 크게 기여했다. HTPB 추진제는 고공 점화가 가능했고 연소 성능도 좋아 장시간을 비행해 36,000킬로미터 지구정지궤도로 진입해야 하는 통신위성용 엔진에 적합했다. 이를 이용한 둥팡훙(東方紅) 2호 통신위성이 1984년 4월, 궤도 진입에 성공하기도 했다.

그러나 개발 진행 중에 다시 추진제 성능의 한계에 부딪히게 되었다. 생산 설비를 대형화해 직경이 3미터에 달하는 HTPB 엔진을 개발했으나, 중량이 무거워 비포장도로 기동이 어려웠고 SLBM에 적용하기도 어려웠다. 이에 선진국 사례를 참고한 중국은 더욱 성능이 우수한 고체 추진제 NEPE(Nitrate Ester Plasticized Polyether, 중국명 N15)를 개발하는 데 성공했다.

NEPE 추진제는 1970년대 말 미국이 개발한 것이다. 이 추진제는 추력이 높고 충격에 덜 예민하며 넓은 온도 범위에서도 역학적 성능이 우수해 MX 대륙간탄도탄과 전술 유도탄 등에 많이 사용되었다. 이에 중국도 1984년에 국방과학공업위원회 산하 고체 추진제 전문위원회를 설립하고,

NEPE를 포함한 차기 고성능 추진제 개발에 매진하게 되었다.

개발을 주도한 사람은 위원회 주임인 추이궈량(崔國良)과 그의 소련 유학 동기이자 부인인 류위펀(劉寶芬)이었다. 두 사람은 광범위한 조사를 거쳐 1985년에 NEPE 개발에 주력할 것을 건의하고 타당성 검증을 거쳐 1991년부터 본격적인 개발을 시작했다. 주력 참가기관은 항천(우주)공업부, 병기공업부, 베이징이공대학, 중국과학원, 화학공업부 산하 연구소 등이었다.

NEPE 추진제는 질산 에스테르를 함유해 연료통 부식이 심했다. 이를 방지하기 위해 절연 재료의 개발과 구조 개선을 병행했다. 고성능 첨가제는 미국이 주로 사용하던 HMX(High-Molecular-weight rdX) 대신 국내에 생산 기반이 있는 RDX(Research Department Explosive)를 주로 사용했고, 결합제는 MAPO〔Tris(1-(2-Methyl) aziridinyl) Phosphine Oxide〕를 사용했으며, 연소 성능 조절제와 노화 방지제 등도 개발해 다양하게 적용했다.

오랜 시간 공들인 끝에 1993~1998년 직경 0.3미터, 길이 1.4미터 NEPE 고체 추진제 엔진 시험에 성공했고, 1998년에 공식 승인을 받았다. 그 후 2세대 SLBM인 쥐랑 2호(JL-2)와 육상형인 둥펑 31호(DF-31) 등에 채택되어 진정한 의미의 고체 추진제 대륙간탄도탄을 보유하게 되었다. 최근에는 이 탄도탄들의 최적화와 함께 CL-20 등 차세대 고성능 추진제도 개발하고 있다.

중국 최초의 고체 추진제 SLBM 쥐랑 1호[13] 개발

1958년, 흐루쇼프가 중국을 방문했을 때 마오쩌둥이 핵잠수함 건조 지

13) 초기 명칭은 '쥐롱 1호(巨龍 一號)'로 하고 기호를 JL로 했으나, 마오쩌둥이 용은 나쁜 동물의 이미지가 있다고 싫어했다. 이에 1972년 4월 29일에 영문 기호가 같은 '쥐랑(巨浪)'으로 변경했다.

원을 부탁했으나 거절당했다. "기술이 복잡하고 가격이 엄청나 중국이 개발할 수 없으니, 소련이 중국을 방어해준다"는 것이었다. 마음이 상한 마오쩌둥은 국방과학 담당부서에 "일만 년이 걸려도 핵잠수함을 만들라"고 강력히 지시했다. 이때 잠수함용 고체 추진제 유도탄(SLBM) 개발의 필요성도 제기되었다.

고체 엔진의 초기 개발이 성과를 거두자 1967년 국방과학기술위원회에서 복합고체 추진체 2단 SLBM 쥐랑 1호(巨浪一號, JL-1) 개발을 지시했다. 중국 최초의 고체연료 유도탄으로 1단짜리 단거리 유도탄을 건너뛰고 바로 2단 중거리 유도탄으로 개발되었다. 또한 육상 발사형 이전에 잠수함 발사형을 개발했다. 엔진 구조 재료로는 당시 개발 중이던 초고강도 강을 사용했고, 연소관으로는 신형 내부식성 금속 재료를 사용했다.

미국과 소련은 먼저 육상에서 시험발사를 하고 점진적으로 해상 바지선으로 이동하며 시험을 한 다음, 잠수함 시험발사를 했다. 하지만 시간이 촉박한 중국은 지상 발사대(臺)와 발사관(筒) 시험 후 바로 잠수함(艇) 시험발사로 들어가는 3단계로 이를 축소했다.

잠수 상태에서 발사 기술을 습득하기 위해 유도탄 축소 모형을 만들고, 수중 유체역학과 수중 점화 시험, 수중 부하 환경을 연구해 설계 자료로 삼았다. 1969년부터 1984년까지 1천 회 이상 모형시험을 수행해 많은 양의 데이터를 모았고 수하 발사 규칙을 세웠다. 1970년에서 1977년까지는 육상 발사대와 잠수함 콜드 런치(Cold Launch) 발사관을 만들어 발사 동력체제 핵심기술을 확보했다.

다음 단계는 실물 크기 모형의 수중 시험발사였다. 만일 잠수함에서 발사했다가 실패해 낙하하면 잠수함이 크게 파손될 수 있었다. 따라서 유도탄의 구조 강도 파악을 위해, 유도탄이 수십 미터 고공에서 낙하해 해수면에 충돌해도 파열되지 않아야 했다.

해군에서는 반드시 육상 시험발사에 성공한 후에야 잠수함 시험발사를 허락할 수 있다고 했다. 육상 시험발사는 깊이 100미터, 폭 60미터, 깊이 80미터의 수조에 모형 잠수함 발사대를 만들어야 했고, 여기에 물이 초속 3미터 속도로 흘러야만 했다. 과학자들은 전국을 돌며 시험발사를 할 수 있는 호수를 찾았지만 마땅한 장소를 찾지 못했다.

결국 1970년 8월에 황하가 흐르는 난징(南京)의 장강대교를 통제하고 다양한 자세로 낙하 시험을 실시했다. 중량 10톤, 직경 1미터, 길이 10미터 정도의 쥐랑 1호 모형탄을 낙하하여 탄체 강도와 잠수 심도를 측정한 후 회수하는 것이 시험발사 내용이었다. 탄체의 입수 심도는 약 15~18미터였는데, 이는 잠수함에 피해가 가지 않는 깊이에 해당했다. 여기서 자신감을 얻어 1972년 10월, 실제 크기의 모형탄 잠수함 시험발사에 성공했다.

하지만 문화대혁명과 기술적 난제로 이후 개발 일정이 지연되었다. 결국 실각했던 장아이핑 장군이 국방과학기술위원회 주임으로 복귀하고 1977년 9월에 SLBM을 우주개발 3대 핵심과제로 선정하면서 연구가 점차 활기를 띠기 시작했다. 1980년 상반기부터 잠수함발사용 고체연료 유도탄에 대한 종합 측정이 실시되었다. 여기에는 유도탄 강도, 2단 엔진의 고공 점화, 단 분리, 다양한 상황에서의 정확성과 신뢰성 측정이 포함되었다.

1982년 10월 12일, 중국의 첫 잠수함발사탄도탄인 쥐랑 1호가 수중 시험발사에 성공했다. 15년에 걸친 노력에 보답을 받는 순간이었다. 잠수함은 소련의 골프급 잠수함을 개조〔창청(長城) 200호〕해 사용했다. 1988년 9월에는 092형〔샤급(夏级)〕 핵잠수함(406호)에서 쥐랑 1호를 발사하는 데 성공했다.

쥐랑 1호는 길이 10.7미터, 직경 1.4미터, 사거리 1,700킬로미터, 발사 중량 14,700킬로그램, 유효하중 600킬로그램의 2단 유도탄이다. 탄두는 0.2~1메가톤(Mt)의 위력을 갖고 있으며 오차는 300~400미터 정도이다. 092형 이상의 핵잠수함에서 수직 발사하며 관성유도를 채택하여 기동성과 은밀성이 높다.

쥐랑 1호는 장기간에 걸쳐 개발되면서 시대에 뒤떨어진 기술을 사용했고, 사거리 또한 해군의 수요에 미치지 못했다. 이에 빠른 일정으로 개량형인 쥐랑 1호갑(JL-1A) 개발에 착수했다. 쥐랑 1호갑은 사거리 2,500킬로미터에 탄착 오차 50미터이다. 고체 추진제는 초기의 싸이오콜에서 HTPB, NEPE 등으로 변경되었고 그에 따라 유도탄의 추력도 크게 개선되었다.

1987년에 중국 해군이 092형 핵잠수함을 취역했으며, 쥐랑 1호갑 12발을 탑재하고 있었다. 다만 쥐랑 1호갑이 사거리가 짧았기 때문에 해군은 대체형인 쥐랑 2호(JL-2)에 큰 기대를 걸었다. 모두 12발의 쥐랑 2호를 탑재할 잠수함은 094형〔진급(晉级)〕 핵잠수함이었다. 최신형은 095형〔쑤이급(隋级)〕 핵잠수함으로 16발의 쥐랑 2호갑을 탑재한다.

쥐랑 2호는 둥펑 31호(DF-31)와 병행 개발한 SLBM이다. 3단 고체 엔진을 탑재했고, 사거리는 8,000킬로미터 정도이다. 1메가톤의 단일 핵탄두나 위력이 20~150킬로톤(kt)인 핵탄두 3~4개를 탑재했다. 이를 신형 핵잠수함에 탑재해 정숙성과 은밀성을 개선했다. 이외에도 사거리 12,000킬로미터에 탄두가 5개인 쥐랑 2호갑(JL-2A), 사거리 14,000킬로미터에 탄두가 10개인 쥐랑 2호을(JL-2B) 등이 있다.

고체 추진제를 통한 유도탄의 현대화

쥐랑 1호 개발에 성공하며 중국 유도탄은 1세대에서 2세대로 넘어갔다. 2세대 유도탄은 모두 고체 엔진을 사용하고 부피가 작으며, 차량 탑재가 가능하여 기동성이 컸다. 게다가 시스템이 자동화되었기 때문에 적의 선제공격 시 생존 능력과 신속 대응 능력이 대폭 향상되었다. 둥펑 21호와 25호, 둥펑 31호와 41호, 쥐랑 2호 등이 이에 해당한다.

잠수함발사탄도탄(SLBM)인 쥐랑 1호의 육상 시험발사를 수행하던 때, 시험 요원들이 쥐랑 1호를 육상 발사용으로도 사용하자고 건의했다. 개발을 주관하던 장아이핑 장군이 곧바로 덩샤오핑에게 보고했고, 덩샤오핑은 "하나의 유도탄을 SLBM과 지대지로 병용(一彈兩用)하는 방안"이라며 상당한 관심을 보였고 계획을 추진하도록 지시했다.

쥐랑 1호의 지대지 모델인 둥펑 21호(DF-21)는 상당히 빠른 시간에 개발이 완료되었다. 1978년 초에 설계를 시작해 1980년에 완성했고, 5년 후에 시제 발사 시험에 성공했다. 1987년에는 개량형 발사 시험에 성공했고 1988년에 제식화를 거쳐 실전 배치되었다. 둥펑 21호는 길이 10.7미터, 직경 1.4미터의 2단 HTPB 고체 유도탄으로 이륙중량 14.7톤, 사거리 1,800킬로미터였다.

유도탄이 전력화되던 초기에는 세미 트레일러 방식의 이동식 발사 차량을 사용했다. 둥펑 21호갑(DF-21A)과 둥펑 21호을(DF-21B)의 경우에는 차량 위에 잠수함 발사 시에 사용하는 발사관의 형태로 장전되었다. DF-21A의 유도 체제는 1990년대 말에 완성한 관성유도장치에 GPS와 종말유도(최종 명중 단계에서의 유도) 레이더를 추가한 것이다. 사거리 7,000킬로미터에 탄두 중량 600킬로그램의 핵탄두(위력은 300킬로톤)를 탑재하고, 오차 범위는 300~500미터였다. DF-21B형은 2006년에 전력화되었으며, 탄착 오차를 10미터 이하로 줄였고, 자동화 수준과 신뢰성이 높은 것으로 알려졌다. 이 유도탄의 탄두는 20~150킬로톤의 원자탄이나 500킬로그램의 고폭탄, 집속탄 등이다.

둥펑 21호의 개량형인 둥펑 21호정(DF-21D)은 항공모함 위주의 해상 이동 표적을 타격하기 위해 개발된 것이다. 사거리 1,500~2,000킬로미터로 난사군도(南沙群島)와 남해 해역의 70퍼센트를 사정거리 안에 두었고, 정확도는 10미터를 약간 상회한다. 유사시에 한반도와 일본 해역에의 항공모함 접근을 차단하려는 것으로 미국 정부에서도 눈여겨보고 있다.

고체 추진제 대륙간탄도탄의 개발

고성능 고체 추진체 개발은 지대지 유도탄의 사거리 연장과 대륙간탄도탄(ICBM)의 개발로 이어졌다. 둥펑 21호의 후속으로 1990년대에 개발한 둥펑 26호(DF-26)가 그 시초라 할 수 있다. 둥펑 26호는 길이 14미터, 직경 1.4미터, 발사 중량 20톤, 고체연료를 사용하는 2단 엔진이 탑재되어 있고, 고성능 추진제인 NEPE를 사용해 사거리가 최대 5,000킬로미터에 달한다. 중국 해군의 제2열도선(오가사와라, 괌, 사이판, 파푸아뉴기니를 잇는 군사 봉쇄선) 모두를 사정거리에 둔 것이다.

이동식 차량에 탑재하며, 탄두는 1.2톤과 1.8톤 두 종류에 1~3메가톤의 단일 핵탄두와 3개의 재돌입체 탄두, 대형 재래식 단일 탄두, 집속탄 등을 채택할 수 있다. 둥펑 21호와 둥펑 31호의 중간 단계에 해당하는 유도탄으로 둥펑 21호와 같이 항모 등 해군 기동 부대도 공격이 가능하다.

고체 추진제 대륙간탄도탄인 둥펑 31호(DF-31)와 둥펑 41호(DF-41)는 1960년대의 '액체 추진제 8년 4탄 계획'과 유사하게 고체 추진제 사거리 연장 계획에 따라 거의 동시에 개발되었다. 이 과정에서 기존 기술을 적극 활용하는 한편, 유도 장치와 소재, 이동, 발사 수단 등을 더욱 현대화했다.

둥펑 31호는 신형 SLBM인 쥐랑 2호와 유사하며, 1995년 5월 29일, 시험 발사에 성공했다. 3단 엔진에 길이 13.4미터, 직경 2.25미터로 추진제 용량을 키워 이륙중량 42톤에 사거리 8,000킬로미터에 달했다. 또한 컴퓨터 탑재 관성유도를 채택해 목표물을 더욱 정확하게 명중시킬 수 있다고 한다. 탄두는 중량 700킬로그램, 위력이 1메가톤의 단일 핵탄두와 기만체(decoy, 가짜 탄두), 또는 3발의 90킬로톤 다탄두를 탑재할 수 있고, 오차 범위는 300~500미터이다.

개량형인 둥펑 31호갑(DF-31A)은 고성능 NEPE 추진제를 채택해 사거리를 13,000킬로미터로 늘렸고, 고공에서 분사 기술로 궤도를 변경해 요격을 회피할 수 있다. 이동 형식 또한 고정식과 세미 트레일러, 대형 트럭, 열차 이동 등 다양한 방법을 사용할 수 있어, 적의 선제공격에서 생존 능력을 개선했다. 둥펑 31호갑은 2006년부터 양산에 들어갔다.

둥펑 41호는 1세대인 액체 추진제 둥펑 5호를 대체하기 위해 개발된 것이다. 2세대 고체 추진제 대륙간탄도탄(ICBM)으로 둥펑 31호와 병행 개발해 1995년, 둥펑 31호 발사 전에 고탄도 시험발사를 수행했다. 둥펑 31호와 1단과 2단은 동일하고 3단이 조금 더 길어 총길이가 21미터에 달한다.

둥펑 41호는 종말유도가 가능한 관성유도와 GPS[14] 전 사거리 추적 및 다탄두 개별 유도를 실현했다. 또 사거리 14,000킬로미터에 6개 이상의 150킬로톤급 다탄두를 장착할 수 있다고 한다. 다탄두 독립대기권진입(MIRV) 기술을 채택해, 개별 탄두들이 중간 비행 단계에서 탄도를 수정할 수 있다.

또한 이동과 발사 기능을 모두 갖춘 차량이나 철도에 탑재해 운송 및 발사를 일체화했고, 자동화 시스템을 채택해 차량 1대에 1발을 장전하게 되었다. 발사에 소요되는 시간도 종전의 75분에서 34분으로 단축되어 미국

14) 중국 항법 체계인 베이더우(北斗)가 구축되면서 유도탄 유도도 이를 활용하게 되었다.

의 기술 수준에 근접했다고 주장한다.

하지만 중국의 ICBM은 추진제와 탄두, 재진입체, 엔진, 자동화 등에서 아직 많은 문제점이 있다. 대부분은 고성능 탄소섬유와 같이 외국의 수출 제제로 인해 첨단 소재를 얻지 못하고 국내 개발 수준이 이에 미치지 못하기 때문에 발생한다. 중국은 자국의 실정에 맞게 목표 수준을 낮춰 개발하고, 점진적으로 이를 개선하는 전통을 가지고 있다. 따라서 앞으로도 중국의 유도탄 현대화와 개선 작업은 꾸준히 이루어질 것이다.

단거리 고체 추진제 유도탄의 해외 수출

HTPB 고체 추진제를 사용하는 유도탄의 현대화는 대만을 겨냥한 단거리 전술 유도탄의 개발과 수출길을 열었다. 먼저 미사일기술통제체제MT-CR(Missile Technology Control Regime, 탄두 중량 500킬로그램, 사거리 300킬로미터) 규제 이하의 단거리 미사일 둥펑 11호(DF-11, 수출형 M-11)를 개발하고, 대만 공격용의 개량형 둥펑 11호갑(DF-11A)을 생산했다.

그 특성에 맞게 둥펑 11호는 제2포병이 아닌 난징군구(南京軍區)에 집중 배치했다. 길이 7.5미터(A형은 8.5미터)에 직경 0.8미터, 1단으로 사거리는 280킬로미터(개량형 DF-11A는 500킬로미터)였다. 대구경 방사포(사거리 50~100킬로미터)와 전략 미사일의 중간 사거리를 확보해 상황에 따라 유연하게 활용하려는 것이다.

MTCR 규제 이상으로 사거리를 연장한 둥펑 15호(DF-15, 수출형 M-9)도 개발했다. 1984년에 개발을 시작해 1989년에 제식화했는데, 1단으로 길이 9.1미터, 직경 1.0미터, 사거리는 600킬로미터였다. 2015년 열병식에서 직경 1.2미터, 사거리 1,000킬로미터인 둥펑 16호(DF-16)를 공개했고, 2019년에는 '부스트-활공(Boost-glide) 기동'이 가능한 둥펑 17호(DF-17)를 선보였다.

단거리 유도탄은 전술적 수요가 많은 파키스탄과 이란 등에 수출되었다. 특히 파키스탄은 1980년대에 중국의 지원을 받아 HTPB 공장(AP는 대만에서 수입)을 설립하고, M-11(파키스탄명 Ghaznavi) 34~80대와 소량의 M-9을 수입했다. 수입한 유도탄을 바탕으로 샤힌 1(Shaheen1)과 샤힌 2(Shaheen 2)를 개발했다. 샤힌 1은 M-9과 직경은 1미터로 유사하나 동체 길이는 길게, 탄두 길이는 축소했으며, 샤힌 2는 직경 1.4미터로 둥펑 21호와 유사했다.

이란은 M-11(이란명 Fateh-110)을 도입한 후 개량 과정을 거쳐 2단의 세질(Sejil)을 개발했다. 이 미사일은 직경이 1.25미터로 둥펑 16호와 유사했다. 파키스탄과 이란의 HTPB 추진제 생산과 활용은 이들 국가와 교류가 활발한 북한에 전수될 가능성이 높았다. 최근 북한이 HTPB 추진제를 적용한 SLBM 북극성 시리즈와 단거리 지대지 유도탄, 대구경 방사포들을 빠르게 개발한 것이 이를 간접적으로 증명한다.

제3세대 유도탄 개발

중국의 유도탄은 2세대를 넘어 3세대로 진화하고 있다. 3세대 유도탄은 핵탄두의 성능과 효율, 차량 발사 기술을 개선한 것이다. 또한 단일 탄두의 위력을 대폭 향상시키고 다탄두 기술을 발전시키는 등 각종 전술적 성능을 개선하는 데 중점을 두었다. 이외에도 장거리 순항과 극초음속 유도탄을 개발 생산, 배치하기도 했다.

전략 유도탄은 잠수함 발사를 중심으로 잠수함 성능을 개선해 은밀성과 기동성을 향상시킬 계획이다. 발사 시간의 단축은 물론, 탄두 수의 증가와 공격 효율을 끌어올리고 타격 능력을 개선하며, 공격 시 방어 돌파 능력과 방어 시 생존 능력도 증강한다.

전술 유도탄은 고체 엔진을 확대해 고속 기동 발사를 가능하게 하고 정밀 제어기술을 채택해 명중 정밀도를 개선하며, 사거리 증가와 은밀성 향상 및 지능화를 도모할 계획이다. 동시에 신속 대응 능력도 향상시켜 현대전의 돌발성과 신속성에 대처한다.

앞서 언급한 '부스트-(도약)-활공〔Boost-(pull-up)-glide〕' 형식의 탄두 기동도 상대방의 미사일 방어망을 돌파하기 위한 전술이다. 제2차 세계대전 당시 독일의 젱거(Eugen Sänger)가 제안한 것으로 '고속으로 낙하하는 탄도탄이 대기권에 진입할 때, 외기와 대기의 밀도 차를 이용해 이른바 물수제비 효과를 일으켜 사거리를 연장하는 것'을 말한다.

이후에 미국과 소련 등이 MIRV(Multiple independently targetable re-entry vehicle, 다탄두 각개 목표 재돌입체)나 달 탐사선의 대기권 재진입 시 속도와 발열 감소 방안으로 이를 활용했다. 탄두 기동은 탄도탄의 장점인 속도와 순항 유도탄의 장점인 기동성을 겸비할 수 있다는 것을 보여준다. 현대전에서도 탄두 기동을 이용한 전술 범위가 확대되었고, 기동 수단 역시 다양해지고 있다.

독일의 항복 후, 기술 조사단에 포함되어 이를 파악한 첸쉐썬은 1940년대 말에 탄두 기동을 통해 거의 수평으로 활공하는 '부스트-활공'을 제안했다.[15] 이 방식은 풀업 기동(pull-up, 발사체가 하강 단계에서 자유낙하한 뒤 다시 상승하는 것)이 거의 없거나 상당히 적기 때문에 유도 및 제어가 좀 더 용이하고 기술적 장애가 발생할 확률이 낮다. 중국은 2019년 열병식에서 공개한 둥펑 17호(DF-17)에 이 기술을 적용했다고 한다.

15) 중국에서는 '부스트-도약-활공'을 '젱거 탄도'로, '부스트-활공'을 '첸쉐썬 탄도'라 칭한다.

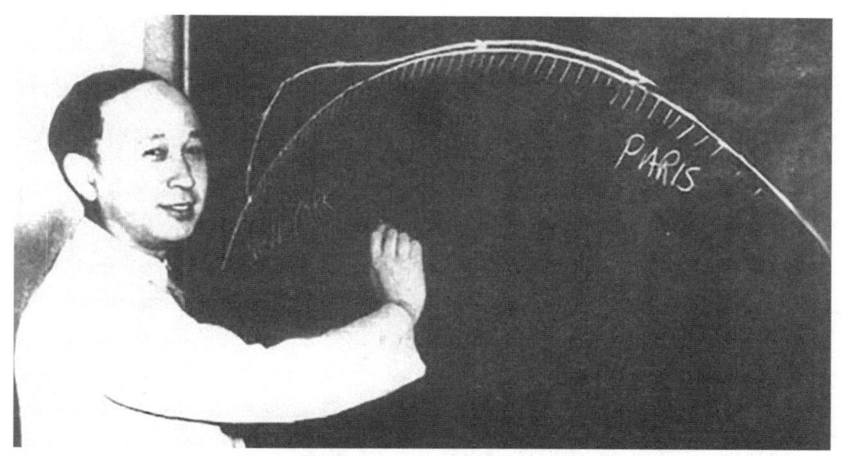

부스트-활공을 통한 사거리 연장으로 파리 공격 가능성을 주장하고 있는 첸쉐썬

유도탄의 세대 교체와 대외 확산

현대전에서 유도탄의 은밀성과 신속한 대응, 장거리 타격 능력은 아주 중요한 요소이다. 이 중심에 고체 추진제와 SLBM이 있다. 중국은 건국 초기부터 장기 계획을 세워 핵잠수함을 개발했고, 핵탄두를 탑재한 고체 추진제 SLBM을 개발하여 잠수함에 탑재, 무장했다. 비록 핵잠수함의 성능과 정숙성이 미흡하다는 지적도 있지만 탑재한 SLBM은 상당한 공격 능력을 보유하고 있다.

고체 추진제는 1세대 액체 추진제와 2세대 유도탄을 구분하는 핵심 지표이다. 중국은 세계 최초로 화약을 개발했기 때문에 고체의 장점과 활용성을 잘 알고 있었다. 지상 시험 요원들이 SLBM의 지대지 활용을 건의하고 덩샤오핑이 '일탄양용'이라 하며 적극 지지한 것도 이 때문이다. 이러한 배경에 힘입어 중국은 1980년대 이후 대대적인 유도탄 현대화를 이루었다.

고체 추진제도 새로운 화합물들이 개발되며 성능이 크게 개선되고 있다. 초기의 싱글베이스(single base, 나이트로셀룰로스 기제)에서 더블베이스

(double base, 나이트로셀룰로스에 나이트로글리세린을 첨가), 복합 추진제로 발전하면서 비추력이 고성능 액체 추진제에 근접했고, 최근에는 사용 목적에 따라 무연, 둔감(鈍感) 등의 다양한 특수 목적 추진제도 개발 중이다. 중국도 고성능 고체 추진제를 활용한 ICBM을 개발했고, 다른 특수 분야로 활용 범위를 점점 넓히고 있다.

그러나 중국이 고체 추진제 단거리 유도탄을 인접국에 수출하면서 한반도의 안보에도 영향을 주고 있다. 한반도의 경우 종심(전방에서 후방까지의 거리)이 짧고 고체연료를 통한 유도탄의 현대화와 전술적 효용성이 크기 때문에 북한이 HTPB 고체연료를 탑재한 단·중·장거리 미사일 개발을 가속화하고 있다. 실례로 북한 SLBM 북극성은 중국의 쥐랑 1호와 유사하고, 중국처럼 북한도 SLBM을 지대지 유도탄으로 발전시켰다.

북한이 직경 1.5미터 정도의 고체 추진제 엔진을 개발했다는 사실은 이에 필요한 1,500리터급 이상의 대형 혼합기와 관련 생산 시설을 갖췄음을 의미한다. 과거에 개발했던 KN-02(독사, 지대지 유도탄) 등과 비교했을 때 점진적 발전이 아닌 도약식 발전이 가능했던 것은 파키스탄과 이란 등이 보유한 HTPB 고체 추진제와 관련된 설비 및 기술을 도입했거나 참고했을 수도 있다.

HTPB 기반 추진제는 석탄을 기반으로 하는 북한 화학공업 체계로도 생산이 가능하고 기술의 흡수와 적용도 빠를 것으로 예상된다. 다만, 다양한 종류의 첨가제 대부분은 자체 생산이 어려워 외국에서 수입하거나, 중간체를 도입해 개량할 수밖에 없다. 이때 국경을 통한 육로 수송이 가능하고 물동량이 많아 정밀 검색이 어려운 중국이 핵심 대상국이 될 가능성이 크다.

중국은 HTPB 추진제에 필요한 대부분의 화학제품들을 생산하고 있다.

이 중 상당수는 다른 산업에서도 사용되므로 북한이 용도를 달리해 구입할 수 있다. HTPB보다 고성능인 NEPE 추진제를 도입해 추력을 향상시키고 대륙간탄도탄(ICBM) 개발에 활용할 수도 있다. 중국의 추진제 발전 추세와 북·중 교역 동향을 예의주시할 필요가 있는 것도 이 때문이다.

북한의 최신 유도탄들이 선보이는 탄두 기동도 중국의 사례와 비교할 수 있다. 물론 우리나라처럼 산악 지형이 많고 방공망이 촘촘한 곳은 탄두 기동을 전술적으로 활용하기가 까다롭다. 북한이 소유한 일부 유도탄처럼 부스트 정점 고도가 낮으면 재진입할 때 에너지가 충분하지 않고, 탄두와 본체 분리 없이 재진입하면 기동이 둔탁하고 속도가 크게 떨어져 요격이 쉬워진다. 그러므로 우리는 북한의 동향을 예의주시하면서 중고도 방어망을 강화할 필요가 있다.

08 우주 발사체: 창정(CZ) 시리즈의 개발

항천과기집단유한공사 로비에 전시된 창정 시리즈 모형

"自力更生, 艱苦奮鬪, 大力協同, 無私奉獻, 嚴謹務實, 勇于攀登."
(우주 전통 정신 : 자력갱생, 간고분투, 대력협동, 무사봉헌, 엄근무실, 용우반등)

중국의 초기 우주 발사체 대부분은 군용으로 개발된 장거리 유도탄을 전환한 것이다. 장거리 유도탄의 대출력 엔진과 복수 엔진의 결합, 단 연결과 분리, 유도 제어기술 등을 활용해 쉽게 우주 발사체를 개발할 수 있었고, 도태되는 유도탄을 활용할 수도 있었기 때문이다. 오늘날 우주 발사체를 보유한 국가들이 대륙간탄도탄(ICBM) 개발 역량을 보유했다고 보는 것도 이 때문이다.

중국은 중거리 탄도탄인 둥펑 4호를 개량해 최초의 우주 발사체인 창정 1호를 개발했고, ICBM인 둥펑 5호를 활용해 현재의 주력 우주 발사체인 창정 2호와 창정 3호, 창정 4호 시리즈를 개발했다. 이 과정에서 군수와 민수 수요를 모두 충족하면서 자원을 효율적으로 사용해 개발 경비와 시간을 크게 단축할 수 있었다. 중국은 '우주 전통 정신'과 같은 훌륭한 기풍이 있었기에 가능한 일이었다고 주장한다.

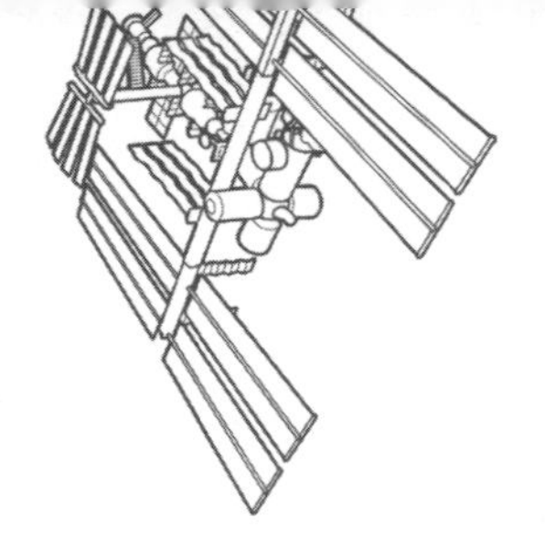

인공위성 발사 계획의 재개

1950년대 말, 중국과학원이 인공위성 개발을 추진했으나 내외부 여건상 중단되었다. 그러나 연구자들의 열망은 식지 않았다. 1964년 10월 말, 중국과학원 지구물리연구소 소장 자오주장(趙九章)이 둥펑 2호 발사를 참관했다. 발사 성공에 고무된 연구자들은 이를 인공위성 발사에 활용하자는 건의서를 제출했고, 미리 준비하고 있던 첸쉐썬도 1965년 1월, 국방과학기술위원회를 통해 인공위성 개발을 건의했다.

저우언라이 총리가 건의를 받아들여 실험을 추진할 것을 지시했고, 국방과학기술위원회에서 각계의 의견을 수렴, 정리한 후 「인공위성 개발 및 발사(1970~1971년 사이) 방안 보고서」를 작성했다. 같은 해 5월에 개최된 중앙전문위원회가 이를 승인함에 따라 중국과학원의 인공위성 개발 업무가 재개되었다.

새로운 인공위성 개발 계획의 기호는 651이었다. 첫 인공위성의 이름은 마오쩌둥 찬가인 '둥팡훙(東方紅)'에서 따와 '둥팡훙 1호(DFH-1)'로 했다. 이때 발사체는 국공 내전 시기의 홍군 대장정(紅軍 大長征)을 차용해 '창정(長征) 1호(CZ-1)'로 했다. 당시 중국은 일본과 세계 네 번째 인공위성 발사를 두고 경쟁이 붙었고 1966년부터는 문화대혁명이 일어났으므로 개발 자체도 상당히 긴박하게 추진되었다.

발사체 초기 설계: 1965년 8월~1967년 11월

1965년 8월부터 제7기계공업부 제8설계원[16]에서 설계 작업을 시작했다. 첸쉐썬은 이미 보유한 유도탄 기술과 본체를 충분히 활용할 것을 지시했다. 위성 발사에 필요한 기술을 선별하고, 유도탄 기술과 고공 로켓기술의 결합, 액체 엔진과 고체 엔진의 결합을 도모하기 위함이었다. 유도탄은 일정 기한 후 도태되므로 이 중 일부를 개조해 위성 발사용으로 사용할 수 있었다.

창정 1호는 둥펑 4호의 1단, 2단 액체 엔진에 별도로 개발한 3단 고체 엔진을 얹은 것이다. 단 분리는 두 가지 방법을 동시에 사용했다. 1단과 2단 분리에는 1단 종료 전에 2단을 점화하는 열 분리(Hot Seperation)를 채택해 실중이 발생하지 않은 상태에서 분리를 완료하도록 했다.

2단과 3단 분리에는 냉 분리(Cold Separation) 방식을 채택했다. 우선 2단 엔진이 종료되고 상당 시간 활공하며 자세를 유지하다가 중력이 거의 없는 상태에서 분리해 2단을 중난하이(中南海)로 낙하시킨다. 이후 3단 고체 엔진을 점화해 위성과 함께 선회하면서 비행해 궤도에 진입시킨다.

제8설계원은 고공 분리와 선회, 점화 등에서 상당한 기술력을 보유하고 있었고, 2단의 관성유도와 2-3단 자세제어에도 중요한 역할을 했다. 주요 업무는 이미 개발한 2단 액체 엔진의 기술적 특성을 파악하고 위성의 중량과 크기를 감안해 3단의 기술적 수요를 이끌어내는 것이었다. 이외에도

16) 1965년 1월에 국방부 제5연구원을 토대로 제7기계공업부가 설립되었고, 같은해 7~8월에는 상하이기전설계원이 베이징으로 이전하면서 제7기계공업부 제8설계원으로 명칭이 변경되었다.

단의 연결과 분리, 전체 비행궤도와 운행 주기 등을 확정하는 것도 제8설계원의 몫이었다.

3단 고체 엔진 개발과 고공 점화 시험

3단 로켓 개발 책임자는 고체 엔진 전문가인 양난성(楊南生)이었다. 그는 1964년 8월 임명장을 받고 쓰촨성(四川省) 벽지에 있는 4원(중국 고체로켓엔진 개발기지)으로 부임했다. 그는 1년도 채 안 되는 시간에 싸이오콜 고무 추진제의 표면 균열과 연소 불안정 문제를 해결하고, 1965년 7~8월 동안 진행된 여섯 차례의 비행시험을 성공시켰다. 이로써 고체 추진제 로켓 엔진을 개발할 수 있는 길이 열렸다.

본격적인 개발을 위해 1965년 겨울, 4원은 쓰촨성에서 네이멍구(內蒙古)로 이전했다. 곧 이어진 문화대혁명으로 건설이 지연되고 양난성이 정치적 공격을 받아 곤경에 처했으나, 천신만고의 노력 끝에 개발을 이어갈 수 있었다. 그는 4원에 '고공 모사 선회시험대'를 제작해 설치하기도 했다.

4원은 1965년에 3단 로켓 타당성 연구를 시작해 2년 후인 1967년에 시제품을 내놓았다. 1968년 1월, 고공 모사 선회시험을 했으나 엔진이 탈락하는 사고가 발생했다. 양난성은 이를 해결하고, 1970년 1월까지 모두 19차례의 수평·수직 지상 시험과 진동, 충돌, 운송 시험을 수행했다. 이 중 1969년 하반기부터 진행된 일곱 차례의 연소 시험이 모두 성공하여 공식적인 제작 단계에 들어섰다.

이때 개발된 3단 고체 엔진은 길이 4미터, 직경 770밀리미터, 연료 무게 1.8톤이었고, 분당 180회 회전하는 상태에서도 정상 작동했다. 노즐은 절연 재료를 압축 성형해 만들었고, 노즐 내부는 탄소섬유 복합재료를, 구조재료는 새로 개발한 고강도 강철을 사용했다.

3단 엔진은 공기가 희박한 고공에서의 점화 시험을 거쳐야 했다. 이에 T-7A 고공 로켓 위에 고체 엔진을 얹어 간이 3단 로켓[17]을 만든 후, 시험비행을 했다. 탄두 끝에 점화용 소형 엔진을 장착하고 하단에 선회용 엔진을 달아 회전 상태에서 엔진 점화 여부를 확인한 것이다. 1968년 8월, 주취안 발사장에서 진행된 두 차례의 시험비행에서 소형 엔진이 정상 작동하는 상태에서 고공 점화에 성공했다. 그 중 하나는 고도 311킬로미터까지 상승했다.

조직 개편과 비행경로 확정: 1967년 11월~1970년 4월

1960년대 후반의 조직 개편으로 새로운 연구원(제5연구원, 공간기술연구원)[18]이 설립되었다. 이에 제8설계원의 일부 인력이 제5연구원 총체설계부로 이동했고, 남은 인력들로 베이징공간기전연구소를 창설했다. 1967년 11월에는 창정 1호 설계 업무가 제7기계공업부 제1연구원(1분원, 운반로켓기술연구원)으로 이관되었다.

제1연구원 총체설계부에서는 당시 주력 개발 과제였던 8년 4탄 업무와 창정 1호 운반 로켓을 개발하기 위해 기존의 7개 연구실을 11개로 확대했다. 중장거리 유도탄 둥펑 4호와 첫 번째 위성 운반 로켓 창정 1호의 1, 2단이 비슷하기 때문에 연구원 산하 10실에서 모두 개발하게 되었다.

1970년 1월 30일, 둥펑 4호의 비행시험이 성공하여 동일하게 1단, 2단을 사용하는 창정 1호의 신뢰성을 확인할 수 있었다. 창정 1호는 길이 29.86미터, 최대 직경 2.25미터, 이륙중량 81.6톤, 추력 112톤으로 300킬로그램에 달하는 위성을 고도 440킬로미터까지 올릴 수 있다. 둥펑 4호의 길이가

17) 이를 T-7A(Y5)라 지칭했다.
18) 인공위성 전문연구원으로, 현재는 항천과기집단유한공사 산하 제5연구원이다.

29미터, 이륙 중량 82톤인 것을 생각하면 1미터 이내의 길이를 늘여 위성 발사체를 개발했음을 알 수 있다.

이때 로켓의 발사각과 1단, 2단의 낙하지점이 국제 분규에 휘말리지 않아야 한다는 의견이 제기되었다. 이에 수백 번의 계산을 거쳐 로켓 발사각이 동쪽에서 남쪽으로 68.5도 기울도록 조정했다. 이 경우 1단은 간쑤성에, 2단은 남중국해에 낙하하고, 3단은 광시좡족자치구(廣西壯族自治區) 북부 상공에서 위성과 동시에 궤도에 진입해 국제 분규를 피할 수 있었고 통제도 용이했다.[19]

창정 1호의 개발

제1연구원(1분원)에서는 총설계사 런신민의 주도로 둥펑 4호를 참조해 창정 1호 제작에 돌입했다. 핵심기술은 단 연결과 분리, 연료통 형상 변화를 통한 로켓 길이 단축, 페어링의 수평 유지와 분리, 다단 로켓의 안정과 자세 유지를 포함한 제어, 비행 측정과 비상시 안전 자폭 등이었다.

1968년 6월, 지상에서 2단 제어 기술을 개발하던 중에 연료통 안에서 액체가 크게 요동치는 문제를 발견했다. 연료가 남은 상태에서 요동이 심해지면 로켓의 자세제어가 어려워진다. 개발자들이 다방면으로 노력해도 해결책을 찾지 못했고 곧 첸쉐썬에게 보고되었다.

이에 첸쉐썬은 "고공, 중력이 없는 상태에서는 연료가 분말 상태가 되어 요동으로 인한 충격이 극히 작을 것이다"라고 했다.

지상 시험을 수행하는 개발자들은 안심하고 실험을 진행했고 결과적으로 첸쉐썬의 말이 옳았음이 증명되었다. 후에 추진제 연료통 하부에 큰 격

19) 주취안과 타이위안, 시창 등의 중국 내륙 발사장에서 발사된 로켓의 1단과 페어링이 중국 내 민가에 떨어져 피해가 발생하는 일이 가끔 발생한다.

판을 설치해 요동을 줄였다.[20]

3년여의 노력 끝에 창정 1호의 부속품들이 각지에서 생산되어 조립 공장에 도착했다. 최종 조립도 빠르게 진척되어 자체 측정을 완료한 후 지상 시험장으로 이동했다. 순서에 따라 발사 전 네 차례의 엔진 점화와 전추력 실험을 해야 했고, 이를 위해서는 관련 기관들의 협력이 필수였다.

그러나 문화대혁명으로 인해 엔진 시험을 진행할 수 없었다. 홍위병과 군중이 연구원 정문을 가로막아 창정 1호를 이동할 수 없었고, 진동 제어 방식에서도 이견이 있었다. 총리가 독촉하고 기나긴 설득 작업을 거친 후 1969년 7~8월에 1-2단, 2단, 2-3단, 3단 네 차례에 걸친 엔진 전추력 시험을 완료할 수 있었다.

비행시험과 인공위성 발사

1969년 8월 27일, 비행시험용 2단 로켓이 주취안 발사장의 55미터 발사대에 장착되었다. 미국과 소련뿐 아니라, 중국과 위성 발사 경쟁을 벌이던 일본도 중국의 상황을 주목했다. 발사에 성공하면 1969년 말이나 1970년 초에 둥팡훙 1호를 발사해 일본을 앞지를 수 있었고, 만일 실패하면 일본에 뒤처지는 상황이었다.

1969년 11월 16일, 17시 45분에 로켓을 발사했으나 유도 시스템의 고장으로 2단이 작동하지 않아 실패했다. 당시에는 로켓 추적 기술이 미흡해 발사 40분이 지나고서야 낙하지점에서 대기하던 사람들이 로켓이 보이지 않는다고 보고했다. 로켓이 중국 밖으로 나갔을 경우를 대비해 비상 대책이 논의되기도 했다.

20) 북한의 은하 3호 연료통에도 이런 격판이 있다.

허나 첸쉐썬은 2단이 점화되지 않았으므로, 반경 680킬로미터 내에 낙하했을 것이라 가정했고, 항공 수색을 통해 사막에서 잔해를 발견했다. 일본과의 경쟁이 치열하던 중요한 시기에 실패한 것이다. 이를 확인한 미국이 일본에 로켓 유도와 자세제어 핵심 장치인 자이로를 제공했다고 한다.

첸쉐썬의 빠른 조치로 두 달이 채 안 된 1970년 1월 30일, 두 번째 시험이 재개되었다. 첸쉐썬은 직접 발사장으로 가 시험에 참관했다. 이번에는 발사와 2단 점화, 분리, 유도 시스템이 순조롭게 작동했다. 창정 1호의 핵심 기술이 기본적으로 해결된 것이다.

이제는 속도 싸움이었다. 2월 4일에 창정 1호 연합 훈련 로켓이 베이징에서 이동했다. 그러나 일주일 후인 2월 11일, 일본이 첫 번째 인공위성 오스미를 성공적으로 발사했다는 소식이 들려왔다. 문화대혁명 와중에도 위성을 빠르게 개발했지만, 혼란스러운 상황으로 개발이 지연되어 결국 경쟁에서 지고 말았다.

1970년 3월 26일, 1발의 창정 1호와 2개의 둥팡훙 1호 위성을 실은 전용 열차가 출발했고, 4월 1일에 주취안 발사장에 도착했다. 4월 9일, 로켓과 위성의 연결을 끝내고 정밀 점검에 들어갔다. 17일에 로켓과 위성이 발사대로 이동했고 18일에는 3단을 조립한 후, 수직 상태에서 전면적인 측정을 시작했다.

4월 24일 오전, 연료 주입을 4시간 만에 완료했고, 21시 35분에 발사해 21시 48분에 위성이 분리되어 궤도에 진입했다. 25일 경축 연회가 열렸고 공훈자들에게 표창을 했으나, 첸쉐썬과 녜룽전은 일정이 늦어져 일본에 뒤처진 것이 자신들에게 책임이 있다고 말했다. 당시의 정치적 압박이 기술적 성취를 억누른 것이다.

창정 1호 시리즈

창정 1호는 추력이 부족해 소형 위성을 저궤도에 올리는 데 적합했기 때문에 최초 발사 후에 이를 개량하려는 노력을 기울였다. 특히 2단과 3단의 개량을 통해 고공에서의 정상 비행과 궤도 진입 정확성을 개선하는 데 주력했다. 주요 개량형은 다음과 같다.

창정 1호을(CZ-1B)은 창정 1호의 1단과 2단을 그대로 사용하고, 이탈리아제 3단 고체 엔진을 붙인 것이다. 중국의 고체 엔진 기술이 아직 미숙해 일종의 기술 도입을 통한 개발 시험을 진행한 것이다. 다만 당시 사정으로 공식 생산은 하지 않았다.

창정 1호병(CZ-1C)은 창정 1호의 1단과 2단을 그대로 사용하고, 3단은 액체인 사산화이질소(N_2O_4)와 비대칭디메틸히드라진(UDMH)을 사용한 것이다. 이 과정을 거치면서 저궤도 위성의 탑재 중량을 0.5톤으로 제고했다. 1984년에 개발해 측정 시험에 들어갔으나, 기술적 문제로 1988년에 개발을 포기했다.

창정 1호정(CZ-1D, 현역)은 창정 1호 시리즈의 최종 개량형이다. 1단 엔진의 추력을 확장하고 2단과 3단의 성능을 개선했으며, 플랫폼-컴퓨터 전관성유도 방식을 채용했다. 때문에 창정 1호정은 다양한 유형의 저궤도 위성을 발사할 수 있다.

창정 2호 시리즈

창정 1호는 추력이 부족해 현대 주력 위성인 대형 위성과 통신위성을 발사하기 어렵다. 이에 중국 정부는 둥펑 4호의 후속 유도탄인 둥펑 5호 ICBM을 개량한 대형 우주 발사체 개발에 착수했다. 이것이 바로 창정 2호로 최근까지 중국 우주 발사체의 기둥 역할을 수행하고 있다.

창정 2호 기본형은 2단 로켓으로 길이 31.17미터, 최대 직경 3.35미터, 이륙중량 190톤이며, 1.8톤의 위성을 수백 킬로미터 상공에 올릴 수 있다. 1975년 11월 26일에 중국 최초 회수위성 발사에 성공했다. 이후 이를 개량한 발사체들이 속속 개발되었다.

창정 2호갑(CZ-2A)은 창정 2호에 사용된 2단 로켓의 자이로 유도 체계를 개량한 것이다. 국제 관례에 따라 엔진 개량은 작은 변경 사항이라도 등록을 해야 했으므로 로켓의 명칭을 창정 2호갑으로 변경했다. 1975년 첫 발사에 성공한 후 두 번 더 성공적으로 발사했다. 이를 개량한 것이 창정 2호병(CZ-2C)이다.

창정 2호병은 대추력 액체 엔진을 채택해 길이가 35.15미터, 저궤도 운반 능력이 2.4톤으로 늘었고 로켓의 신뢰성도 크게 증가했다. 1982년 9월 첫 발사 성공 이후 최근까지 성공률 100퍼센트를 자랑한다. 1987년에는 전국 품질대상 금상을 수상했고 1999년에는 소속 기관에서 '우수 액체 운반 로켓' 칭호를 받았다.

창정 2호병 개량형(CZ-2C/SD)은 1997년 12월 8일 처음 발사한 일종의 상업 위성 발사체이다. 2단 위에 지능 분배기를 3단으로 얹어 길이가 43.027미터로 늘었다. 하나의 발사체로 위성 3개를 발사하는 방식이고, 10여 개의 미국 통신위성을 발사한 바 있다.

창정 2호정(CZ-2D)은 창정 2호병의 개량형으로 2단, 길이 38.3미터, 이륙중량 232톤이다. 창정 2호의 추진제를 늘려 이륙중량을 높이고 위성 탑재 능력을 개선했다. 주로 극궤도 위성 발사에 사용한다. 이 역시 1992년 8월 첫 발사에 성공한 후 성공률 100퍼센트를 자랑하고 있다.

창정 2호E(CZ-2E, 다른 명칭은 長2捆)는 국제 인공위성 발사 시장에 참여하기 위해 개발한 것이다. 1986년 챌린저호 폭발 사건 이후 미국은 오랫동안 우주왕복선을 이용한 상업 위성 발사를 시도하지 못했다. 이때 중국이 미국 위성 발사 서비스용으로 18개월이라는 짧은 기간에 창정 2호E를 개발했다. 창정 2호병의 1단에 부스터 4개를 붙여 저궤도 위성 탑재 능력을 9.2톤으로 올린 2단 로켓이다. 1992년 첫 발사에 성공했고, 1992년부터 3년간 다수의 외국 위성을 발사했다. 길이 49.68미터, 직경 3.35미터, 부스터 길이 15.4미터, 직경 2.25미터, 본체 최대 직경 4.2미터, 총 이륙중량 461톤, 추력 600톤으로 8.8~9.2톤의 위성을 근지점 궤도까지 올릴 수 있다.

창정 2호F(CZ-2F)는 선저우(神舟) 유인우주선 발사를 위해 개발한 것이다.[21] 창정 2호E에 우주인 안전을 위한 고장진단 시스템과 비상탈출 시스템을 추가해 신뢰성과 안전성을 대폭 향상했다. 1999년, 선저우 1호 이후 최근까지 10여 차례의 발사에 모두 성공했다. 이 중 상당수가 유인우주선으로 중국을 세계 세 번째 유인우주선 보유 국가로 만드는 데 결정적인 역할을 했다.

창정 2호F는 액체 엔진 부스터 4개를 장착한 2단 로켓이다. 상부에 우주인 비상탈출을 위한 도피탑을 붙였고, 오작동 방지를 위해 둔감(鈍感) 화약을 사용했다. 길이 58.343미터, 이륙중량 479.8톤, 본체 직경 3.35미터, 부스터 직경 2.25미터, 페어링은 최대 직경 3.8미터이다. 본체와 부스터 엔진은 사산화이질소(N_2O_4)와 비대칭디메틸히드라진(UDMH)을 연료로 사용한다. 8톤의 유효 탑재체를 근지점 궤도 200킬로미터, 원지점 궤도 350킬로미터, 경사각 42.4~42.7도의 궤도에 올릴 수 있다. 창정 5호가 개발되기 전까지 중국에서 이륙중량, 길이, 신뢰성(0.97), 안전성(0.997) 등에서 최고를 자랑했다. 이것 역시 부스터 부가형(長2捆)으로 불리기도 한다.

21) 유인우주선 개발에 관한 자세한 내용은 제13장 참조

창정 2호F/G(창정 2호F 개량형)는 제2단계 유인우주선 프로젝트를 위해 개발한 발사체이다. 더 무거운 우주 설비를 탑재할 수 있도록 창정 2호F의 부스터 길이를 늘인 것으로, 운반 능력은 9톤에 달한다. 톈궁(天宮, TG) 시리즈 우주정거장 발사에 이를 사용했다.

창정 2호F/H는 창정 2호F를 대폭 개량한 것이다. 주 엔진을 창정 5호에 채택한 YF-100 액체산소/케로신(항공용 등유) 엔진으로 대체해 환경오염을 줄이고 운반 능력을 13톤으로 높였다. 창정 2호F/H는 톈궁 3호(天宮三號, TG-3) 발사 이후, 우주정거장과 도킹해 각종 화물을 운반하는 데에 사용되었다.

창정 3호 시리즈

중국이 1970년대에 지구정지궤도 통신위성을 개발할 때, 3단 엔진 추진제를 새로 개발한 액체산소/액체수소로 사용하는 방식과 기술이 무르익은 기존 상온 추진제를 사용하는 두 가지 방식을 병행했다. 전자가 창정 3호이고, 후자가 창정 4호이다.

🌐 첸쉐썬은 1950년대 말부터 미국이 아폴로 계획에서 액체산소/액체수소 엔진을 사용한 것에 주목하고 있었다. 이에 자신이 소장으로 있던 중국과학원 역학연구소에서 이를 연구하기 시작했고, 1960년대의 국방부 제5연구원 시절에도 같은 연구를 추진했다. 이러한 노력을 거쳐 1971년에 연소실 점화 12초를 달성했고, 1975년에 초기형 엔진 시험에 성공했다. 1977년부터는 실용형 엔진 개발에 들어가 핵심기술을 확보했다. 이후 1983년 3월까지 100차례에 걸친 엔진 시험으로 누적 연소 시간이 3만 초에 달했다. 20년의 노력이 결실을 거둔 것이다.

창정 3호는 창정 2호에 3단으로 액체산소/액체수소 엔진을 추가한 것이다. 길이 43.25미터, 1단과 2단 직경 3.35미터, 3단 직경 2.25미터, 이륙중량 204톤, 추력 280톤, 비추력 425초이다. 때문에 우주에서 2차 점화가 가능해 장시간 사용할 수 있었고 1,430킬로그램의 위성을 고도 36,000킬로미터의 지구정지궤도에 진입시킬 수 있었다.

창정 3호는 주로 쓰촨성 시창(西昌) 발사장에서 발사했다. 1단과 2단을 가동해 근지점 궤도 200킬로미터, 원지점 궤도 450킬로미터의 작은 타원을 돌 때 3단 엔진을 1차 가동한다. 이 궤도가 지구 적도 평면과 만날 때 3단 엔진을 2차 가동하여 36,000킬로미터 고도에 올린 후 위성을 분리한다. 로켓의 총비행시간도 1,200초에 달했다.

1984년, 중국 최초의 지구동기궤도 통신위성 둥팡훙 2호를 창정 3호에 실어 발사하는 데 성공했다. 정지궤도위성 발사 성공으로 중국 로켓 역사에 새로운 이정표를 세운 것이다. 지구동기궤도 탑재 능력은 1.6톤으로 향상되었으며, 1990년에는 이를 이용해 최초로 휴스(Hughes)사의 '아시아샛 1호(ASIASAT-1) 위성'을 지구동기궤도에 올렸다.

창정 3호의 개량형은 다음과 같다.

창정 3호갑(CZ-3A)은 창정 3호의 액체산소/액체수소 엔진 비추력을 늘려 성능을 대폭 개선한 것이다. 지구동기궤도 탑재 능력도 2.6톤으로 늘어났다.

창정 3호을(CZ3-B)은 창정 3호갑과 창정 2호 부스터를 결합한 것이다. 즉, 창정 3호갑의 본체에 창정 2호E(CZ-2E, 長2捆)와 유사한 4개의 부스터를 붙였다. 지구동기궤도에 대형 위성을 올리거나 여러 위성을 동시에 올리는 데 사용된다.

창정 3호병(CZ-3C)은 창정 3호 시리즈의 마지막 개량형이다. 부스터를 2

개만 붙인 것으로 운반 능력은 창정 3호갑과 창정 3호을의 중간 정도이다. 2003년에 총설계를 마치고 2008년 4월 26일, '톈롄 1호(天鏈 一號)' 위성을 처음 발사할 때 사용했다.

창정 4호 시리즈

창정 4호(CZ-4) 시리즈에는 펑바오 1호(風暴一號, FB-1)와 창정 4호, 창정 4호갑(CZ-A), 창정 4호을(CZ-4B) 등이 있다. 펑바오 1호는 1969년에 고공 로켓과 지대공 유도탄에 주력하던 상하이 우주기지에서 개발을 시작했다. 당시 문화대혁명 속에서 상하이 지역도 ICBM과 우주 발사체 개발에 동참한 것이다. 따라서 발사체 명칭도 당시 문화대혁명의 구호인 '1월 풍폭'에서 따왔다.

초기에는 2단 엔진을 새로 개발해 유효 탑재량이 크게 증가한 새로운 발사체를 개발하려 했다. 그러나 관련 설비와 경험 부족 등으로 상황이 여의치 않자, 창정 2호에 사용된 기술들을 대부분 전용하게 되었다. 개발된 발사체의 길이는 32미터, 직경 3.35미터, 이륙중량 280톤, 설계 탑재 중량 2톤이었다.

펑바오 1호는 개발 초기부터 군사적 응용을 위한 비공개 실험들을 수행했다. 펑바오 1호로 진행한 주요 시험들은 고공에서의 유도탄 성능 개선과 탄두의 대기권 재진입, 다탄두 유도탄 개발 등이었다. 태양동기궤도 대용량 위성을 이용한 정찰 등도 수행했다. 이러한 성과들은 중국의 ICBM 현대화에 크게 기여했다.

1972년 8월에는 관측위성 발사에 성공했고, 1975년 7월에는 중국 최초로 1톤이 넘는 위성을 궤도에 진입시켰다. 1981년 9월에는 최초로 동시에 3개의 위성을 쏘아 올렸다. 모두 여섯 번을 발사해 네 번 성공했고, 두 번의 저탄도 시험발사도 수행했다. 다만, 개발 기관의 임무 변경으로 1982년부터 생산이 중단되고 창정 시리즈로 대체되었다.

창정 4호갑(퇴역)은 3단 로켓으로 상온 저장이 가능한 일반 추진제를 사용했다. 주로 태양동기궤도 위성을 발사하는 데 사용된다. 길이 41.9미터, 최대 직경 3.35미터이고, 1988년 9월의 최초 발사 이래 성공률 100퍼센트를 자랑한다.

창정 4호을은 창정 4호갑의 운반 능력을 대폭 개선한 것으로 태양동기궤도와 극궤도 응용 위성을 발사하는 데 사용된다. 길이 45.58미터, 최대 직경 3.35미터이고, 1999년 5월의 최초 발사 이래 성공률은 100퍼센트이다.

창정 4호병은 창정 4호을을 토대로, 로켓의 임무 적응성과 발사 측정 신뢰성을 목표로 기술적 개량을 한 것이다. 새로운 발사 측정 방식을 채택해 발사장 준비 시간도 단축했다. 2006년 4월 27일, 타이위안(太原) 발사장에서 중국의 첫 관측위성을 예정 궤도에 올렸다.

우주 발사체의 개발과 활용

국경의 구분이 없는 우주 공간에 대한 경쟁이 치열해지면서 발사체 보유 여부가 국가 경쟁력의 핵심 요소가 되었다. 우주와 관련된 국제대회에서도 국력이 아닌 자주적인 우주 발사체 보유 여부에 따라 대접이 달라지는 것을 흔히 볼 수 있다. 우주 발사체 개발에는 장기간의 노력과 많은 희생이 필요하므로 이를 극복한 나라들을 특별 대우하는 것이 타당할 것이다.

우주 발사체 개발의 성공 요인은 역경과 희생, 고난 속에서도 지속적으로 개발을 추진하는 데 있다. 이 과정에서 정치가 과도하게 개입하거나 개발 일정에 영향을 주면 대부분 부정적인 결과를 초래한다. 중국 역시 대약진운동과 문화대혁명 시기에 만들어진 정치 구호가 우주개발에 막대한 지장을 주었고, 수많은 고급 인력들을 희생시킨 바 있다. 중국은 이를 교훈 삼아 매우 강력한 제도와 규범을 만들어 정치와 기술개발을 철저히 분리하고 있다.

대부분의 우주 선진국들은 냉전시대에 개발한 액체 추진제 ICBM을 토대로 우주 발사체를 개발했다. 1단과 2단을 거의 그대로 사용하면서 요소기술과 부품을 활용할 수 있었고, 도태되는 ICBM 전체를 활용할 수도 있었다. 우주 발사체가 민군 기술 협력의 대표적 사례로 거론되는 것도 이 때문이다. 이러한 추세는 국방 일변도였던 고체 추진제 ICBM에서도 찾아볼 수 있다. 중국도 냉전시대에 개발한 둥펑 4호와 둥펑 5호를 우주 발사체로 활용했다. 국방 분야의 수요 창출과 선제적인 투자가 우주 발사체로 이전된 것이다.

우주 발사체가 국방 용도로 활용되고 국가 경쟁력의 핵심 지표로 부상하면서 국가 간의 경쟁도 나날이 치열해지고 있다. 과거 미국과 소련이 핵무기 투발 수단과 우주 발사체를 동일하게 여기며, 국력을 기울여 개발한 것도 이 때문이다. 중국도 일본과 치열하게 경쟁하며 우주 발사체를 개발했다. 일본이 아시아 국가 최초 발사라는 타이틀을 가져갔지만, 중국은 오늘날 발사 횟수 등에서 일본과 다른 국가들을 크게 앞서고 있다.

우리나라의 우주 발사체 개발도 북한과의 경쟁에서 자유롭지 않다. 1998년에 북한이 인공위성을 발사하면서 대한민국의 우주 발사체 개발 계획이 대폭 확장된 것도 이 때문이다. 그 후로 약 20여 년간 치열하게 경쟁했다. 우리는 대형 액체 로켓기술 기반이 취약했기 때문에 러시아와의 협력이 필요했고 이를 통해 빠르게 발전했다. 비록 최초의 자력 발사에서는 북한에 뒤졌지만, 앞선 경제력과 지속적인 투자, 인공위성 기술의 우위를 고려한다면 곧 차세대 한국형 발사체에서 북한을 앞지를 수 있을 것이다.

09 인공위성의 개발과 발사

중국 최초의 인공위성
동팡훙(DFH-1) 1호

"上得去, 抓得住, 聽得到, 看得見."
(올라가서 궤도에 진입하고 소리를 들으며 위성을 본다.)

1965년 말에 열린 중국과학원의 651회의(인공위성 개발회의)에서 국방과학기술위원회가 중앙정부의 의사를 전달했다. 정치적 상황을 우선적으로 고려해 첫 위성 발사에 반드시 성공해야 하고, 소련, 미국의 첫 번째 위성보다 성능이 더 앞서야 한다는 내용이었다.

이에 위성의 이름을 마오쩌둥의 찬가인 '동팡훙(東方紅)'으로 하고, 소련 최초 위성이 간단한 부호 송신에 그친 것을 넘어 동팡훙 노래를 송신하기로 했다. 정치적 의도가 반영된 위성의 목표는 '올라가서 궤도에 진입하고, 소리를 들으며 위성을 본다(上得去, 抓得住, 聽得到, 看得見)'는 12자였다.

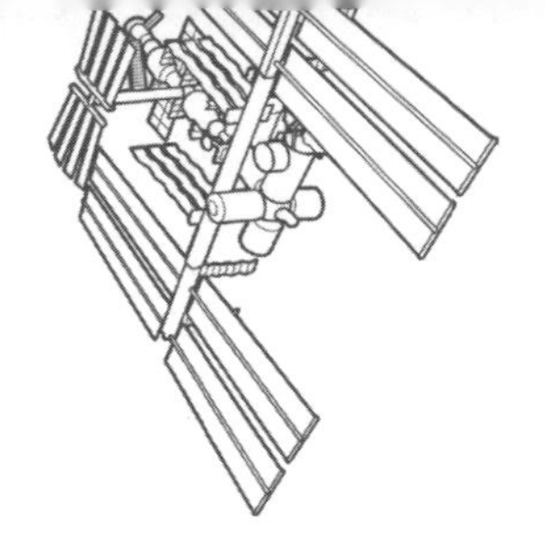

인공위성 개발의 재개[22]

첫 번째 인공위성 개발 시도는 1950년대 말, 중국과학원의 주도로 이루어졌으나 극심한 경제난으로 개발이 지속되지 못했다. 두 번째는 국방부와 중국과학원이 신중하고 긴밀하게 연계하면서 계획을 수립하여 진행했다. 먼저 첸쉐썬이 1963년 초에 '전문가 4인 소조'를 결성하여, 중·장거리유도탄을 활용한 군수용 인공위성 개발을 모색하도록 지시했다. 이에 1964년 5월 상하이기전설계원에 위성총체실(7실)을 설립하고, 관측위성과 회수위성 개발에 대한 타당성 연구를 시작했다.

중국과학원도 동참했다. 1964년 10월에 국방과학위원회의 초청으로 중국과학원 지구물리연구소 소장 자오주장 등이 주취안 발사장을 방문해 둥펑 2호 발사를 참관했다. 당시 유도탄에 관련된 연구 내용들은 모두 극비였으므로, 자오주장조차도 중국의 유도탄 개발 수준을 모르고 있었다.

연구자들은 초기 인공위성 개발 계획이 좌절된 지 수년 만에 중국의 유도탄 개발 기술과 능력이 일취월장한 것을 실감할 수 있었다. 이에 인공위성 개발 의욕이 강한 자오주장이 첸쉐썬에게 계획 재개를 타진했으나 첸

22) 초기 중국과학원의 인공위성 개발은 제3장 참조

쉐썬은 당시 중요 과제였던 둥펑 2호와 핵탄두의 결합에 몰두하고 있었으므로 바로 확답을 주지 못했다.

1964년 11월, 자오주장이 첸쉐썬을 자기 사무실로 초청했다. 첸쉐썬은 중국이 지속적으로 장거리 유도탄을 개발하고 있어 수백 킬로그램, 나아가 수 톤의 위성도 충분히 발사할 수 있다고 했다. 자오주장은 협력을 제안하며 개발에 대한 중앙 지도자들의 동의가 중요하니 발언권이 세고 영향력이 있는 첸쉐썬이 이 일을 맡아달라고 부탁했다.

당시 중국은 대약진운동의 후유증을 극복하기 위해 경제 조정기에 들어가 있었다. 때문에 많은 돈을 투자해야 하는 국책사업의 추진이 쉽지 않았다. 첸쉐썬은 "내가 이 일을 제기할 것이니 중국과학원에서도 같이 제기하면 중앙에서도 중시할 것"이라고 했고, 자오주장도 찬성했다.

때마침 1964년 12월에 열린 전국인민대표대회에서 저우언라이 총리가 '과학을 향한 진군(向科學進軍)'이라는 구호를 제기했다. 이를 들은 자오주장 등은 20여 일간 심혈을 기울여 완성한 「중국 인공위성개발 종합계획에 관한 건의」를 입안해 총리에게 제출했다.

첸쉐썬과 자오주장은 중앙 지도자들이 특별히 관심을 쏟던 국방 문제, 특히 ICBM 개발에서 위성이 지닌 의미를 강조하며, 유도탄과 위성이 상호 작용하면 중국 국방력을 세계 수준에 올려놓을 수 있다고 주장했다. 중앙에서 계획을 세워 민군 협력으로 개발하면, 건국 20주년인 1969년 이전에 첫 번째 인공위성을 발사할 수 있다는 것이었다.

주요 근거는 다음과 같았다.

1. 인공위성 개발은 ICBM의 핵심 난제를 해결하는 데 기여하는 동시에 유도탄의 발전을 촉진한다.

2. 인공위성은 정찰위성과 측지위성, 통신위성, 기상위성, 경보위성 등과 같이 국방 업무에 직간접적으로 사용된다.
3. 인공위성은 무선통신, 자동제어, 고정밀 장거리 레이더, 고속 컴퓨터, 재료과학 등의 첨단기술 발전을 촉진한다.

총리는 이 보고 내용에 깊은 관심을 보이며 빠른 시일 내에 시행 방안을 제출하라고 지시했다. 자오주장과 자동화연구소 뤼창(呂强) 소장은 1965년 1월에 공동 명의로 「인공위성 신속 발전에 관한 건의서」를 입안했다. 중국과학원 당위원회에서 이를 검토한 후, 3월에 구체적인 시행 방안인 「인공위성 개발 업무에 대한 강요와 건의」를 제출했다.

첸쉐썬도 1965년 1월에 「위성 연구 개발의 타당성」이라는 보고서를 녜룽전에게 제출하면서, 속히 인공위성 개발 계획을 수립해 국가 과제에 포함시킬 것을 건의했다. 그는 이미 개발된 둥펑 4호 유도탄으로도 100킬로그램 정도의 인공위성을 발사할 수 있고, 계획 중인 대륙간탄도탄 둥펑 5호로는 유인우주선도 발사할 수 있다고 했다.

재미있는 사실은 첸쉐썬과 자오주장의 보고 내용과 형식에 다소 차이가 있었다는 점이다. 자오주장은 민간 분야인 중국과학원의 학자로서 자유롭게 총리에게 직접 건의한 반면, 보안이 엄격한 국방 계통의 과학자인 첸쉐썬은 공식 문건의 형식으로 상급 부서인 국방과학기술위원회에 보고했다.

다만, 두 보고서 모두 인공위성의 국방상 중요성과 복잡성을 역설하면서 국가 과제에 포함시켜 빠르게 추진할 것을 건의한 점은 같았다. 보고에 앞서 두 사람이 사전 조율을 거쳤기 때문이다. 결국 두 사람의 협력과 보고가 중국이 인공위성 개발을 재개하는 데 중요한 계기가 된 셈이다.

계획 수립과 업무 분담 : 역량 분산 금지

국방과학을 주관하는 녜룽전은 1965년 2월에 다음과 같은 질문을 던졌다. "나는 장거리 유도탄뿐 아니라 위성 개발도 중시한다. 그러나 국방과학계가 아직 유도탄을 개발하고 있으므로 역량을 분산시키기 어렵다. 따라서 관련자들을 모아 토론하라. 국방부는 유도탄에 주력하고 위성은 중국과학원에서 담당해 훗날 양자를 결합하면 될 것 같은데, 어찌하면 좋을까?"

이에 장아이핑이 첸쉐썬과 자오주장 등 30여 명의 전문가들과 함께 회의를 개최했다. 국방과학기술위원회에서 회의 내용을 정리해 「인공위성 발사에 관한 방안 보고」를 중앙전문위원회에 제출했다. 주요 내용은 "위성은 중국과학원, 발사체는 제7기계공업부, 지상 설비는 제4기계공업부, 발사장은 국방과학기술위원회에서 책임지고 건설해 1970년까지 100킬로그램 정도의 인공위성을 발사한다"는 것이었다.

중앙전문위원회에서는 5월 초에 열린 제12차 회의에서 보고서를 검토하고 이에 동의했다. 위원회는 즉각 관련 기관에 인공위성 업무를 연간 계획에 넣도록 지시했다. 중국과학원에서 자오주장의 의견을 반영한 「우리나라 인공위성 발전 업무에 관한 계획 방안 건의」를 작성하고, 7월 초 중앙전문위원회에 제출했다. 여기에는 주요 목적과 10년 발전 계획, 위성궤도와 지상 관측망 설립, 중요 건의와 조치 등의 내용이 담겨 있었다.

보고서에서 가장 중요한 내용은 중국과학원에 위성설계원을 설립하고 인력을 확충한다는 것이었다. 과거 '581과제'를 추진할 때 중국과학원이 산하 역학연구소에 위성설계원을 설립했다. 훗날 상하이로 이전해 상하이기전설계원이 되었고 고공 로켓을 개발하면서 천여 명의 인력을 양성했다. 이후 제7기계공업부로 귀속되었고, 1965년 7월 베이징으로 이전해 제7기계공업부 제8설계원이 되었다.

1965년에 위성 개발이 재개되면서 제8설계원이 운반 로켓을 담당하게 되었지만 중국과학원은 여전히 설계 인력이 부족했다. 이에 일각에서는 인력을 중국과학원에 결집시켜 운반 로켓과 위성 개발을 모두 추진하자는 의견을 제시했다. 그러나 첸쉐썬이 이에 강하게 반대했다. 일본과의 위성 개발 경쟁에서 승리하기 위해서는 국내 역량을 분산시키면 안 된다는 것이 그 이유였다. 첸쉐썬은 다음과 같이 이야기하며 업무 분담에 대한 논란을 일축했다.

"거액을 투자한 둥펑 4호가 성공하면 운반 로켓으로 전용할 수 있고, 유도탄 개발 중에 위성을 발사하여 비행시험의 기술 문제를 해결할 수도 있다. 또한 제식화된 유도탄은 퇴역이 빠르므로 이를 위성 발사에 사용하면 막대한 경비와 시간, 물자, 인력을 절약할 수 있다"는 논리였다. 이에 녜룽전은 "운반 로켓과 3단 로켓은 제7기계공업부에서 개발한다"고 명확히 구분했다.

몇 번의 회의를 더 거친 후 8월에 개최된 중앙전문위원회 13차 회의에서 "중국과학원이 위성 본체와 지상 추적 시스템을 개발하고, 제7기계공업부에서 운반 로켓을 책임지며, 국방과학기술위원회에서 지상 발사 설비를 책임진다"는 방침을 확정했다. 여기서 중국과학원에 위성설계원을 설립한다는 계획이 승인되었다.

정치적 목표 강조와 중국과학원 위성설계원 설립

1965년 10월 말~11월 말까지 중국과학원에서 첫 인공위성 개발에 관한 총회인 '651회의'를 개최했다. 여기에는 제7기계공업부, 제4기계공업부, 제1기계공업부, 통신병부, 주취안 유도탄 시험기지,[23] 우전부(郵傳部, 정보통신

23) 후에 '주취안 위성발사중심(센터)'으로 개명

부)와 산하 13개 연구소, 국가과학기술위원회, 국방과학기술위원회, 국방공업판공실, 총참모부, 공군, 해군, 포병, 군사의학과학원 등의 관련 인사 120여 명이 참석했다.

여기서 중국과학원의 보고를 토의하고, 대지 관측과 통신위성, 기상위성용 실험 위성을 개발하기로 하면서, 그 기술적 과제를 위성 본체의 공학적 수치 측정, 우주 공간 환경 수치 탐사 측정, 위성궤도 측정과 무선통신 컨트롤 기반 구축의 세 가지로 확정했다. 최종적으로 위성 총계획과 본체 계획, 운반 로켓 계획, 지상 설비 계획의 4개 계획 초안과 27개 전문 분야 실행 계획을 완성했다.

이때 국방과학기술위원회에서 중앙정부의 의사를 전달했다. 내용은 "정치적 상황과 영향을 우선적으로 고려해 첫 발사는 반드시 성공해야 하고 소련, 미국의 첫 번째 위성보다 성능이 더 앞서야 한다"는 것이었다. 이에 위성의 이름을 마오쩌둥의 찬가인 '둥팡훙'으로 명명하고, 소련 최초의 위성이 부호 송신에 그친 것을 넘어 '둥팡훙' 노래를 송신하기로 했다. 위성의 목표는 "올라가서 궤도에 진입하고, 소리를 들으며 위성을 본다(上得去, 抓得住, 聽得到, 看得見)"는 12자에 담겨 있었다.

1965년 9월부터 중국과학원 산하 연구소에서 전문가들이 차출되고, 1966년 1월 말에 '중국과학원 위성설계원(651설계원, 원장 자오주장)'이 설립되었다. 과학원 산하의 자동화연구소와 지구물리연구소, 시난(西南)전자연구소, 전자공학연구소, 란저우(蘭州)물리연구소, 베이징과학의기공장, 상하이과학의기공장, 타이구(太谷)과학의기공장 등이 동참하면서 관련 인력이 1968년 말에 이르러 6,500명까지 늘어났다.

과학원에서는 이들 외에 수학연구소, 반도체연구소, 생물연구소, 베이징천문대, 난징자금산천문대 등을 동원했고, 200여 개의 선행 연구 과제들을 만들어 과학원 소속 기관들에 배분했다. 다른 기관 소속 연구자들은 위성 관련 경비를 위성설계원에서 받고, 나머지 복리후생 경비들은 소속 기관에서 받았다. 위성설계원에서는 「둥팡훙 1호 위성 임무서」를 만들어 마오쩌둥의 비준을 받았다. 개발 순서는 모사 위성, 초기 위성, 시제 위성, 정식 위성의 4단계로 구분했다. 연구자들이 각고의 노력을 기울인 끝에 1967년 1월에 초기 위성 개발을 완료했다.

문화대혁명의 충격과 고난

하지만 1966년에 시작된 문화대혁명이 발목을 잡았다. 문화대혁명은 초기의 중국 우주개발 종사자 대부분이 겪은 참혹한 고난이었던 만큼, 대부분 언급조차 하기 싫어한다. 10여 년의 세월이 결코 짧지 않았고 대학생 양성도 중단되어 전문가 집단에 커다란 경력과 연령의 단절이 생겼지만, 중국 우주개발사 대부분은 이 기간을 다루지 않는다. 그러나 짧더라도, 문화대혁명이 미친 영향을 깊숙이 파악해야 오늘날의 중국 우주산업계를 좀 더 잘 이해할 수 있다.

1966년 8월에 "중국과학원은 검다(中國科學院是黑的)"라는 비난 대자보가 붙었다. 녜룽전이 변호했지만 투쟁은 계속되었고 결국 위성설계원의 간부들과 수많은 과학자들이 비판과 공격을 받았다. 특히 외국 유학을 다녀온 주요 책임자들이 큰 고초를 겪었다. 위성 개발의 주창자이자 중국과학원의 위성 연구 책임자였던 자오주장[24] 원장은 1966년 10월에 직책을 잃었고, 1967년부터 잔혹한 박해를 받아 1968년 10월 11일에 음독자살하고 말았다.

24) 자오주장은 서남연합대학 교수 출신으로 비당원이었고, 술과 담배를 하지 않는 근면검소한 사람이었다.

제7기계공업부에서도 투쟁이 극심하게 일어나 전문가들이 핍박을 받았고 연구 개발 업무 또한 정상적으로 진행되지 못했다. 영국에 유학했던 재료공예연구소 소장이자 위성 재료 책임자인 야오퉁빈(姚桐斌)과 차기 액체 추진제 개발자 린훙순(林鴻蓀)은 특히 큰 박해를 받고 요절했다. 청년 과학자 쑨자둥(孫家棟)은 둥팡훙 1호 위성 본체 개발 책임자였으나 부유 계층(부농 성분)이어서, 혁명 군중의 제지를 받아 창정 1호 발사장에 가지 못하고 베이징에서 지켜봐야만 했다.

첸쉐썬도 이를 어쩌지 못했다. 사실은 그가 가장 위험한 인물이었다. 자신은 미국 유학자였고, 부친은 국민당 정부 공무원이자 일본 유학까지 다녀온 인물이었다. 무엇보다 부인 장잉의 부친이 장제스의 심복 군인으로 대만에 있었고 모친은 일본인이었다. 다행히 저우언라이 총리가 첸쉐썬 등을 직접 지명해 보호했고, 그가 세계적인 과학자이면서 수차례 마오쩌둥을 접견했으므로 양파(조반파와 주자파) 모두 그를 직접적으로 비판하지는 못했다. 대학 교수였던 장잉도 농촌 하방(지식인을 시골 노동 현장으로 보내는 것)이 결정되었으나 출발 당일에 총리의 지시로 취소되었다.

운반 로켓을 연구하는 제7기계공업부도 투쟁에 휘말리면서 직원들이 분열되고 연구 개발과 생산이 모두 중단되었다. 지상 관측기지 건설 현장 또한 무장투쟁으로 인해 교통이 두절되고 기자재 공급이 중단되는 등 더 이상 시공을 지속할 수 없었다. 소속 기관별로 분리된 조직망이 붕괴된 것이다.

당시의 상황을 이해할 수 있는 사례가 있다. 1968년 2월 9일, 첸쉐썬이 1분원에서 둥펑 4호와 창정 1호의 '혁명, 생산 촉진 동원대회'를 열었다. 그가 연설하던 중 한 청년이 일어나 말을 막고, "당신들이 말로는 혁명과 생산을 강조하지만 실제로는 생산을 내세워 혁명을 가로막고, 우리들이 네

룽전을 비판하는 것을 저지하고 있다"고 소리쳤다.

이에 첸쉐썬이 화가 나서 즉시 소리쳤다. "나는 마오쩌둥 주석의 위탁으로 대회를 개최하는 것이다. 이 과제는 주석이 친히 비준하면서 우리들을 믿고 최대의 책임을 안겨준 것이다. 우리는 주석의 기대를 저버릴 수 없다. 양파는 반드시 연합해서 시간을 내고 품질과 수량을 보장하여 개발을 완성해야 한다. 누군가가 파벌을 일으켜 영향을 미친다면, 이것은 정치 문제가 되고 주석에게 불충하는 것이 된다."

첸쉐썬의 말을 가로막았던 조반파는 이 말에 침묵했고, 양파 투쟁이 진정되는 데 기여했다.

이러한 혼란이 있었지만, 위성 개발은 당 중앙이 결정한 것이어서 계속되어야만 했다. 1966년 12월, 위성 개발 업무가 국방과학기술위원회로 이관되었다. 1967년 3월에 녜룽전은 「국방과학연구기관의 군사 접수 관리와 조정, 개조에 대한 청시보고」를 중앙에 제출하고, 6개의 국방 관련 공업부도 군이 관리하도록 했다. 결국 국방공업뿐 아니라 중국과학원 신기술국과 위성 개발 기관, 지상 관측기지 건설 모두가 국방과학기술위원회로 이관되고 말았다.

공간기술연구원 설립과 역량의 집중

1967년 6월에 열린 중앙군사위원회 제77차 회의에서 "분산된 과학기술 역량을 집중해 우주기술을 발전시킬 단일 연구원을 설립하고, 이를 국방과학기술위원회 소속으로 두면서 군대 편제로 12,400명을 배속할 것"을 결정했다.

3개월 후, 녜룽전의 건의로 국방과학연구기관에 대한 대대적인 구조 조정이 이루어졌다. 이에 따라, 인공위성과 우주비행선 업무를 신설된 제5연구원이 담당하게 되었다.[25] 공식 명칭은 공간기술연구원이라 했다.

1967년 11월, 중국과학원 위성설계원과 자동화연구소, 역학연구소, 응용지구물리연구소, 전공연구소, 시난전자연구소, 생물물리연구소, 란저우물리연구소 등의 위성 개발 조직, 제7기계공업부 제8연구원과 군사의학과학원 제3연구소 등의 관련 기술자들을 모으고 제7기계공업부 1분원의 일부 간부가 이동되어 공간기술연구원을 설립했다.

1968년 2월에 국무원과 중앙군사위원회에서 이를 비준하면서 인민해방군 제5연구원(별칭 신5연구원)이 설립되었고, 제7기계공업부 부부장(차관)이던 첸쉐썬이 원장을 겸임하게 되었다. 공간기술연구원은 1973년 7월 24일에 소속이 바뀌어 제7기계공업부 제5연구원으로 개칭되었다.

이로써 분산되었던 위성 개발 업무가 하나로 뭉쳐졌고 이를 첸쉐썬이 총괄하게 되었다. 그러나 그의 업무가 너무 막중했다. 유도탄을 개발하면서 위성 개발을 책임져야 했고, 여기에 운반 로켓과 국가 중장기 우주기술 발전계획까지 맡아 혼자 힘으로는 도저히 감당할 수 없었다. 이에 그는 '위성 총체설계부'를 설립해 위성 사업 전반을 일임하기로 결정했다.

총체설계부는 시스템공학 원리를 우주 사업에 도입한 조직이다. 이론에 강한 중국과학원 출신 학자들과 경험이 풍부한 제7기계공업부 출신 기술자들을 3:7 비율로 선발해 이론과 실제의 조화를 도모했다. 책임자로 임명된 쑨자둥은 자신을 도울 19명의 핵심 인력 명단을 작성해 건의했고, 녜룽전은 바로 동의했다.

이들은 문화대혁명 양 진영의 고른 환송을 받으며 운반로켓연구원에서

25) 지대지, 지대공, 함대함 유도탄, 인공위성과 우주비행선, 항공기, 함정, 고공로켓, 핵무기, 전자기기, 화포, 장갑차와 탱크, 특수무기, 전자부품, 광학과 정밀기계, 신소재, 공기동력, 공정설계로 전문화된 18개 연구원이 설립되었다.

위성 총체설계부로 이직했다. 이와 함께 제7기계공업부 제8연구원에서 회수위성과 유인우주선 설계 경험이 있는 전문가 108명을 이동시켜 총체설계부(501부) 창립 멤버로 삼았다. 이들은 군대식 편제를 유지하면서 위성을 개발했다.

청년 영재의 과감한 기용과 인력 양성

여기서 주목할 것은 신설된 총체설계부 책임자로 당시 38세에 불과했던 운반로켓연구원 유도탄 총체설계부 부주임이었던 쑨자둥을 임명한 것이다. 쑨자둥은 1958년에 소련 주콥스키 공군대학을 졸업하면서 스탈린 금상을 받은 영재였다. 귀국 후에는 둥펑 1호와 2호, 3호의 설계에 참여해 뛰어난 능력을 발휘하면서 부주임까지 승진했다.

그를 임명한 것은 총명함 때문이기도 했지만, 문화대혁명의 와중에서 인재를 보호하고 장기적으로 양성하려는 것이었다. 실제로 쑨자둥은 부농 출신으로 많은 비판을 받고 있었다. 첸쉐썬은 "모든 일을 주관하고 대담하게 추진하되, 잘못되었을 경우 당신은 경험을 총결하고 책임은 내가 진다"는 말로 그를 안심시켰다.

이는 1964년, 32세의 나이에 둥펑 2호 시험발사장에서 뛰어난 아이디어로 문제를 해결한 설계사 왕융즈(王永志)와 유사하다. 첸쉐썬의 눈에 띈 그는 적극적인 후원을 받았고, 후에 유인우주선 개발 책임자로 성장했다. 쑨자둥도 이후 회수위성, 통신위성, 기상위성, 베이더우(北斗) 항법위성, 달 탐사 공정 총설계사로 일하면서 수십 년간 중국의 위성 개발을 주도했다.

위성 개발 간소화와 난제 해결

공간기술연구원 설립 후 가장 시급한 일은 둥팡훙 1호 위성을 어떻게 완성할 것인가 하는 것이었다. 당시의 혼란한 상황에서 원래 계획대로 위성을 제작하는 것은 극히 어려운 일이었다. 따라서 이들은 두 가지 대안을 검토했다. 하나는 둥팡훙 1호를 과학 탐사 위성으로 개발하는 것이고, 다른 하나는 기술 실증 위성으로 제작하는 것이었다.

전자는 자세제어 시스템이 필요하고 다양한 과학 측정기기를 탑재해야 해 기술적으로 복잡하지만, 후자는 둥팡훙 노래 외에는 관측기기를 탑재하지 않아 상당히 간단한 것이었다. 위성을 성공적으로 올리기만 하면 운반 로켓과 위성, 측정, 발사장, 지상 설비 등 일체의 기술이 개발되므로 성공이라 할 수 있었고, 후에 관측위성을 개발하는 데에도 문제가 되지 않았다.

녜룽전은 이를 파악한 후 "먼저 간단한 것을 빠르게 올려서 기본 목적을 달성하고 기술을 장악하라"고 지시했다. 이에 최초 위성은 제2방안, 즉 기술 실증 위성으로 개발하고, 과학 탐사 위성은 그다음으로 개발하게 되었다. 첫 번째 위성의 하부 시스템도 원래 계획보다 간소화했다.

기술 실증 위성 추진방안은 상부의 승인을 받아야 했다. 하지만 문화대혁명으로 반동으로 몰린 녜룽전이 직책에서 물러나는 문제가 발생했다. 이에 쑨자둥이 직접 국방부장관 류화칭(劉華淸)에게 호소했다. 첸쉐썬은 쑨자둥의 행동을 칭찬하면서, 위성 개발 임무가 '올라가서 궤도에 진입하고, 소리를 들으며 위성을 본다(上得去, 抓得住, 聽得到, 看得見)'의 12자임을 상기시켰다.

여기서 '올라가서 궤도에 진입한다'는 두 가지 목표는 유도탄과 큰 차이가 없어 쉽게 해결했다. 하지만 '소리를 듣고 위성을 보는 것'은 정치적 환경에 의한 새로운 과제였다. 특히 '위성을 본다(看得見)'는 것이 어려운 문제였다. 소련이 최초 위성을 발사한 후 언제 어디에서 위성을 볼 수 있다고 대대적으로 선전한 것이 중국 개발자들에게는 커다란 부담이었다.

둥팡훙 1호는 직경 1미터 정도로 날씨가 좋아도 별의 7등성 밝기에 불과해 육안으로 볼 수 있는 밝기인 6등성에 도달하지 못했다. 쑨자둥은 이 과제를 제7기계공업부 제8설계원에 위임했고, 이들은 위성 형상을 원에서 72면체로 바꾸어 광 반사율을 높였다.

아울러 편법으로 로켓 말단에 '관측 스커트(圍裙)'를 붙였다. 이것은 광 반사율이 큰 소재로 만든 직경 3미터의 구체로, 태양광을 직접 반사하여 2~3등성 밝기에 도달하도록 한 것이었다. 창정 1호를 발사할 때 이를 축소해 말단 로켓 하부에 고정했다가 궤도에 진입한 후 위성과 말단 로켓이 분리하면 관측 스커트가 펼치지도록 했다.

비록 위성 자체가 아닌 말단 로켓이지만 위성이 분리된 후 위성과 유사한 속도로 동일 궤도를 돌아 많은 사람들이 직접 볼 수 있도록 한 것이다. 눈속임으로 정치적 목표인 '위성을 보게' 한 것이다. 실제로 둥팡훙1호 발사 후 16번째 궤도 비행을 하던 저녁 8시 29분경, 베이징 상공을 지날 때 백만 명에 가까운 사람들이 천안문 광장의 탐조등 유도로 이를 관찰했다고 한다.

'소리를 듣게(聽得到)' 하는 과제도 추진되었다. 첸쉐썬은 설계원들에게 아시아, 아프리카, 라틴아메리카에서도 라디오로 수신할 수 있게 하라고 지시했다. 이에 당시의 열악한 재정 상황에서도 상무부의 지원으로 전 세계에서 사용하는 대부분의 라디오를 수집해 실험했다.

문제는 위성에서의 송출 출력이었다. 출력을 늘리면 위성 중량이 초과하므로 지상 중계 기지에서 이를 수신해 증폭 송출하는 방법을 사용했다. 결국 실제로 둥팡훙 1호에서 송출한 노래를 라디오로 수신한 것은 모두 중계 기지에서 받아 증폭하여 내보낸 것이었다. 노래 길이도 전체 16음절에서 8음절만을 수록해 방송했고, 방송 장치 내에서의 간섭 방지와 온도 조절에도 많은 노력을 기울였다. 4개의 단파송신 안테나 전개에서도 초기에는 위성 회전과 원심력이 안테나 전개 방향과 일치하지 않아 어려움을 겪었으나 결국 해결했다.

노심초사 후의 발사 성공

1970년 2월 초에 둥팡훙 1호 부품 생산을 완료하고 각종 예비 시험에 돌입했다. 위성 제작은 모두 15개의 공정을 거쳐 완성한 후에 공장을 나오도록 되어 있었다. 첸쉐썬이 직접 조립 공장에 가서 모든 공정을 조사해 품질을 확인한 후 설계 기준대로 되었음을 확인했다.

3월 5일에서 21일 사이에 위성 두 개가 먼저 조립을 마쳤다. 동시에 창정 1호 훈련 로켓이 주취안 발사장에 도착했고, 측정 인원들도 발사체 개발 책임자인 런신민의 지도로 현장 측정을 실시했다. 3월 26일, 창정 1호 본체와 위성이 공장을 출발해 야간열차로 이동하여 4월 1일에 발사장에 도착했다.

첸쉐썬은 발사체와 위성을 세밀히 점검한 후 총리에게 모두 정상이라고 보고했다. 그러나 총리는 안심하지 못해 이들을 베이징으로 소환해 상세히 보고하도록 했다. 문화대혁명의 와중에 정치적 성격이 농후한 위성을 발사하므로, 모든 관계자들이 성공에 대한 부담감이 아주 컸던 것이다.

4월 9일, 로켓과 위성의 연결을 끝내고 정밀 점검에 들어갔다. 4월 14일, 첸쉐썬 등의 전문가들이 다시 베이징으로 가 중앙전문위원회에 상황을 보고했다. 여기서 저우언라이 총리가 만일 위성이 고장 났을 경우에 어떻게 하는가를 질문했다. 이에 첸쉐썬은 위성이 두 가지 방법으로 자폭한다고 보고했다.

"로켓에 자폭 장치가 있어서 자세가 불안정할 때 자폭하고, 만일 자폭 장치가 정상 작동하지 않으면 지상에서 지령신호를 발송해 자폭한다"는 내용이었다. 이에 총리가 만일 자폭 장치가 정상 작동하지 않아 자폭에 실패하면 어떻게 되는가를 질문했고, 런신민은 그런 일은 절대로 발생하지 않을 것이라고 보고했다.

이때 첸쉐썬이 '과부하 전원 단절'에 대한 문제를 물었다. 위성 개발 단계에서 어떤 전문가가 "만일 로켓이 제1우주속도를 내지 못해 위성이 궤도에 진입하지 못하고 바다에 떨어지면 어떻게 하나? 바다 속에서 둥팡훙 노래를 송출하면 전 세계에 웃음거리가 되지 않겠는가?"라는 문제를 제기한 것이 발단이었다.

이에 설계자들이 3단 로켓에 '과부하 전원 단절 장치'를 부착해 정상적으로 운행할 때에는 작동하지 않고 위성에 정상적으로 전기를 공급하고, 만일 위성이 추락해 과부하가 걸리면 위성 전원을 단절해 방송을 하지 못하게 하는 방안을 고안했다. 그러나 주취안 발사장에서의 최종 측정에서 한 전문가가 "만약 과부하 전원 단절 장치 자체가 고장이 나서, 단절하지 않아야 할 때 단절하거나 단절해야 할 때 단절하지 못하면 어찌하나?"라는 문제를 제기했다.

이는 단지 가설에 불과했으나 발생 가능성이 있었고, 문화대혁명의 와중에서 그 정치적 후과(後果)는 누구도 책임질 수 없을 정도로 엄청났다. 따라서 세 번에 걸친 회의에서도 장치의 장착 여부에 대한 이견을 좁히지 못했다. 이를 국방과학기술위원회에 보고했으나 여기서도 결론을 내지 못하고, 총리에게 결정을 요청했다.

총리가 런신민과 양난셩에게 로켓과 위성의 신뢰성을 질문하자 그들은 문제없다고 답했다. 이에 총리는 "그렇다면 나는 장치가 필요 없다고 생각한다. 그러나 내가 먼저 당 중앙에 문의한 후에 알려주겠다"고 했다. 당시 위성과 로켓은 수평 상태로 기술지원동에서 발사대로 이동을 기다리고 있었다. 이 상태에서 4일이 지났기 때문에 위성 전원의 전해액 누출이 염려되는 상황이었다. 첸쉐썬은 로켓 상황을 총리에게 보고하며 발사 승인을 요청했다.

4월 16일 밤 10시를 넘긴 시각, 총리가 국방과학기술위원회에 전화해 "중앙에서 과부하 전원 단절 장치를 떼는 것에 동의했다. 바로 발사대로의 이동을 허락한다"는 것을 알렸다. 마오쩌둥이 기술자들의 정치적 부담을 덜어주면서 발사에 동의한 것이다.

4월 17일, 로켓과 위성이 발사대로 이동하고 18일에는 3단 로켓을 조립한 후 수직 상태에서 전면적인 측정을 했다. 23일 12시, 첸쉐썬이 발사 임무서에 서명한 후 중앙군사위원회와 마오쩌둥에게 비준을 요청했고, 모든 상황이 순조롭게 진행되면 24일이나 25일에 발사하라는 회신을 받았다.

1970년 4월 24일 오전 7시, 첸쉐썬이 책임자들과 기상 관계자를 모아 회의를 한 후 추진제 주입을 시작했고, 4시간 후에 완료했다. 21시 35분에 전체 인력이 대피했고, 21시 35분에 발사했다. 21시 48분에 위성이 분리되어 궤도에 진입했고, 21시 50분에 둥팡홍 노래를 수신했다는 소식이 들렸다. 두 번째 회전으로 신장 위구르자치구 남부의 카스(喀什) 상공에 도달했을 때 주취안 발사장 수신기에서 노래를 청취했다.

25일 밤, 〈신화사〉에서 "24일 중국이 성공적으로 위성을 발사해 궤도에 진입시켰다. 근지점 궤도 439킬로미터, 원지점 궤도 2,349킬로미터, 궤도 평면과 지구 적도 평면각도 68.5도, 선회 주기 114분, 위성 중량 173킬로그램이고 둥팡홍 노래를 방송한다"고 발표했다.

5월 1일, 노동절 경축 행사에서 마오쩌둥과 저우언라이 등이 천안문 성루에 올라 군중들의 환호에 답할 때 첸쉐썬과 런신민 등의 위성 발사 공헌자들도 함께 성루에 올랐다. 인공위성이 베이징 상공을 통과할 때에는 수만 명이 광장에 모여 '둥팡훙' 노래를 들으며 환호했다. 과학기술이 정치에 동원되어 커다란 성과를 이룩한 순간이었다.

정치적 목표와 과학기술자들의 애환

둥팡훙 1호 발사 성공으로 중국은 소련, 미국, 프랑스, 일본에 이어 세계 다섯 번째의 인공위성 보유국이 되었다. 그러나 커다란 성과 뒤에는 과학기술자들의 희생과 좌절이 있었다. 바로 문화대혁명이라는 정치적 광풍의 영향이었다. 부유층 출신 또는 자본주의 국가에서 유학을 했던 고급 전문가들은 더 큰 핍박을 받았다.

게다가 중국을 침략했던 일본과의 위성 개발 경쟁이 더 큰 자극제가 되었다. 모든 과정에서 일본에 뒤처지면 커다란 정치적 책임을 져야 하는 상황이 된 것이다. 당시 중국은 대형 액체 엔진과 수차례의 발사 경험이 있었고, 국가 총동원으로 수만 명의 인력과 설비, 지원 조직들을 가지고 있었다.

그러나 정작 발사 경쟁에서는 일본에 뒤처지고 말았다. 발사 다음날 경축 회의가 열리고 공헌자들에게 표창을 했으나, 첸쉐썬은 "일정이 늦어져 일본에 뒤처졌으니 책임이 있다"고 자아비판을 했고 녜룽전도 "더 일찍 발사할 수 있었는데!" 하는 회한에 젖었다고 한다.

이 무슨 회한이며 왜 책임을 져야 하나? 어떻게 했으면 더 빨리 발사할 수 있었을까? 하는 이 질문들은 자오주장이 왜 스스로 목숨을 끊었는가? 쑨자둥이 왜 발사장에 가지 못했는가? 하는 것과 일맥상통한다. 정치적 개입은 자원 동원에는 유리하지만 이를 합리적으로 활용하는 데는 커다란 장애가 된다. 광범위하고 치밀한 협력 네트워크가 필수적인 거대 과학에서는 이러한 문제가 더욱 치명적이다.

다행히 혼란스러운 상황에서도 훗날 크게 빛을 발한 결정이 있었다. 바로 쑨자둥, 왕융즈와 같은 30대 청년 인재들을 과감히 기용한 것이다. 천재는 천재를 알아본 것일까? 첸쉐썬은 현장에서 뛰어난 문제해결 능력을 보였던 과학자들을 책임자로 발탁하고 은퇴할 때까지 그 분야를 주도하도록 지원했다. 정치적 광풍 속에서 이런 조치가 가능했다는 사실은 첸쉐썬의 존재와 함께, 중국 우주과학사에서 다시없을 커다란 행운이었다고 할 수 있다.

우리나라도 우주 발사체 나로호를 개발하고 있다. 그동안 일부 내용과 목표에서 정치 개입과 이로 인한 차질이 있었다. 책임을 맡은 과학자들이 계획 기간 안에 개발할 수 있다고 주장하는 것은 목표에 대한 집념과 자신감의 표현일 수 있다. 그러나 과학기술은 순차적으로 거쳐야 하는 과정이 있고, 그 안에는 늘 예기치 못한 문제점들이 도사리고 있다.

중국은 수십만 명의 우주 관련 종사자들이 있고, 수십 년간 실전 경험을 쌓은 수만 명의 고급 과학자들이 있다. 그것도 문화대혁명의 광풍을 극복하고 양성한 인재들이다. 그러나 우리는 1,000여 명에 불과한 인력으로 다양한 수요에 대응하고 있다. 보직 순환과 임기제로 핵심 부서 책임자들이 너무나 빨리 교체되는 것도 커다란 문제다. 과학기술계 연구는 과학적 특성에 맞게 추진해야 한다.

10 민수 전환과 해외 진출 및 차세대 발사체 개발

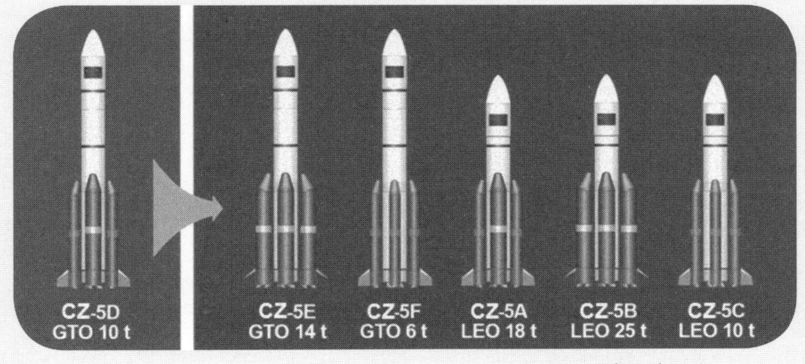

창정 5호(CZ-5) 시리즈

"軍民結合, 保軍轉民."
(군수와 민수를 결합하고, 군수 기술을 민수로 이전한다.)

1978년의 개혁 개방과 냉전 해소로 중국 우주산업이 거대한 격변기를 맞게 되었다. 중국은 누적된 문제를 해결하고 합리적 발전을 도모하며, 뒤떨어진 기술의 재생산을 멈추고 세계적 추세를 따라잡기 위해 노력했다. 또한 군수 일변도에서 벗어나 민수와 경제 발전에 기여하며, 고립에서 빠져나와 국제 시장 진출과 수익 창출에 매진했다.
중국은 863계획(첨단기술 개발계획)을 세워 차세대 발사체와 유인우주선, 우주정거장 개발을 추진했고, 문화대혁명의 혼란에서 벗어나 교육을 정상화하면서 청년 인력들을 대거 육성하고 과감하게 기용했다. 또한 제 3세계를 중심으로 국제 위성 발사 시장에 진출해 수익을 창출하면서 국격을 높였다. 이로써 중국이 명실상부 국제 우주 경쟁에서 미국, 러시아와 겨루는 강력한 주자로 부상했다.

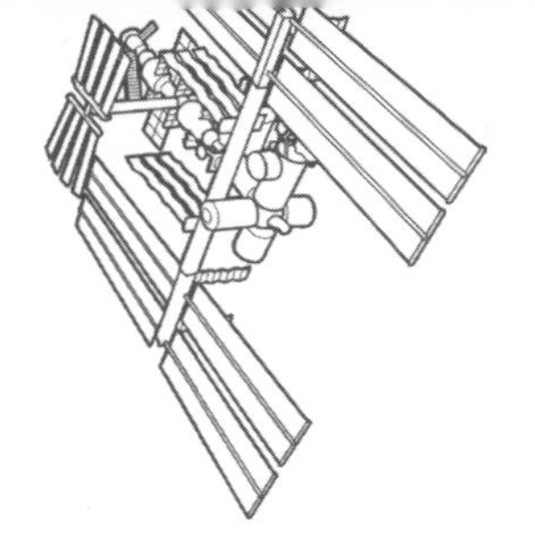

개혁 개방과 군수기업의 민수 전환

1970년대 말, 문화대혁명이 종식되면서 무기 개발 일변도의 중국 우주 산업이 합리적으로 개편되기 시작했다. 미·중 관계의 호전과 국교 수립으로 중국의 안보 정세가 크게 완화되었고 경제 발전에 집중할 여력도 생겼다. 이에 덩샤오핑을 비롯한 중국 지도자들은 1978년부터 대대적인 개혁 개방을 통해 내부 체제 개혁과 대외 개방을 추진했다.

당시 미국을 방문한 덩샤오핑과 지도자들은 중국이 기술적으로 얼마나 낙후했는지를 여실히 깨달았다. 1979년에 발생한 중국-베트남전쟁에서도 중국군의 장비와 운용 체계가 얼마나 뒤떨어졌는지 깨닫게 되었다. 더불어 1980년대에 급속히 진행된 사회주의 진영의 붕괴와 체제 전환에 중국 지도자들은 강한 위기감을 가지게 되었다.

그러나 문화대혁명 기간의 대학생 모집 중단으로 고급 인력 집단에 커다란 연령(66~78학번) 단절이 발생했고, 이것이 세대 간의 대화와 지식 전수, 창의적 연구를 힘들게 했다. 지식인 경시 풍조와 하급 기술의 광범위한 확산, 경쟁이 없는 대형 국유기업의 독점과 혁신역량 부족 등도 해결해야 할 과제였다.

이에 덩샤오핑은 '과학기술은 생산력', 더 나아가 '과학기술은 제1생산력'이라는 명제를 널리 퍼뜨렸다. 이는 과학기술계가 더는 정치적 파도에 휩쓸리지 않고 자생력을 갖춰 경제 발전에 기여할 수 있도록 하기 위함이었다. 아울러 "지식인도 노동 계급의 일부분"이라고 선언하여, 고급 지식인 양성과 적극적인 활동을 지원하고 이들을 우대하는 정책을 추진했다.

개혁 개방으로 현대화 바람이 일면서 각 기관에서도 '조정, 개혁, 정돈, 제고'라는 명의의 개혁이 대대적으로 추진되었다. 우주산업에서도 이전의 군수 중심에서 벗어나, '군수와 민수의 결합, 군수 기술의 민수 이전(軍民結合, 保軍轉民)' 정책이 추진되었다.

이전에는 엄격한 계획경제 아래 국가가 수요를 제기하고 경비와 자원을 제공해 완성된 군수용품을 가져가는 독점 체제였다. 그러나 민수용품은 시장 예측에 따라 기업이 경비와 자원을 동원해 생산한 후, 경쟁을 통해 판매해 이익을 남겨야 재투자가 가능한 것이었다. 이런 상황에서 군수 분야에 예산 압박이 가해졌다. 생존을 위한 구조 조정이 시작된 것이다.

국유기업 개편으로 행정부가 축소되면서 1993년 중국항천공업총공사가 설립되었다.[26] 이는 과도기적인 조치로, 정부 행정 기능을 가진 국가항천국을 겸하는 조직이었다. 이어서 1998년에 국가항천국 기능이 분리되었고, 1999년에 항천과기집단공사와 항천기전집단공사 등 두 기업으로 분리되었다. 이후, 항천과기집단공사는 2017년에 항천과기집단유한공사로 이름을 바꾸었고, 항천기전집단공사는 2001년에 항천과공집단공사로, 2017년에 다시 항천과공집단유한공사가 되어 오늘에 이르고 있다.

26) 행정부와 기업 개편에 대한 자세한 내용은 제11장 참조

국제 협력의 태동과 발전

기업 개혁과 민수 참여, 예산 압박은 국내에서 해외로 눈을 돌리는 계기가 되었다. 우주개발에서 국제적 협력을 시작한 것은 개혁 개방이 가속화되던 1980년대 중반이었다. 특히 중국 내부에서 ICBM 개발과 전 사거리 비행시험, 지속적인 인공위성 발사에 따라 해외에 거점을 구축할 필요성이 제기되었다.

1980년에 둥펑 5호(DF-5)의 전 사거리 비행시험과 위성 제어, 데이터 송수신 등을 위해 대형 측량선을 건조하여 태평양 지역에 파견했다. 이는 상당한 에너지와 경비가 소요되는 것으로, 해양 측량선을 넘어선 해외 육상 기지가 꼭 필요했다.

그러나 냉전 상황에서 군사 목적이 의심되는 해외 거점을 구축하는 것은 많은 제약이 있었다. 따라서 개발 초기에는 중국 발사체가 통과하는 국가들과 적도 인근 국가, 남반구 지역을 고려했다. 이 지역은 미국의 영향력이 덜 미치고 제3세계 국가들이 많이 포진한 곳이다. 중국은 경제적 지원을 통해 이들 국가에 대한 정치적 영향력을 확대하면서 미국을 대신하는 우주 국제 협력을 추진할 수 있었다.

이어서, 국제 제약을 벗어나 우주산업에 쏟아부은 투자금을 회수하기 위해 국제 위성 발사 시장에 참여할 계획을 세웠다. 이를 위해 중국 정부는 1985년 10월에 창정 2호(CZ-2)와 창정 3호(CZ-3) 로켓을 이용해 국제 상업 발사 서비스에 진출할 것이라고 발표했다.

기회는 금방 찾아왔다. 1986년 1월, 챌린저호 폭발 사고로 미국의 해외 위성 대리 발사 업무가 크게 위축되는 상황이 발생한 것이다. 유럽의 아리안 로켓도 정상화되지 못했고, 소련은 해체의 길에 들어서서 위성 발사 시장에서 별다른 영향력이 없었다.

중국은 외국 위성 발사에 필요한 기술력을 강화하기 위해 러시아(구소련)와 대규모 우주 협력을 추진했다. 당시 러시아는 재정난으로 우주산업이 크게 위축되었고 우수한 과학자들은 일자리를 잃은 상태였다. 따라서 중국이 정부간 협정을 통해 유리한 조건으로 러시아의 첨단기술을 습득할 수 있었다. 이와 함께 1960년대의 문화대혁명으로 발생한 고급 인력 단절을 해소하면서 적극적으로 우수 청년 과학자들을 기용했다.

초기에는 유럽 위주로 발사를 시작했다. 1987년에 프랑스의 극소형 위성을 창정 2호로 발사했고, 이듬해에는 독일의 마이크로 위성을 발사했다. 이어서 1990년, 미국 휴스사가 개발한 아시아샛 1호 위성을 발사하며 세계 위성 발사 서비스에 참여하게 되었다. 이후 위성과 발사체의 종류가 다양해지자 항천과기집단공사 산하에 위성 대행 발사를 주관할 장성공사를 설립했다.

1993년에 독일과 공동 출자한 중·독위성개발기술공사를 설립했고, 1995년에는 독일, 프랑스와 공동으로 위성을 개발하여 1998년에 발사했다. 대외협력은 점차 제3세계 국가들로 확대되었다. 나이지리아, 베네수엘라, 파키스탄, 볼리비아, 라오스 등에 위성 완제품을 수출하고, 위성설계센터와 지상 기지국 등의 기술과 설비를 수출했다. 항성 탐사, 심우주 연구, 우주정거장 등에서의 국제 협력도 계속되었다.

1990년대 중반, 중국은 국제 상업 위성 발사 서비스 시장의 점유율이 9퍼센트에 달할 정도로 빠르게 성장했다. 그러나 1996년의 연이은 발사 실패로 커다란 어려움을 겪었고, 1999년에는 미국이 「콕스 리포트(Cox Report, 중국에 관한 미국 국가안보 및 군사적 우려에 관한 보고서)」에 상업 통신위성을 군수품으로 포함시키면서 국제적인 제재를 받았다. 이후 6년 동안 미국산 위성이나 미국산 부품을 사용한 위성을 발사하지 못했고, 2006년에는 우주 발사 대행 기관인 창청(長城)공사가 미국 재정부의 자산동결 목록에 올랐다. 2008년에 제재에서 벗어났으나 아직도 직간접적인 영향은 남아 있다.

대외 전략 조정과 협력의 다양화

미국의 제재를 피하면서 새로운 시장을 개척하기 위해 '유럽 전략'을 세운 중국은 2001년에 프랑스 알카텔 스페이스(Alcatel Space)사와 '아태 6호 위성 계약'을 체결했다. 중국의 창정 발사체를 사용하면서 알카텔이 미국의 통제를 받는 부품을 교체하는 방식으로 미국의 간섭 없이 협력할 수 있었다. 이러한 협력 모델이 자리를 잡으면서 점차 중국과 유럽의 우주 협력이 확대되었다.

개발도상국과는 발사체뿐 아니라 위성을 공동 개발하거나 수출하는 방법을 병행했다. 중국은 둥팡훙 3호(DFH-3) 통신위성을 기반으로 해외시장에 적합한 둥팡훙 4호(DFH-4) 플랫폼을 개발하고, 여기에 각국의 특색에 맞춰 기능을 확장했다.

위성을 수출한 국가들은 대부분 이를 활용할 수 있는 시설과 인력이 부족하고 기술도 취약했기 때문에 중국은 추가적인 지원책을 제공했다. 여기에는 지상 기지국 건설과 인력 훈련, 기술 이전 등이 포함되었다. 기지국 건설과 운용에는 숙련된 인력과 많은 경험이 필요하다. 이를 체계적으로 전수하기 위해 중국 기술자들이 장기간 현지에 체류하거나 현지 인력을 중국으로 초청해 교육 훈련을 했다.

중국은 선진국에 비해 기술이 다소 열세였지만 가격이 저렴했고, 다양한 융자와 보험, 교육 훈련 등의 지원 서비스를 제공해 이를 극복했다. 개발도상국들은 기술과 경비가 부족했기 때문에 다목적 위성을 원했다. 중국은 이들의 요구를 수용하며 응용 분야의 서비스와 기술 이전 등을 종합적으로 제공했다. 또 중국 내 다른 기관들과 협력하여 수출 대금을 자원 수입 등으로 전환해주기도 했다.

중국의 우주산업 발전에 필요한 해외 거점 확보에도 주력했다. 우주개발 초기만 해도 발사체 제어에 치중했지만, 위성의 공동 개발과 판매가 이어지면서 해외 거점을 구축해야 하는 이유도 점점 다양해졌다. 실례로 항법위성 '베이더우(北斗)'의 구축을 위해 태국, 라오스, 브루나이, 미얀마, 파키스탄, 라틴아메리카, 아프리카 등지를 해외 거점으로 삼았다.

해외시장에 효과적으로 진출하기 위해 국내 관련 기관들 간의 전략적 협력도 강화했다. 항천과기집단공사는 차이나텔레콤, 차이나모바일 등의 통신 사업자들과 전략적 협력을 체결해 해외시장에 동반 진출했다. 또한 동방항공, 중국건축주식유한공사, 신화사(新華社), 중국핵공업집단공사, 중국에너지절감투자공사 등과의 전략적 제휴를 통해 관련 시장을 확대하기도 했다.

전략적 협력의 병행

남미의 볼리비아나 브라질과는 전략적 협력을 추진하기도 했다. 볼리비아는 남미의 중앙에 위치해 위성통신 서비스의 허브가 될 수 있고 친미국가가 아니며, 리튬 등의 전략 자원이 풍부한 나라이다. 중국은 2010년, 전략적 협력을 통해 중국의 '둥팡홍 4호' 통신위성을 개량해 볼리비아에 수출했고, 이를 창정 3호을(CZ-3B)로 발사했다. 지상 중계 기지국도 중국에서 개발해 제공했다.

위성의 명칭은 볼리비아의 유명한 독립운동가의 이름을 따 '투팍 카타리(Tupak Katari)'로 명명했고, 2013년 말에 볼리비아 대통령이 중국 시창 발사장을 방문해 발사 현장을 지켜보았다. 중국은 남미지역 거점 구축 차원에서 중국개발은행을 통해 전체 사업비의 4분의 3 이상을 상업차관으로 제공했다. 이에 대한 대가로 중국은 볼리비아 리튬 광산 개발권을 확보했다.

남미의 우주 강국인 브라질과는 상당히 독특하고 전략적인 우주 협력을 추진했다. 양국에서 필요한 관측위성을 공동으로 개발하고 중국에서 발사한 후 공동으로 활용하는 것이다. 중국과 브라질이 지구 반대편에 위치하고, 중국 서부 사막화와 브라질의 아마존 밀림 파괴 등의 유사한 환경 문제를 안고 있어 태양동기궤도를 도는 관측위성을 공동 활용할 수 있다는 장점이 있었다.

양국의 협력은 1980년대 중반에 시작되었다. 관측위성은 중국, 브라질처럼 영토가 넓은 국가의 자원 탐사와 환경, 생태, 재난 감시, 농작물 작황 예측, 도시 계획과 건설 등에 유용하게 활용할 수 있으나, 개발 비용이 많이 들고 기술 수준이 높아 중진국이 단독으로 개발하기는 어려웠다. 이에 중국과 브라질 양국이 1988년에 지구 관측위성공동개발 협정을 체결하게 되었다.

협력 초기의 목표는 영상 카메라를 장착한 관측위성 2개(CBERS-1과 CBERS-2)를 개발해 양국의 데이터를 수집하는 것이었다. 또 개발 과정에서 카메라와 센서, 컴퓨터, 실험 장비들을 구비하여 장기적으로 영상 분야의 해외시장에 진출한다는 것이었다. 당시 브라질 우주연구소의 측정 설비 수준이 낮았기 때문에 약 300만 달러에 달하는 경비는 브라질이 30퍼센트, 중국이 70퍼센트를 담당했다.

최초 공동 개발 위성인 CBERS-1은 일부 부품을 브라질에서 생산해 중국으로 이송했고 기타 부품 생산과 조립, 측정 대부분을 중국에서 수행했다. 1999년에 CBERS-1을 발사하고 2000년 초부터 바로 CBERS-2 개발에 들어갔다. 두 번째 위성을 개발할 때에는 브라질 우주 연구소의 위성 개발 설비가 잘 갖추어진 후였으므로 브라질의 역할이 더 늘어났다.

2003년에 발사된 CBERS-2 위성이 성공적으로 동작하고 사용자들이 많아지면서 양국 협력을 더욱 확대할 필요성이 제기되었다. 2002년, 양국이 새로운 협정에 사인했고, 후속 프로그램으로 위성 2개(CBERS-3과 4)를 공동 개발하기로 했다.

CBERS-3과 4는 이전의 1, 2의 개발 과정과 많이 달랐다. 브라질의 부담이 50퍼센트로 늘어났고 개량된 관측 장비들을 부착했다. 그 결과 중국에서 생산하는 광학 카메라의 해상도가 5미터로 개선되었고, 적외선 카메라 해상도도 40미터가 되었다. 당시 브라질에서 생산하는 MUX 카메라의 해상도는 20미터, WFI 카메라의 해상도는 6.4미터였다.

2004년은 과도기로 기존의 CBERS-2를 약간 개량한 CBERS-2B를 개발해 CBERS-3보다 먼저 발사했다. 그러나 2013년 11월에 발사된 CBERS-3가 궤도 진입에 실패하면서 계획이 변경되었다. 중국이 개발 비용 등을 더 부담하면서 CBERS-4를 조기에 완성하고, 2016년에 CBERS-4A를 발사한 것이다. 실패 속에서도 양국이 협력을 더욱 강화하여 2020년 이후에는 CBERS-5와 6를 공동 개발할 예정이다.

중국과의 협력은 브라질에도 큰 도움이 되었다. 브라질 우주연구소는 CBERS 위성들을 이용해 100여 일마다 전국의 고해상도 영상 자료를 개선할 수 있게 되었다. 해상도를 낮추면 26일마다 이를 개선할 수 있다. 또 넓은 지역에 퍼져 있는 수요자들이 쉽게 접근하고 활용할 수 있도록 인터넷 시스템(www.cbers.inpe.br)을 구축해 공개했다. 이를 활용하면 위성이 통과한 후 30분 만에 영상 자료를 확인할 수 있다.

차세대 발사체 개발 추진과 첨단기술 연구계획(863계획)

군수산업을 개편하고 해외시장에 참여하는 과정에서 차세대 발사체를 개발할 필요성이 제기되었다. 기존의 중국 우주 발사체 대부분은 1세대 유도탄을 전용한 것으로, 비대칭디메틸히드라진(UDMH)과 적연질산, 사산화이질소(N_2O_4) 등의 액체연료를 사용하고 있었다. 이러한 연료들은 상온 저장이 가능하지만 생산이 어렵고 고가이며, 독성이 강하고 추력이 약한 문제점이 있었다.

우주 선진국들이 개발하는 차세대 우주 발사체들은 독성이 적어 친환경적이고, 염가이면서 추력이 강한 액체산소, 액체수소 등의 저온 추진제들을 사용하고 있었다. 이를 사용하면 무기를 개발한다는 의혹을 덜 받으면서 보다 효율적인 우주 발사체를 개발할 수 있었다. 물론 고체연료를 사용하는 2세대 유도탄을 우주 발사체로 전용하는 추세도 있지만 주류는 아니었다.

위성의 무게가 증가하면서 대추력 발사체 개발 역시 필요하게 되었다. 유도탄을 전용한 기존 발사체들은 철도를 이용해 운반해야 하기 때문에 최대 직경이 3.35미터를 넘을 수 없었다. 따라서 정지궤도상에서 운용하는 위성의 운반 능력도 최대 5톤을 넘어설 수 없었다. 우주개발 선진국이 운용하는 12톤의 운반 로켓과는 큰 격차가 있어 중국 우주개발의 걸림돌로 작용했다.

미국의 전략방어계획(SDI계획, 속칭 스타워즈 계획)도 커다란 자극이 되었다. 우주 공간이 전쟁의 승패를 가름하는 최전선이 된 상황에서, 크게 뒤처진 중국의 현실을 자각하게 된 것이다. 이에 왕간창(王淦昌)을 비롯한 당시의 과학기술 원로 4명이 특단의 대책을 세워 첨단기술을 연구 개발할 것을 건의했고, 덩샤오핑도 적극 찬성했다. 1986년 3월에 시작된 첨단기술

연구계획(863계획)이 태동한 것이다.

초기 863계획은 7개 영역으로 구분했다. 이 중 2개가 국방(핵, 우주)기술 분야였다. 우주 분야의 중점 목표는 장기 사용이 가능한 우주정거장 개발과 응용, 대형 운반 로켓 및 우주왕복선의 개발 등이었다. 나머지 5개 분야는 과학기술부가 주관했지만, 국방 분야는 군에서 주관하고 민이 지원하는 방안을 채택했다.

863계획은 1990년까지 개념 연구를 하고 1995년까지 집중 연구를 하며, 2000년에는 이 중 몇 개를 상업화하여 세계적 수준에 도달한다는 목표를 가지고 있었다. 초기의 개념 연구 단계에서는 전반적인 청사진과 시기별 목표를 설정했다. 특히 문화대혁명 시기에 대학 교육의 중단으로 발생한 고급 인력의 연령 단절을 극복하기 위해 청년 과학자들을 과감히 기용했다. 또한 교재를 편찬해 후학을 육성하면서 장년층과 공동으로 기술을 개발했다.

전문가들은 여러 가지 개발안 중 다음과 같은 방안들을 검토하고 검증 작업을 추진했다.

1. 먼저 탑재 중량 15~20톤의 대형 발사체를 개발해 주동력이 없는 소형 우주선과 정거장을 운반하면서 유인 우주 비행을 실현하고, 2010년경에 초보적인 설비를 갖춘 우주정거장을 건설한다.
2. 기존의 창정-2E(CZ-2E) 로켓을 개조해 유인우주선을 발사하는 1단계 사업을 추진하고, 이를 기초로 2단계 사업에서 대추력 발사체와 우주정거장을 개발한다.

신중한 검증 과정을 거쳐 두 번째 방안이 채택되었고 기존 발사체를 통한 유인우주선사업을 추진하면서 차세대 발사체를 개발하게 되었다.

창정 5호의 개발 과정

창정 5호(CZ-5)는 중국이 미래 30~50년을 주도할 목적으로 공들여 개발하는 직경 5미터급의 대형 우주 발사체이다. 중국 우주 발사체 개발의 원조인 항천과기집단유한공사 제1연구원(運載火箭技術研究院) 주도로 개발했고, 리둥(李東)이 총설계사로 전반적인 기술개발을 주관했다.

2000년 이후에는 설계를 진행하면서 모듈화와 적층식 발전을 도모했다. 이에 따라 '1개 계열, 2개 엔진, 3개 모듈(一個系列, 兩種發動机, 三個模塊)'이라는 개발 경로와 '통용화, 계열화, 조합화(通用化, 系列化, 组合化)'라는 설계 원칙을 채택했다.

3개 모듈은 직경 5미터의 액체산소/액체수소 발사체, 3.35미터의 액체산소/케로신 발사체, 2.25미터의 액체산소/케로신 발사체를 말한다. 2개 엔진은 새롭게 개발한 지상 추력 50톤의 YF-77 액체산소/액체수소 엔진과 추력 120톤의 YF-100 액체산소/케로신 엔진을 말한다. 직경 5미터급은 대형 발사체로 활용하고 3.35미터급은 중형 및 소형 발사체로 활용해서, 최종적으로 저궤도 위성 1.5~25톤, 지구정지궤도 위성 1.5~14톤의 1개로 계열화된 발사체들을 개발한다는 것이다.

높은 추력은 미국의 델타 4, 유럽 우주국의 아리안 5 발사체와 동급이다. 이것들을 조합하면 신뢰성과 경제성이 높고 모든 목적에 적응성이 뛰어난 발사체들을 보유하게 된다. 중국이 목표로 하는 미래 우주정거장과 베이더우(北斗) 항법위성 체제 구축, 달 탐사와 기타 심우주 탐사에 고르게 사용할 수 있게 되는 셈이다.

직경 3.35미터란 둥펑 4호 유도탄과 창정 2호, 3호 우주 발사체에 적용하는 연료통의 직경을 말한다. 따라서 연료가 달라도 유사한 직경을 사용해 많은 설비와 재료, 기술들을 전용할 수 있었다. 구조 중량을 줄이기 위해 탄소섬유 복합재료와 알루미늄합금을 많이 사용했고, 단 연결도 간소화했다. 여기에 디지털 제어 방식을 채택했고, 레이저 자이로 관성유도와 탑재 컴퓨터로 자세와 비행을 제어했다.

지금까지 사용하던 연료와 다른 대추력 엔진은 발사체 개발의 핵심이자 가장 어려운 분야이다. 863계획의 대형 발사체 개발 계획에 따라, 1990년에 구소련에서 2대의 RD-120 엔진을 도입해 원리와 핵심기술을 연구했다. 이를 토대로 창정 5호에 사용하는 YF-100 액체산소/케로신 엔진의 개발 프로젝트가 2001년에 공식 출발했다. 2005년에 시제 개발이 시작되었고 2012년에 개발을 완료해 검정을 통과했다. 이 엔진은 다단 연소 기술을 채택했고 구조가 간단하며 중복 사용이 가능했다.

1단 액체산소/액체수소 YF-77 엔진은 1990년대에 기초연구를 시작해 2001년에 공식 개발에 들어갔다. 2009년에 시제를 생산했고, 2012년 8월까지 500초 장시간 연소 시험에 성공했다. 이 엔진 역시 다단 연소에 2대의 50톤급 엔진을 연결해 사용하며, 4도의 추력 편향이 가능한 유동 엔진이다.

2단 액체산소/액체수소 YF-75D 엔진은 창정 3호갑(CZ-3A) 3단에 사용되는 YF-75D 엔진을 개량한 것으로 2006년에 개발을 시작해 2014년에 검정을 통과했다. 2대의 동일 엔진을 연결해 사용하며, 양방향으로 4도씩 움직일 수 있다. 이 엔진은 저온 추진제를 사용하기 때문에 연료 계통에 사용하는 각종 배관과 펌프, 밸브 등의 소재와 신뢰성 지표들을 새롭게 설계·개발하고, 평가 기준들을 엄격히 적용했다.

엔진이 개발되면서 발사체 개발도 본격화되었다. 2006년에 창정 5호 기본형(D형)의 개발을 시작해 2009년에 시제 생산을 시작했다. 직경 5.2미터의 페어링과 직경 5미터의 연료통 등 대부분의 발사체 구조물들을 생산·시험했고, 이 과정에서 시리즈 전반에 대한 프로젝트 관리 기법들을 쌓아나갔다. 2011년에 창정 5호을(CZ-5B)의 개발도 시작되었다.

엔진 개발과 동시에 지상 설비 구축도 진행했다. 직경 5미터 발사체는 철도로 운반하는 것이 불가능해, 항구 도시에 공장과 발사장을 건설해 바다로 운송하는 방법을 사용했다. 2007년부터 베이징 근교 톈진(天津)에 발사체와 관련된 설비의 생산, 조립, 측정을 수행하는 차세대 발사체 기지를 건설해 2012년부터 사용하기 시작했다.

연료통 구조물을 용접할 때에 마찰 용접 등의 다양한 첨단 기법도 사용했다. 대직경의 일체 용접과 판금, 표면 처리, 측정, 시험 설비도 갖추어 창정 5호에 들어가는 대부분의 공정을 직접 처리했으며, 2013년에는 70톤급의 대추력 진동시험대를 건설했다.

단, 엔진과 3.35미터 부스터는 시안과 상하이에서 생산해 조립과 측정을 마친 후 톈진으로 이송해 종합 조립과 측정을 시행했다. 이후 톈진항에서 전용선에 선적하고, 1,800해리를 5일간 항해하여 하이난 원창(文昌) 발사장에 도착했다. 위성은 항공기로 하이난에 도착한 후 육로를 통해 발사장에 진입했다. 발사체를 해상으로 운송할 위안왕(遠望) 21호도 진수되었다. 2009년에 건설을 시작한 원창 발사장도 부분적으로 사용하면서 확장해 나가고 있다.

창정 5호는 이전까지의 창정 시리즈와 근본적으로 다른 것이었지만 그동안 쌓아온 '창정'이라는 브랜드를 고수하기 위해 2007년에 '창정 5호'라는 명칭을 사용하기로 결정했다.

2013년부터 창정 5호에 대한 전탄 모사 시험과 각 엔진의 연소 시험, 페어링 분리 등의 대형 지상 시험과 조립, 측정을 했다. 이후 2016년까지 발사장 합동 훈련과 지상 기지들과의 연계 시험을 수행했고 최종 발사 단계에 진입했다. 드디어 2016년 11월 3일, 창정 5호의 첫 발사가 성공했다.

그러나 2017년 7월, 두 번째 발사에서는 6분 만에 추력을 잃고 상승에 실패하면서 추락했다. 새롭게 개발하는 대추력 발사체여서 실패는 자연스러운 것이라고 할 수 있었다. 중국 전문가들은 과거의 실패 경험을 되살려 원인을 분석해, 1단 터보팬이 높은 압력과 열에 의해 손상되어 산소 공급이 중단되었다는 것을 발견했다.

창정 5호의 발사 지연은, 이를 이용하려던 차기 우주정거장과 달 탐사선 '창어 5호'의 발사 지연을 의미했다. 결국 2018년의 세 번째 로켓 발사 일정을 두 번 연장했고, 2019년 12월 27일에야 '스젠(實踐)-20' 위성을 궤도에 진입시키는 데 성공했다. 이 위성은 중국의 지구정지궤도 위성 중 가장 무거운 8톤이었다. 이 성공으로 지연되었던 화성 탐사선을 2020년 7월에 발사했고, 우주정거장과 달 탐사도 재개되었다.

창정 5호 시리즈

중국은 창정 5호의 핵심기술을 활용한 중소형 우주 발사체들도 다양하게 개발하고 있다. 동시에 여러 발사체들의 기능 중복을 피하기 위해 기본형 D를 근지점 궤도 발사체로 전환하고, 지구정지궤도에는 B형과 E형을 적용했다. 2011년에 B형과 E형을 각각 창정 5호을과 창정 5호로 명명하고, 위안정(遠征) 2호와 함께 창정 5호 시리즈를 구성하게 되었다.

창정 5호는 이 시리즈의 기본형이다. 2단과 부스터로 구성되는데, 1단은 직경 5미터에 2대의 추력 50톤급 액체산소/액체수소 YF-77 유동 엔진을 부착했고, 2단은 1대의 액체산소/액체수소 YF-75D 엔진을 사용했다. 부스터는 2대의 YF-100 액체산소/케로신 엔진을 사용하는 3.35미터급 2개와 1개의 YF-100 엔진을 사용하는 2.25미터급 2개를 함께 사용했다.

전체 발사체의 길이는 60.5미터, 이륙중량 675톤, 지구정지궤도 운반 능력 10톤으로, 달 탐사 3기 공정과 심우주 탐사에 사용된다. 이 발사체는 위안정 2호의 상단을 추가해 3단으로 개량할 수 있는데, 이를 '창정 5호/위안정 2호(長征五號/遠征二號)'라 부른다. 위안정 2호는 발사체 상단에 탑재되어 일정 궤도에 진입한 후 분리되고 스스로 궤도를 수정하면서 복수 점화를 하는 발사체로 우주 셔틀처럼 운영된다.

창정 5호을은 1단과 부스터가 창정 5호 기본형과 같고, 2단이 없다. 대신 우주정거장 등의 화물 수송량을 늘리기 위해 페어링 길이를 늘렸다. 전체 길이는 53.36미터, 이륙중량 837톤, 저궤도 위성 탑재 능력 25톤으로 중국의 톈궁 우주정거장 건설에 활용한다.

창정 5호의 개량형도 개발 중인데, 이는 정지궤도위성의 탑재 능력을 14.5톤으로 늘린 것이다. CZ-5A 또는 CZ-5M은 중국의 차세대 유인우주선과 유인 달 탐사를 목표로, 창정 5호 기술과 설비를 활용해 개발하는 발사체이다. 창정 5호을(CZ-5B)과 유사하나 유인우주선에 적합하게 페어링 형상이 개선되고 도피탑이 추가된다.

CZ-5DY는 중국의 유인 달 탐사를 목표로, 창정 5호 기술과 설비를 활용해 개발하는 초대형 우주 발사체이다.[27] 1단은 5미터 직경의 본체와 6개의 3.35미터 부스터(본체 4대, 부스터 2대의 YF-100 엔진), 2단은 4대의 YF-77 엔진을 단 5미터 직경의 페어링을 채택하고, 이륙중량 1,600톤, 길이 72미터, 저궤도 위성 탑재 능력 50톤 정도이다.

27) DY는 등월(登月)의 중국어 병음 'deng yue'에서 첫 자를 딴 것이다.

중·소형 발사체의 개발

창정 6호(CZ-6)는 상하이항천기술연구원에서 개발한 것으로 2009년에 개발을 시작해 2015년 9월에 타이위안 발사장에서 첫 발사에 성공했다. 액체산소/케로신 YF-100 엔진을 1단으로 하는 3단 발사체로, 길이 29.287미터, 직경 3.35미터, 이륙중량 103톤이고, 태양동기궤도에 500킬로그램 정도의 소형 위성을 올리는 데 사용한다. 간이 시설을 활용해 신속 발사가 가능하며, 2015년 첫 발사에서 20기의 초소형 위성을 동시에 진입시켜 아시아 신기록을 세우기도 했다. 유사시 군용으로의 전용 가능성이 언급되고 있다.

창정 7호(CZ-7)는 중국 우주 발사체 개발의 본산인 제1연구원에서 개발한 차세대 2단 중형 발사체이다. 주로 우주정거장 화물을 운반하는 데 사용한다. 액체산소/케로신 연료를 사용하는 직경 3.35미터 본체와 2.25미터 부스터를 달았고, 전체 길이 53.1미터, 이륙중량 593톤이며, 위성 탑재 능력은 저궤도 위성 14톤 정도이다.

2016년 6월 25일에 하이난 원창 발사장에서 중국 최초의 화물 우주선인 톈저우 1호를 탑재해 발사하는 데 성공했다. 이 발사체의 신뢰성이 검증되면 기존의 창정 2호, 3호, 4호를 점차 대체할 예정이다. 창정 7호가 중국의 위성 발사에서 차지하는 위상을 가늠할 수 있다고 하겠다.

창정 8호(CZ-8)는 창정 7호와 같이 제1연구원에서 개발한 2단 중형 발사체로 주로 해외 위성 발사에 사용한다. 1단은 창정 7호와 같고, 2단은 창정 3호갑의 3단 개량형인 YF-75D이며, 부스터는 직경 2미터의 120톤급 고체 엔진 2개를 채택했다.

전체 길이 47미터, 직경 3.35미터, 페어링 직경이 각각 4, 4.2, 4.5미터이며, 저궤도 위성 탑재 능력 4.5~7.6톤, 태양동기궤도 탑재 능력 3~4.5톤 정도이다. 2020년에 첫 발사 예정이다. 창정 8호의 개량형인 창정 8호갑(CZ-8A)도 개발하고 있다. 이것은 창정 8호에서 2개의 고체 엔진 부스터를 뗀 2단 발사체로서, 운반 능력은 3~5톤 정도로 작은 편이다.

창정 11호(CZ-11) 역시 제1연구원이 새로 개발하는 것으로 창정 시리즈 최초의 4단 고체 엔진을 채택하고 있다. 1단 고체 엔진은 이륙중량 120톤으로 중국에서 가장 크다. 길이 20.8미터, 직경 2.0미터, 중량 57.6톤이고, 저궤도에 500~700킬로그램의 위성을 올릴 수 있다. 2015년 9월에 주취안(酒泉) 위성 발사장에서 첫 발사에 성공했다.

고체 추진제는 액체에 비해 조작이 쉽고 발사체 내 저장이 가능해 발사 준비 시간이 대폭 단축된다는 장점이 있다. 중국은 이를 사용해 쓰촨(四川) 대지진과 유사한 재난 발생 시 신속하게 소형 위성을 해당 지역 상공에 발사한다는 구상을 가지고 있다. 고체 엔진이므로 군용 ICBM이라고 볼 수 있으나, 중국은 향후 국제 위성 발사 시장에도 같은 모델을 사용할 계획이다.

이를 위해 창정 11호의 개량형을 개발하고 있으며, 개량형인 상업 1형은 로켓 모터를 복합 소재로 대체하고 엔진 성능을 개선하여 위성 탑재 능력을 확장한 것이다. 상업 2형은 1단 직경을 2.5미터로 확장하여 연료 탑재량을 늘리고 추력을 개선해 저궤도 위성 탑재 능력을 1.5톤으로 대폭 늘렸다.

차세대 발사체와 개발 중단된 발사체

추가 개발 중인 차세대 중형 발사체로 창정 9호(CZ-9)가 있다. 중국의 미래 유인 달 탐사와 심우주 탐사, 우주 태양 발전소와 같은 우주 건설 등에 사용하기 위한 것이다. 이를 위해 직경을 5미터에서 10미터로 대폭 확장하고 5미터급 부스터를 추가하며, 길이도 100미터로 확장할 예정이다. 개발이 완료되면 이륙중량 3,000톤, 저궤도 탑재 능력 100톤 이상이 가능해진다. 2020년대 말, 첫 발사를 목표로 하고 있다.

구상 단계에서 중단된 발사체도 있다. 창정 10호(CZ-10)는 첸쉐썬이 구상한 도면상의 대형 발사체로 저궤도 탑재 능력이 50~150톤에 달한다. 우주정거장과 유인우주선 등에 사용할 수 있고 1975년에 발사할 예정이었으나, 당시의 기술 수준과 비현실적인 목표로 인해 중단되었다.

민군 협력과 차세대 발사체의 개발 및 해외 진출

우주 발사체는 군사용 전환이 가능해 미사일기술통제체제(MTCR) 등의 국제적 규제가 있어, 후발 주자들이 일반적인 국제 협력으로는 관련 기술을 얻거나 신규 시장에 진입하기가 어렵다. 우리나라가 러시아와의 양자 협력으로 우주 발사체를 개발할 당시에 미국 등의 다른 나라들이 개입하여 연구 및 개발 일정이 지연된 것도 이 때문이다.

우주 선진국들은 자국이 개발 측면에서 우세하다는 점을 이용해 더 유리한 고지에서 국제 협력을 전개한다. 대형 우주 발사체와 위성 플랫폼을 주도하면서 상업 위성 발사와 응용 등의 서비스 분야를 후발 주자에 개방해 수익을 얻는 것이다. 진입 장벽이 특히 높은 만큼, 이러한 협력으로 우주 선진국들이 얻는 수익이 크다.

어느 정도의 기술력이 있는 중진국들과는 공동 연구와 위성 공동 활용 형식의 협력을 추진한다. 우주기술이 취약한 개발도상국과는 위성 발사뿐 아니라 자국 위성 판매와 개량, 활용, 지상 설비 판매 및 기지 구축, 인력 훈련 등을 통합해 더 높은 수익을 올린다. 또한 해외 기지를 구축하여 장기적인 예속 관계를 형성하기도 한다. 중국이 구축한 위성항법 체계 '베이더우(北斗)'가 대표적인 사례이다.

중국은 우주 공간의 군사적 활용이 크게 확대되던 1980년대에 위기의

식을 가지고 내부 체제를 개혁해 차세대 발사체를 개발했다. 아울러 미국 챌린저호 폭발 사고를 기회로 삼아 국제 위성 발사 시장에 진출했고, 제3세계 국가들과의 우주 협력을 맺어 영향력을 확대하는 데 성공했다.

1990년대 초반에는 구소련 해체와 경제난으로 러시아 우주산업이 대혼란에 빠지고 수많은 연구소와 기업이 경영난에 빠진 상황을 적극 활용했다. 실직 상태의 전문가들을 자국으로 유치하고, 학술 교류를 통해 최고급 기술과 장비들을 입수했다. 이를 통해 장기간 의존하던 상온 액체 추진제에서 탈피해 대추력 저온 추진제 엔진을 개발하고, 우주 선진국 반열에 진입했다. 통제가 많은 우주산업에서 이런 기회는 흔치 않은 것이었다.

물론 중국의 발사체와 위성 기술이 아직 최첨단 수준에 도달한 것은 아니다. 따라서 중국은 중앙정부의 적극적인 지원과 국내 기업들의 연합을 통해 개발도상국들에게 보다 유리한 금융과 위성 활용 조건을 제시하고, 이를 토대로 우주 선진국들을 넘어서려 하고 있다. 시진핑 정부에서 적극적으로 추진 중인 '일대일로(一帶一路, 중국이 추진 중인 신 실크로드 전략)' 전략도 여기에 포함된다.

중국은 우리나라에도 적극적인 우주 협력을 요청하고 있다. 초기에는 중국 발사체를 이용해 우리의 위성을 발사하기를 원했고, 실제로 진행되기도 했다. 하지만 우주 분야에서의 중·미 갈등으로 인해 미국 부품이 들어간 위성의 중국 내 발사가 어려워졌다.

이에 중국은 미국의 부품이 들어가지 않은 소형 위성의 공동 개발과 중국 내에서의 발사를 희망하기도 했다. 2010년대 초반, 이러한 협력이 추진되었으나 역시 미국산 부품과 국제 정세 문제로 중단되었다. 따라서 최근에는 마이크로위성 등 초소형 위성 분야 협력과 중국에서의 부품 조달 등이 협력 주제로 부상하고 있다.

위성 활용 분야 역시 중요한 협력 의제이다. 재난 등에 대한 국제적 협력 체제 구성과 위성 자료 활용에 한·중 양국이 참여하고 있으므로, 이를 통해 협력을 촉진할 수 있다. 이외에도 위성을 활용한 해양 오염 감시와 황사, 미세먼지 경로 파악 및 감시, 기상 예보 등에서의 협력도 중요한 과제가 될 수 있다.

11 연구개발 및 지원 체제

시창 발사장 위성 발사 참관 (2012, 왼쪽은 당시 항천과기집단공사 총경리 마싱루이(馬興瑞))

"熱愛祖國, 無私奉獻, 自力更生, 艱苦奮鬪, 大力協同, 勇于登攀."
(양탄일성 정신: 열애조국, 무사봉헌, 자력갱생, 간고분투, 대력협동, 용우등반)

대부분의 사람들은 우주개발 중 발생하는 가장 큰 위험을 사고라고 생각한다. 폭발성 연료를 사용해 미지의 세계를 개척한다는 점에서 이는 틀린 말이 아니다. 여기에 중국은 문화대혁명과 3선 건설을 거쳤다. 적지 않았던 폭발 사고들도 이것들에 비하면 어려움이라 할 수 없다고 말할 정도로 뜨거운 눈물과 회한, 고통을 안겨준 대사건들이었다. 핵무기 개발자들도 비슷한 어려움을 겪었다.

중국은 앞서 소개한 양탄일성 정신으로 이를 극복한 과학자들의 정신력과 투지를 높이 평가하고 찬양한다. 그러나 실제로는 합리성 결여와 압력, 가족과 정든 고향과의 이별, 불투명한 미래를 수반하는 것들이었다. 중국의 우주개발 체계는 이러한 여정을 통해 형성되었다. 이를 이해하지 못하면 중국 우주개발 체계의 진면목을 보지 못할 수 있다.

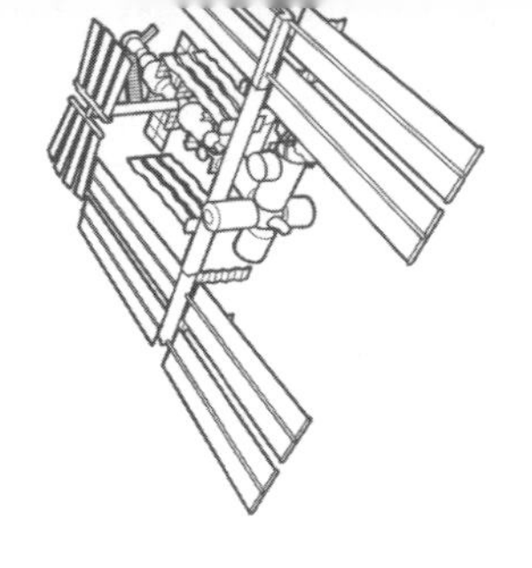

최고 권위의 의사결정 기구 설립: 1956~1982년(초기)

중국은 양탄일성 등의 국방 핵심 산업을 육성하기 위해 처음부터 공산당 중앙의 직접 영도를 추진했다. 이에 따라 우주산업도 당 중앙, 국무원, 중앙군사위원회의 직접 관리를 받아 높은 정치적 지위를 확보했고, 전략적이고 배타적인 집행 능력도 보유하게 되었다. 그 주요 수단은 수요 부서인 군에서 우주산업을 관리하는 것이었다.

1958년 10월 16일, 중국공산당 중앙에서 국방공업을 종합 관리하는 방안으로 기존의 국방부 항공공업위원회의 업무 범위를 확대해 국방부 국방과학기술위원회(약칭 국방과위)를 설립했다. 이 기구는 중앙군사위원회와 중앙과학소조의 영도 아래 업무를 수행했다. 1959년 12월 1일에는 중앙군사위원회에 국방공업위원회(약칭 국방공위)가 설립되었다. 과학기술과 공업 분야 관리 기관이 분리 설치된 것이다.

국방공업은 생산 체계가 상당히 광범위해, 이를 위한 조정 기구가 필요했다. 이에 1961년 11월 29일, 국무원에 국방공업판공실(國防工業辦公室, 약칭 국방공판)이 설립되었다. 국방공판은 일반 무기와 첨단무기 관련 설비 구축과 연구 개발, 생산, 간부와 기술 인력 양성에 관한 전반적인 계획 수립과 조직, 수행, 감독 등을 담당했다.

최고의 기밀 무기인 양탄일성(원자탄, 수소탄, 인공위성)을 개발하고 최고 지도층에서 이를 조정하기 위해 국무원 총리를 책임자로 하는 담당 부처 장관급 지도위원회도 결성했다. 1962년 11월에 당 중앙은 15인으로 구성된 전문위원회(약칭 중앙전위)를 설립했다. 초기에는 핵무기 개발에 집중했으나 1965년부터는 유도탄과 위성 개발 업무도 같이 관리했다.

관리를 위해 고위층에서 여러 기구를 설립했지만 이는 업무 중복과 비효율을 낳았다. 결국 1963년 9월, 국방공위가 폐지되며 국방공판으로 흡수되었고, 이후 오랫동안 국방공판과 국방과위가 공동으로 국방과기공업을 관리하게 되었다. 국방과위는 연구 개발과 진취적이고 장기적인 계획, 공동 협력 분야에 집중했고, 국방공판은 실질적인 무기 개발과 생산 및 부처 간 협력 업무를 주로 담당했다.

하지만 문화대혁명이 발발하며 두 기관 모두 큰 타격을 받았다. 1969년 12월에 중앙군사위원회 국방공업영도소조와 사무실(약칭 군위국방공판)을 설립하면서 국방공판을 폐지했다가, 1973년 9월에 이들을 폐지하고 국방공판을 다시 설립하여 국무원과 중앙군사위원회의 이중 영도를 받도록 했다. 1977년 9월에 국방공판이 군대에 귀속되었고, 11월에는 중앙군사위원회 산하에 중앙군위 과기장비위원회(中央軍委科技裝備委員會)가 설립되어 국방과학기술과 생산을 총괄하게 되었다.

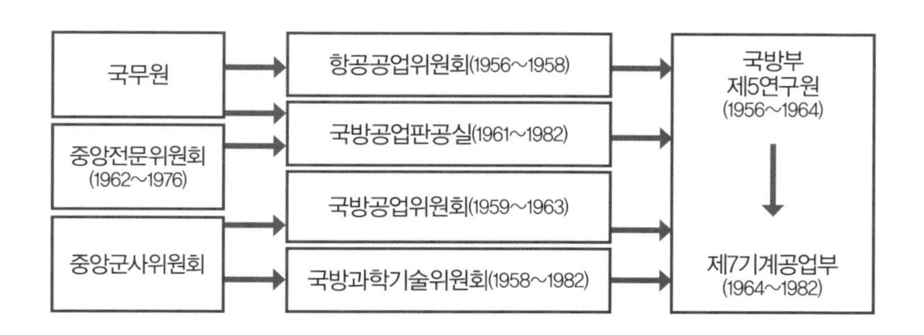

최고 의사결정 기구의 개편

개혁 개방 이후인 1982년 5월, 국방과위, 국방공판, 과기장비위원회를 통합해 인민해방군 국방과기공업위원회를 설립하고, 중화인민공화국 국방과기공업위원회(약칭 국방과공위)라 했다. 1998년 4월에는 국방과공위 군사부문과 총참모부, 총후근부의 관련 부서들을 통합해 인민해방군 총장비부를 설립하고, 전군의 무기 개발과 생산을 총괄하도록 했다.

2008년, 국무원 조직이 개편됨에 따라 국방과공위를 폐지하고 공업신식화부 산하에 국방과기공업국(약칭 국방과공국)을 설립했다. 이에 당 중앙은 원자력 발전 업무를 제외한 우주, 핵, 함정 등의 국방과학기술 관련 업무를 이관했다. 국방과공국 산하의 체계1사가 '국가항천(우주)국'의 명칭을 별도로 가지면서, 관련 분야에서 국가를 대표하고 행정도 총괄하게 되었다.

현재, 국방과 관련된 우주 업무는 총장비부, 국방과공국, 관련 국유기업 등이 공동으로 관리하고 있다. 유인우주선 관련 업무와 우주인 훈련, 위성관제센터, 우주 발사장 등의 국방과 밀접하게 연계되는 핵심 업무는 인민해방군 총장비부에서 직접 관리한다. 달 탐사는 국방과기공업국에서 담당하고, 그 외 중요한 공정들은 중공중앙과 국무원, 중앙군사위원회 등에서 전문적인 관리 기구를 만들어 집행하며 협조하고 있다.

분야별 전문 업무는 관련 부서에서 우주 부서들과 협력하면서 관리한다. 예를 들어 심우주 탐사와 연구는 중국과학원에서, 리모트 센싱(remote sensing)은 과학기술부에서, 측량과 지리 정보, 해양은 국토자원부에서, 기상위성은 중국기상국에서, 재난 관련 업무는 민생부에서 담당하면서 국방과공국, 해방군 총장비부 등과 협력한다.

3선 건설과 중국 우주기관들의 지역 분산

1960년대 초, 소련과의 관계가 악화되고 국경 충돌이 벌어지면서 동북 지방과 네이멍구 등의 후방 기지들이 전선 지역으로 변모하는 상황이 발생했다. 이 지역들은 일제 유산과 소련의 지원 등으로 형성된 중화학공업과 국방산업들이 밀집된 곳이었다.

1964년 5월 15일~6월 17일 사이에 개최된 중앙공작회의에서 마오쩌둥은 "원자탄이 있는 상황에서 후방 기지가 없으면 안 된다"고 지적하고, '제3차 5개년 계획(1966~1970)' 기간에 3선 건설을 강화해 적의 침입에 대비할 것을 지시했다. 1964년 8월 2일 발생한 통킹만 사건으로 미군의 북베트남 폭격이 격화되자 3선 건설과 국방력 강화 방침도 더욱 강조되었다.

결국 베이징과 상하이에 편중되어 있던 중국의 우주개발 거점들까지 중서부 지역으로 대거 이전했다. 여기에는 구이저우성(貴州省)의 061기지, 쓰촨성(四川省)의 062와 064기지, 산시성(陕西省)의 063, 067기지, 후베이성(湖北省)의 066기지, 후난성(湖南省)의 068기지 등이 있다. 당시 이 공정은 국가 기밀이었고, 담당자는 마치 군에 입대하듯 동원되어 명령에 복종해야 했다.

제1분원에서는 1965년 말에 156명이 가족과 친지들을 떠나 첩첩산중의 산간벽지로 이동해 초기 건설을 시작했다. 1966년 말에는 인원이 2,300명으로 증가했다. 국가 핵심과제로 추진된 만큼 국방 분야뿐 아니라 전국 각지, 각계에서 총동원되었다. 당장 이들의 식량과 숙소 등이 문제가 되었고, 기후 풍토가 다른 지역이나 고산지역에서 숱한 질환과 사고가 발생했지만 불만을 제기하거나 불복할 수 없었다.

설상가상으로 1966년 3월 8일, 후베이성에 진도 6.7의 지진이 발생하여 톈수이(天水) 지역이 큰 피해를 입자, 덩샤오핑의 지시로 또다시 이전을 결정했다. 제1분원이 팀을 구성해 쓰촨성과 산시성 각지를 탐사한 후, 다셴(達縣) 남쪽을 065기지로, 북쪽을 062기지로 결정했다.

특히 산시성 바오지(寶鷄) 지역의 067기지는 당시 제7기계공업부 3선 건설에서 핵심 중의 핵심이라 할 수 있었다. 당시 장거리 로켓 개발이 진행 중이었는데 베이징 지역의 로켓 엔진 개발 설비로는 이를 감당하기 어려웠다. 그리하여 제7기계공업부 차원에서 대형 액체 로켓 엔진 개발 기지, 특히 대추력 액체 로켓 엔진 개발 생산기지를 최우선 과제로 추진했고, 067기지가 그 본산이 되었다.

067기지는 연구원과 생산 공장, 병원, 창고 등으로 이루어졌는데, 이 중 5개가 펑저우안(鳳州安) 하구의 산자락에 위치하여 평균 해발 1,100미터에 달했고 거점당 거리도 가까운 곳이 2.5킬로미터, 먼 곳은 11킬로미터였다. 067기지에는 엔진 생산뿐 아니라 2개의 관성유도 설비 생산기지도 포함되었다.

5년 간의 노력 끝에 7개 공정이 모두 완공되어 1970년에 액체 엔진과 관성 기기에 대한 기본적인 연구, 설계, 생산, 시험 업무를 수행하게 되었다. 1978년에는 067기지 근무자가 9,600명에 달했고 시공 면적은 48만제곱미터였다. 이 기지는 개혁 개방 이후인 1990년대 초에 시안으로 이전하여, 현재의 항천과기집단유한공사 제6연구원이 되었다.

항천과기집단유한공사 제7연구원의 전신은 062기지이다. 장거리 로켓과 후속 대형 액체 로켓 개발기지로 시작되었는데, 067기지보다 더 심한 역경을 거쳤다. 지역에서 발생한 지진으로 기지를 이전했지만, 원래 계획대로 시험탄과 원격 측정탄을 생산해야 했다. 이들은 휴일 없이 몇 년을 분투했으나, 물자와 생활용품 수송 곤란으로 개발 진도를 맞추기 어려웠다.

1969년, 중국과 소련의 충돌 이후 마오쩌둥은 다시 3선 건설을 강화했다. 중앙에서는 062기지를 1970년 말까지 기본적으로 완성할 것을 요구했다. 이에 지휘부는 건설을 독려했고, 지방에서 차출된 1만여 명의 건설 기술자들을 현장에 투입해 '인민전쟁'이라 불릴 정도의 건설 투쟁이 전개되었다. 그러나 문화대혁명 기간인 1972년에 기지 내에서 중단, 이전, 해체 주장이 난무해 큰 혼란에 빠졌다.

결국 062기지의 계획과 관리 체제가 여러 번 변경되었고, 끝까지 유지되어 건설되거나 부분적으로 건설된 항목은 14개에 불과했다. 비록 건설이 지연되고 항목은 축소되었으나 그 규모와 설비, 기술 수준, 생산 능력이 모두 베이징 지역보다 월등했고, 이는 중국 우주산업 발전의 탄탄한 기반이 되었다.

우주 주관 부서의 개편 : 국가 부처에서 대형 국유기업으로 전환

60여 년의 중국 우주 발전 과정에서 주관 부서는 다부처 협력에서 통일 관리로, 군대 편제에서 집체로, 국가 행정부처에서 대형 기업으로 전환되었다. 중국 우주기술을 최초로 개발한 기관은 1956년에 설립된 국방부 제5연구원이다. 제5연구원 설립 후 관련 부처 연구 기관들은 흡수·통합·신설 등을 통해 규모를 지속적으로 확대했다. 제5연구원 외에 기타 부처 산하의 공장과 연구 기관, 교육 기관들도 우주 프로젝트에 참여했다.

유도탄 개발이 진행됨에 따라, 분산 체제로는 더 이상 효율적으로 개발 수요를 감당할 수 없었다. 이를 극복하기 위해 1964년 12월 26일에 제7기계공업부(약칭 7기부)가 설립되었다. 제7기계공업부는 제5연구원 등의 관련 기관들을 통합 관리하면서 1960, 1970년대에 중국 최초의 유도탄과 양탄결합, 인공위성, 회수위성 등을 성공시켜 중국 우주 발전사에서 가장 중요한 성과를 냈다.

개혁 개방 이후 국가 중점 임무가 경제 건설로 이전되면서 우주산업도 몇 차례 커다란 변화를 겪게 되었다. 1981년 9월에 제8기계공업부와 제7기계공업부를 합병해 7기계공업부가 되었고, 이듬해 3월에 항천공업부로 개칭했다. 1988년 4월에는 항공공업부와 항천공업부를 합병해 항공항천공업부가 되었다. 세 차례의 개혁으로 중국 우주산업을 집중적으로 관리할 수 있었고 점차 세계 시장으로 확장했다.

1990년대에 중국의 국력 신장으로 우주산업이 급속하게 발전하면서, 국무원이 이를 직접 관리하는 체제는 더 이상 적합하지 않다는 지적이 제기되었다. 우주산업의 기업화를 위한 개혁이 시작된 것이다. 1993년 3월에 항공항천공업부가 폐지되면서 중국항공공업총공사와 중국항천공업총공사(국가항천국)가 설립되었다. 이후 과도기를 거치며 중국항천공업총공사와 국가항천국이 '1개 부문, 2개 이름'을 가졌고, 기업화를 진행하면서 국가 행정 업무를 함께 수행했다.

1998년 3월에 실시된 국무원 조직 개편으로 행정 기능을 가지고 있던 국유기업들에 대한 정부/기업 분리를 실시했다. 이에 국가항천국이 국방과기공업위원회 관할로 이전되어 우주산 업 행정 부서가 되었고, 항천공업총공사는 더 이상 정부의 기능을 가지지 않게 되었다. 1999년 7월에는 항천공업총공사가 항천과기집단공사와 항천기전집단공사로 분리되었다.

항천과기집단공사는 2017년 12월에 전민소유제 기업에서 국유독자공사로 변모하면서 항천과기집단유한공사로 개명했다. 항천기전집단공사는 2001년 7월에 항천과공집단공사로 개명했다가, 역시 공사제로 전환하면서 항천과공집단유한공사로 개명했다.

항천과기집단유한공사와 항천과공집단유한공사의 분리

항천과기집단유한공사(약칭 항천과기)와 항천과공집단유한공사(약칭 항천과공)는 중국 우주산업의 양대 산맥이다. 두 기관 모두 국방부 제5연구원이 모태이며, 1999년에 항천공업총공사 산하 기업들을 분야별로 나누어 특화하면서 분리되었다. 분리 전의 항천공업총공사는 1부터 10까지의 고유번호가 붙은 10개의 대형 연구 기관들을 포함하고 있었다.[28]

1999년 분리 당시에 항천과기는 1, 4, 5, 8, 9, 10의 6개 연구원을, 항천과공은 2, 3, 6, 7의 4개 연구원을 소유하게 되었다. 분리된 연구원들을 살펴보면 대략적으로 항천과기는 지대지 유도탄과 우주 발사체, 위성 관련 기관들로 구성되고, 항천과공은 지대공 유도탄과 순항 유도탄, 건축 등의 전문 기관들로 구성된 것을 알 수 있다. 엔진과 소재, 항법 등도 분야별로 구분했지만, 필요한 것들은 두 기관이 모두 보유했다.

1999년 분리 전의 항천공업총공사 산하 10개 대형 연구원

항천제1연구원(航天一院) : 운반로켓(運載火箭)기술연구원
항천제2연구원(航天二院) : 지대공유도탄(地空導弾)연구원(별칭 長峰集團)
항천제3연구원(航天三院) : 순항유도탄(飛航導弾)연구원(海鷹集團)
항천제4연구원(航天四院) : 항천화학동력연구원(고체 추진제, 시안)
항천제5연구원(航天五院) : 공간기술(空間技術)연구원
항천제6연구원(航天六院) : 중국허시화공기계공사(네이멍구)
항천제7연구원(航天七院) : 항천건축설계연구원
항천제8연구원(航天八院) : 상하이항천기술연구원(별칭 상하이항천국)
항천제9연구원(航天九院) : 항천기초전자기술연구원
항천제10연구원(航天十院) : 항천시대의기공사(航天时代儀器公司, 베이징)
〔또는 항천유도(導航)기술연구원〕

28) 이 중 제10연구원, 항천시대의기공사(또는 항천시대전자공사)는 분리 후에 설립되었으므로, 그 모체 기업이었던 항천유도기술연구원으로 대체하기도 한다.

이런 구분은 분리 후 두 기관이 독자적으로 발전하고 새로운 영역들이 개척되면서 크게 변화했다. 이에 따라 연구원 앞에 붙었던 번호들도 이전의 구분에서 벗어나, 상대편이 보유한 연구원 번호를 사용하는 일이 발생했다. 이를 명확히 구분하기 위해 현재는 연구원 번호 앞에 항천과기와 항천과공을 붙이고 있다. 따라서 중국의 우주 관련 연구원들을 파악할 때는 어느 기관 소속인지를 잘 살펴야 한다.

항천과기집단유한공사

항천과기집단유한공사(China Aerospace Science and Technology Corporation, CASC. www.casc.com.cn)는 국무원에서 관리하는 특대형 기업집단이다. 중국 국방과기공업의 중요한 조직이며 중국 우주개발을 주도하는 역량을 갖추고 있다. 중국의 모든 창정 계열 운반 로켓과 모든 대륙간탄도탄, 모든 유인우주선과 고공 탐사기기 및 각종 군사·민간 위성, 일부 전술 지대지 유도탄과 전술 방공 유도탄의 개발과 생산, 시험 임무를 수행한다.

총본부는 1등급, 각 연구원과 자회사, 직속 기관은 2등급, 연구원 산하 개별 연구소와 공장, 자회사들은 3등급으로 나누는 관리 방식을 채택하고 있으며, 각 형식 설계와 생산, 시험을 주관하는 2등급 기관들이 집단공사의 주체가 된다. 베이징, 톈진, 시안, 청두, 네이멍구, 홍콩(선전深圳), 하이난의 8곳에 지역 우주산업기지를 형성했으며, 직원은 약 16만 명이다.

주요 2등급 기관들에는 8개 대형 과학연구생산연합체와 중국위성통신집단유한공사, 중국장성공업집단유한공사 등의 11개 대형 전문기업, 중국항천표준화 및 산품보증연구원, 중국항천과기국제교류중심, 중국우항출판사 등의 5개 직속 기관이 있다.

8대 대형 연구원을 보면, 1, 4, 5, 8 연구원은 분리 전과 동일하지만, 그

항천과기집단유한공사 8대 대형 연구원

항천과기1원(科技一院) : 운반로켓(運載火箭)기술연구원
항천과기4원(科技四院) : 항천동력기술연구원
항천과기5원(科技五院) : 공간기술연구원
항천과기6원(科技六院) : 항천추진기술연구원
항천과기7원(科技七院) : 쓰촨항천기술연구원(별칭 쓰촨항천관리국)
항천과기8원(科技八院) : 상하이항천기술연구원(별칭 상하이항천국)
중국항천전자기술연구원 : 항천 9원과 항업 10원을 합병해 설립
항천과기11원(科技十一院) : 항천공기동력기술연구원
※항천과기12원(科技十二院) : 항천계통과학 및 공정연구원

수가 2개 증가하고 일부 명칭이 달라진 것을 알 수 있다. 먼저, 1960년대의 3선 건설로 조성된 067기지(시안)를 개편해 항천과기6원(항천추진기술연구원)으로, 062기지와 064기지를 합쳐 항천과기7원(쓰촨항천기술연구원)으로 명명했다.

중국항천전자기술연구원의 유래는 상당히 복잡하다. 두 기관의 분리 이후 원래의 9연구원(기초전자기술연구원)과 10연구원 격이었던 유도기술연구원, 제1연구원 산하의 13연구소(北京控制儀器硏究所) 등을 합쳐 항천시대전자공사를 설립했다. 후에 이를 개편해 중국항천전자기술연구원이 되었다.

아울러 풍동 등의 공기역학에 특화된 제1연구원 산하의 701연구소(공기동력기술연구소)와 관련 기관 몇 개를 합쳐 항천과기11원(항천공기동력기술연구원)을 설립했다. 707연구소(항천과기정보연구소), 710연구소(北京信息與控制硏究所)를 합쳐 직속기관으로 설립한 항천계통과학 및 공정연구원을 항천과기12연구원이라 칭하기도 한다.

1연구원인 운반로켓기술연구원은 중국 우주기술 개발의 모태 기관으로, 1957년 11월 16일에 설립된 국방부 제5연구원 제1분원의 후신이다.

〈 중국 우주 관련 조직도 〉

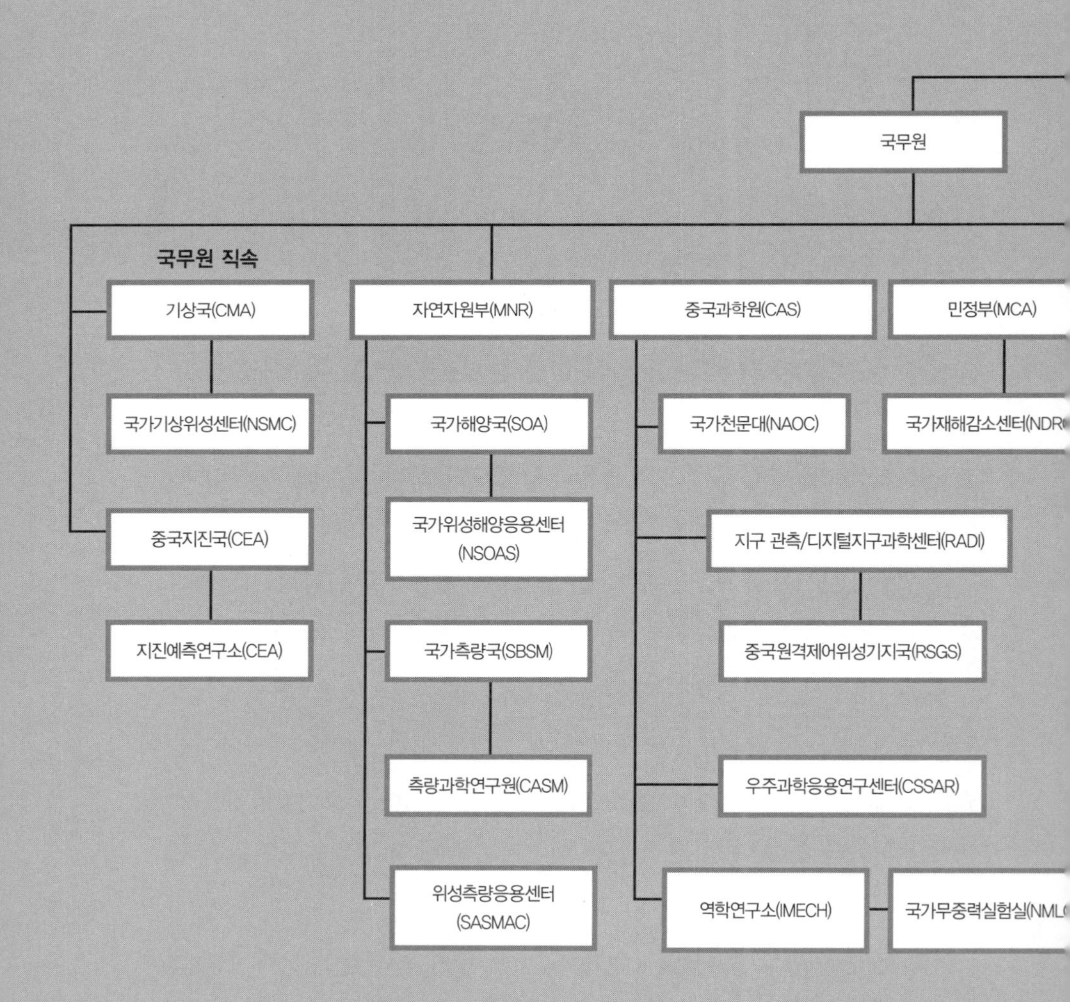

국무원
국무원 직속
기상국(CMA)
국가기상위성센터(NSMC)
중국지진국(CEA)
지진예측연구소(CEA)
자연자원부(MNR)
국가해양국(SOA)
국가위성해양응용센터
(NSOAS)
국가측량국(SBSM)
측량과학연구원(CASM)
위성측량응용센터
(SASMAC)
중국과학원(CAS)
국가천문대(NAOC)
지구 관측/디지털지구과학센터(RADI)
중국원격제어위성기지국(RSGS)
우주과학응용연구센터(CSSAR)
역학연구소(IMECH)
민정부(MCA)

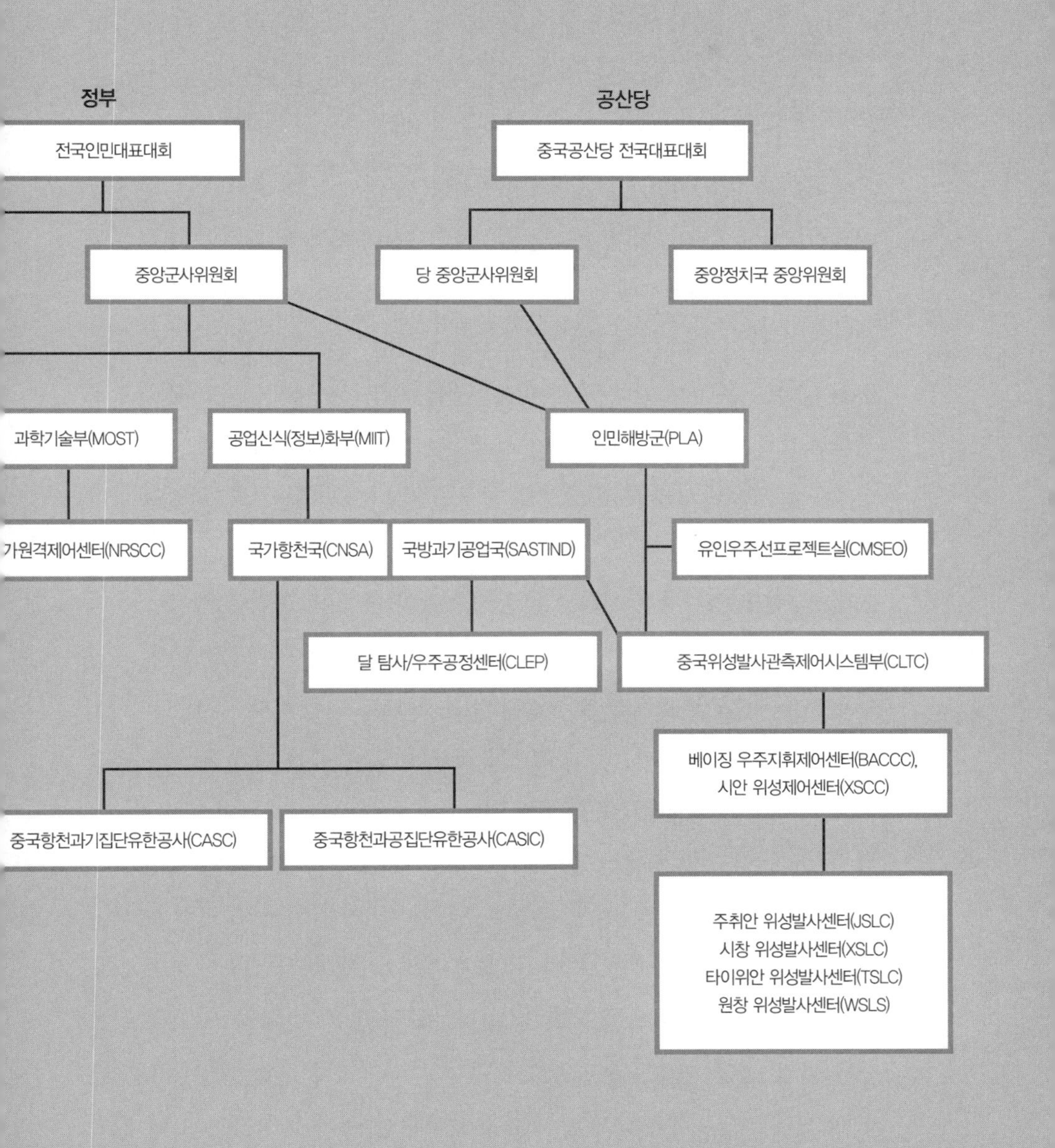

정부
공산당
전국인민대표대회
중국공산당 전국대표대회
중앙군사위원회
당 중앙군사위원회
중앙정치국 중앙위원회
과학기술부(MOST)
공업신식(정보)화부(MIIT)
인민해방군(PLA)
가원격제어센터(NRSCC)
국가항천국(CNSA)
국방과기공업국(SASTIND)
유인우주선프로젝트실(CMSEO)
달 탐사/우주공정센터(CLEP)
중국위성발사관측제어시스템부(CLTC)
베이징 우주지휘제어센터(BACCC),
시안 위성제어센터(XSCC)
중국항천과기집단유한공사(CASC)
중국항천과공집단유한공사(CASIC)
주취안 위성발사센터(JSLC)
시창 위성발사센터(XSLC)
타이위안 위성발사센터(TSLC)
원창 위성발사센터(WSLS)

1963년에 국방부 5원의 각 분원을 형호(형식) 설계원 위주로 개편하면서, 1, 2, 3, 4 분원으로 지대지, 지대공, 순항, 고체 유도탄을 담당하는 4개의 연구원을 설립했다. 1분원은 지대지 유도탄 전문 연구원이 되어 다른 분원들로부터 관련 연구실들을 인계받았고, 관련되지 않은 부분들은 다른 분원들로 이전했다.

이때부터 1연구원은 중단거리 유도탄인 둥펑 2호와 중거리, 중장거리, 대륙간탄도탄 등의 1세대 유도탄, 고체연료 전략 유도탄, 잠대지 유도탄을 개발하여 일선에 배치했고, 창정 1호와 2호병, 2호E, 2호F, 창정 3호갑 시리즈의 운반 로켓들을 개발하여 비교적 강하고 탄탄한 운반 로켓 개발 능력을 갖추었다. 1980년대 중기 이후, 단일 군품 생산에서 군민 결합으로 전환하여 국제 위성 발사 시장에 적극 참여하게 되었다. 1989년 2월에 제2 명칭을 중국운반로켓(運載火箭)기술연구원으로 했고, 1992년 9월 8일에 이 명칭의 간판을 달았다.

현재 1연구원은 창정 시리즈를 중심으로 10여 종의 운반 로켓을 보유하고 근지점 궤도, 태양동기궤도, 지구동기궤도 위성 발사와 탑재 위성, 유인 우주선 등의 개발 능력을 갖추었다. 이를 토대로 다양한 우주 및 위성 응용 산업과 첨단 에너지, 부품, 신소재, 전자산업 등에서 많은 업적을 달성하고 있다. 전체 직원은 약 3.3만 명인데, 이 중 박사가 1,200여 명, 석사 이상이 6,000여 명이다. 자산 총액도 1,000억 위안을 넘어섰다.

4연구원(항천동력기술연구원)은 1962년 7월에 설립된 제5연구원 고체발동기연구소를 모태로 하고 있다. 1965년에 제7기계공업부 제4연구원이 되었고, 1990년대 초에 시안 동쪽 교외에 자리 잡았다. 고체 추진제 엔진 연구와 설계, 생산, 시험을 포괄적으로 수행하는 고체 엔진 전문기관이고, 운반 로켓과 전술, 전략 유도탄, 위성, 유인우주선 등에 들어가는 고체 엔진들을 개발·생산한다. 산하에 4개의 연구소와 3개의 생산 공장이 있고, 전체 직원은 약 1.2만 명이다.

5연구원(공간기술연구원)은 위성 개발 전문 기관으로 1968년 2월에 설립되었고 초대 원장은 첸쉐썬이 겸임했다. 당시 중국과학원 위성설계원, 자동화연구소, 역학연구소, 응용지구물리연구소, 시난전자연구소, 생물물리연구소, 난저우물리연구소, 베이징과학의기공장, 상하이과학의기공장, 제7기계공업부 제8설계원, 군사의학과학원 제3연구소 등의 위성 관련 인력들이 대거 이전하여 창설 인력이 되었다. 40여 년의 발전을 거치면서 중국공간기술연구원은 인공위성과 우주기기 중심의 연구와 설비 개발, 응용, 대외 교류 등에서 중국을 대표하는 기관으로 성장했다. 전체 직원은 약 2만 명이다.

6연구원(항천추진기술연구원)은 액체 로켓 엔진에 특화된 전문 연구기관이다. 중국 유일의 우주 발사체용 액체 엔진 연구와 설계, 생산, 시험을 종합적으로 수행한다. 이 연구원의 전신은 3선 건설로 조성된 067기지이고 1993년에 시안으로 이전해 오늘에 이르고 있다. 2001년에 국무원 비준을 받아 항천추진기술연구원이 되었고, 2008년에는 모기업인 항천과기집단유한공사의 지원을 받아 확대 개편되었다.

7연구원(쓰촨항천기술연구원, 쓰촨항천관리국)은 3선 건설로 쓰촨 지역에 조성된 062기지와 064기지를 합친 것이다. 2004년에 정식으로 쓰촨항천기술연구원으로 명명되었다. 무기와 탄두 등의 제식화 발사체 관련 무기와 응용 상품 등의 생산과 서비스를 종합적으로 수행하는 거대 기업이다. 전체 직원은 약 1.6만 명이다.

8연구원(상하이항천기술연구원, 상하이항천국)은 1961년 8월에 상하이시 제2기전공업국을 토대로 설립되었으며, 항천과기집단유한공사의 3대 대형 기업 중의 하나이다. 50여 년 동안 펑바오(風暴) 1호, 창정 2호정, 창정 4호 로켓과 풍운 계열, 관측 계열, 실천 계열의 각종 응용 위성들을 개발하고, 잉훠 1호(萤火一號) 화성 탐사기를 대표로 하는 측정기기 개발과 국제 협력에서 커다란 성과를 달성했다.

유인우주선과 달 탐사, 지대공 유도탄 등에서도 중요한 개발 기지 역할을 수행하고 있고, 태양광 발전과 자동차 부품, 신소재, 기전제품 개발과 위성통신 서비스, 관련 소트웨어 등에서도 상당한 역량을 발휘하고 있다. 전체 직원은 1.9만 명을 상회한다.

중국항천전자기술연구원은 항천과기와 항천과공의 분리 후에 이전의 9원과 10원 등을 합쳐 설립한 항천시대전자공사를 개편, 확대해 2009년에 설립한 대형 연구생산연합체이다. 주로 관성유도와 원격 제어, 우주용 컴퓨터, 마이크로 전자기기, 기계전자 관련 연구와 제품의 생산을 담당하며, 전체 직원은 약 1.6만 명이다.

11연구원(항천공기동력기술연구원)은 1956년에 설립된 제5연구원의 공기동력연구실(7실)과 1959년에 이를 확대 개편한 베이징공기동력연구소를 모태로 하고 있다. 50년의 발전을 거쳐 항천과기 산하의 '중국항천공기동력기술연구원'(제11원)이 되었고, 다양한 유형의 40여 개 풍동군을 가진 종합 공기동력 연구 및 시험 기지가 되었다. 아울러 우주 분야를 넘어 차이홍(彩虹) 계열의 무인기 등 다양한 민수품들도 개발, 판매하고 있다.

항천과공집단유한공사

항천과공집단유한공사(China Aerospace Science and Industry Corporation, CASIC. www.casic.com.cn)는 '과기강군, 항천보국'을 사명으로 하는 중국 국방산업의 중견 기업이다. 지대공과 순항 유도탄, 고체 운반 로켓과 우주 제품 개발과 생산에 주력고 있으며 10여 종의 첨단 유도 무기를 개발해 중국 국방 무기 개발을 선도하고 있다. 또한 군민결합 첨단기술 제품을 개발해 경제 발전에도 상당한 기여를 하고 있다. 산하에 6개의 대형 연구원과 1개의 과학연구생산기지(068기지, 후난(湖南)항천관리국)를 두고 있고, 직원은 15만 명에 달한다.

항천과공의 6대 대형 연구원은 다음과 같다. 분리 당시의 2, 3, 6, 7 연구원에서 7연구원이 없어지고, 1, 4, 10 연구원이 추가된 것을 알 수 있다. 중국의 우주 연구소에서 제1연구원은 항천과기 산하의 1연구원을 지칭했고, 항천과공에서도 한동안 이 번호를 사용하지 않았다. 그러나 항천과기에서 새로 연구원들을 설립하면서 항천과공에 있는 번호를 사용하자, 항천과공에서도 앞 번호를 사용하게 되었다. 2007년 7월 1일, 항천과공1원이라는 신식기술연구원이 설립되었고, 2008년에 우주 정보 관련 기관들을 합병해 확대, 개편했다.

항천과공집단유한공사 6대 대형 연구원

항천과공1원(科工一院) : 신식(정보)기술연구원
항천과공2원(科工二院) : 방어기술연구원(별칭 地空(지대공)導彈研究院, 長峰機電技術研究設計院)
항천과공3원(科工三院) : 비항기술연구원
항천과공4원(科工四院) : 운반기술연구원
항천과공6원(科工六院) : 동력기술연구원
항천과공10원(科工十院) : 구이저우(貴州)항천기술연구원(구이저우항천관리국)
※ 항천과공7원(科工七院) : 중국항천건설집단유한공사의 자회사로 편입

제4연구원은 다소 복잡한 과정을 거쳐 설립되었다. 먼저 2002년에 본원 총체설계부와 4부(고체 추진제) 총체설계부, 401연구소(運指揮自動化技術研發

與應用中心運), 17연구소(中控制系總體研究所), 난징 307창(導彈總裝測試廳) 등의 6개 기관을 합병해 운반기술연구원(항천과공4원)을 설립했다. 2007년에는 3선 건설을 통해 조성된 066기지를 토대로 항천과공9원을 설립했다. 새로운 운반기술연구원은 이 둘을 합병해 2011년에 설립한 것이다.

구이저우항천기술연구원(항천과공10원, 구이저우항천관리국)은 1970년에 완성된 061기지를 모태로 설립되었다. 2015년에 중앙의 비준을 받아 061기지를 '구이저우항천기술연구원(구이저우항천관리국)'으로 개칭하면서, 항천과공10원의 번호를 받았다. 2019년에는 이름을 항천강남(江南)집단유한공사로 바꾸었다. 분리 이전의 항천제7연구원인 항천건축설계연구원은 항천과공집단유한공사 산하 기업으로 1993년에 설립된 중국항천건설집단유한공사의 자회사가 되었으나, 항천7원 명칭은 계속 사용하고 있다.

항천과공 산하 대형 연구원 중 신식(정보)기술연구원은 주로 군민 정보시스템 연구와 설계, 생산에 종사하는데, 여기에는 우주와 유도탄 무기 전자 대항, 위성항법과 위성통신 응용, 무기장비 정보화 종합 서비스, 지능 기기, 정보기술 집적 등이 포함된다. 응용 범위도 소형 위성과 위성통신, 항법, 지능 교통 등으로 광범위하고 주요 고객들도 정부와 군뿐 아니라 공안, 교통, 금융, 교육, 위생, 전력 등에 걸쳐 있다. 그동안 각종 소형 위성과 위성 응용 제품, 각종 산업 응용 소프트웨어 등을 개발했다.

중국항천과공 방어기술연구원[별칭 지대공유도탄연구원, 창펑(長峰)기전기술연구설계원]은 1957년 11월 16일, 국방부 제5연구원 2분원을 모태로 설립되었다. 50여 년 동안 유도탄 무기 제어시스템을 전문적으로 다루는 연구원으로 발전했다. 주로 연구와 개발, 생산, 시험, 서비스의 일체화를 이루고, 체계 개발을 주도했다. 전자, 광전자, 기전기술과 유도탄 총체, 정밀 유도, 레이더 추적, 목표 식별, 방진, 군용 컴퓨터, 소프트웨어, 지상 설비 및 발사 기술, 첨단 제조 기술 등에서 중국에서 가장 앞선 수준을 자랑한다.

그동안 지대지 유도탄 제어계통과 지대공 유도탄, 지대함 유도탄, 고체 잠대지 유도탄, 고체 육상 기동 전략 유도탄 개발과 생산을 주도해 군 장비 현대화에 커다란 공헌을 했고, 주요 열병식에도 참가했다. 보안 시스템과 사물 인터넷, 정보 보호, 공업 자동화, 공작 기계, 의료 기기 등에서 민군 겸용 제품을 개발했고, 베이징올림픽, 세계무역박람회 등의 개최를 지원하기도 했다. 전체 직원은 약 1.8만 명이다.

1961년 9월 1일에 설립된 중국항천과공 비항(飛航)기술연구원은 중국에서 유일한 순항 유도탄 집중 연구와 설계, 시험, 생산이 일체화된 과학연구 생산기지이다. 중국 순항 유도탄의 요람이라 불리며, 그 전신은 국방부 제5연구원 3분원이다. 전체 직원은 약 1.2만 명이다.

그동안 '기본형, 계열화' 방침에 따라 함대함, 지대함, 공대함 등의 10여 개 시리즈 30여 종의 순항 유도탄을 개발했고, 단·중·장거리와 저·중·고 고도, 아음속·초음속, 함정, 잠수함, 항공기, 차량 등의 다양한 발사 플랫폼 등을 포괄하여 중국의 국방 현대화에 커다란 공헌을 했다.

중국항천과공 운반(運載)기술연구원은 2011년 12월 30일 우한(武漢)에서 창립했고, 고체 지대지 유도탄과 운반 로켓을 전문적으로 개발, 생산한다. 그동안 고체 지대지 유도탄의 중요한 생산기지로 각종 첨단무기 개발과 응용 분야에서 국방의 현대화에 기여했다. 근래에는 군수기술의 민수 이전을 통해 특수 차량, 기계 설비, 압력 용기, 파이프, 제도 등의 다양한 분야에서 경제적인 기여를 했고, 베이징올림픽과 쓰촨 대지진 당시에 자주 개발한 이동식 위성통신 차량을 지원하기도 했다.

중국항천과공 동력기술연구원은 2011년 12월 26일에 항천과공집단공사 내부의 고체 엔진 관련 기관들을 개편해 네이멍구 후허하오터시(呼和浩

特市)에 설립되었다. 기존의 항천과공집단공사 제6연구원과 관련된 고체 엔진 기관들을 모아 설립한 중국 최고의 고체 엔진 전문연구원이다. 제6연구원(별칭 허시(河西)화공기계공사)은 중국 최초의 고체 엔진 개발 생산기지였다.

그동안 중국의 우주 고체 엔진 생산을 주도했고, 둥팡훙 위성의 3단 엔진, 회수위성의 궤도 전환/제동 엔진, EPKM 근지점 고체 엔진 등을 개발했으며, 중국 최초의 인공위성과 통신위성, 기상위성, 외국 위성 발사 서비스 등에도 기여했다. 최근에는 민수 참여를 통해 첨단 장비와 화공 재료, 정보 기술, 자동화, 현대 서비스 등에서 국가 경제에 기여하고 다양한 수익을 창출하고 있다.

발사장

중국은 주취안(酒泉)과 타이위안(太原), 시창(西昌)에 3개의 발사장을 가지고 있고 하이난(海南) 원창(文昌)에 네 번째 발사장을 건설해 확장하고 있다. 주취안 발사장은 유도탄 발사 시험장으로 시작하여 현재 유인우주선 발사와 회수위성의 발사 및 회수를 주로 하고 있으며, 타이위안은 태양동기궤도 위성 발사를 주로 수행한다. 시창은 긴급 발사 임무와 지구동기궤도 위성을 주로 담당했고 앞으로는 하이난 원창 발사장의 보조 역할을 수행하게 된다. 원창 발사장은 유인우주선과 지구동기궤도 위성 발사를 계속 이어가며, 차세대 대형 로켓 발사를 책임질 것이다.

주취안 발사장은 1958년에 건설되었다. 중국에서 가장 먼저 설립되고 규모가 가장 큰 종합형 발사 센터로 중국인민해방군 총장비부 소속이다. 이 지역은 내륙 및 사막성 기후이고 지형이 평탄하며, 인구가 적고 낮 시간이 길어 연 300여 일 동안 시험발사가 가능하다. 또한 서쪽으로 카스(喀什)에서 동쪽으로 민시(閩西)에 이르는 수천 킬로미터 거리의 지상 우주관제망을 이용할 수 있다. 기술 지원, 측정 통신, 철도 운수, 발전 설비 등의 부대시설도 완비되어 있다.

창정 시리즈 운반 로켓과 중·저궤도의 각종 실험 위성, 응용 위성, 유인우주선과 로켓 미사일을 발사하는 중요한 기지이며, 잔해 회수와 우주비행사 비상탈출 등도 수행한다. 중국 최초의 인공위성과 회수위성, ICBM, 해외 위성 발사, 유인우주선 등 수많은 최초 타이틀을 가지고 있다.

타이위안 발사장은 해발 1,500미터의 고원 지역에 위치한 실험 위성, 응용 위성 및 운반 로켓 발사 기지이다. 겨울이 길고 여름이 짧아 서리가 없는 기간이 90일 정도에 불과하고 연평균 섭씨 5도의 기온을 유지하고 있다. 원래 군용 위주로 설계되었고, 태양동기궤도의 기상, 자원, 통신 등 다양한 중·저궤도 위성과 운반 로켓 발사 임무를 수행하고 있다. 중국 최초의 태양동기궤도 기상위성인 '펑윈(風雲) 1호'와 최초의 중국-브라질 '쯔위안(資源) 1호' 위성, 그리고 중국 최초의 해양관측위성 등을 발사했다.

시창 발사장은 기술 수준이 높고 위성 발사 규모가 크며 다양한 유형의 위성을 쏘아 올릴 수 있는 신형 발사장으로 1970년에 건설을 시작해 1982년에 본격적으로 사용하기 시작했다. 이곳은 해발 1,500미터로 높고 위도가 북위 28.2도로 낮아 발사각도가 양호해 지구 자전의 원심력을 충분히 이용할 수 있고 지상에서 위성궤도에 도달하는 거리를 단축할 수 있어 유효 하중을 늘릴 수 있다.

발사 창구가 양호하고 연평균 기온 18도로 전국 발사장 중에서 기후 변화가 가장 작은 지역으로 꼽히며, 구름과 바람 그리고 오염이 적어 공기 투명도가 높다. 위성 발사 측정과 지휘 통제, 추적, 통신, 기상 등의 지원 시스템은 인근 산간지역에 분산되어 있다. 이곳은 중국 최초의 지구동기궤도 위성과 통신위성, 외국 상업 위성을 발사한 곳으로 유명하다. 중국 최초의 달 탐사 위성인 창어 1호도 이곳에서 발사했다.

원창 발사장은 2009년 9월에 착공하여 2014년 10월에 완공한 최신형 발사장이다. 하이난성 원창시에 위치한 발사 센터는 중국 최초의 해안 발사 기지일 뿐만 아니라 전 세계에 몇 없는 저위도 발사장이기도 하다. 1970년대 발사장 건설 초기에 하이난을 최적의 부지로 선정했으나, 적의 공격에 취약하다는 지적에 따라 시창으로 바꾼 바 있었다.

이 발사장은 해안에 위치해 대구경, 대추력 발사체를 철로로 운송할 때 발생하는 병목 현상을 해소할 수 있다는 장점이 있다. 내륙의 발사장은 산간벽지에 위치해 철도 운송에 의존하는데, 터널 통과를 위해 직경 5미터 이상, 중량 15톤 이상의 발사체 운송이 불가능하다. 원창은 선박 수송으로 큰 중량의 발사체 수송이 가능하므로 발사장에서 지구동기궤도, 대추력 극궤도, 대중량 우주정거장, 심우주 탐사위성 등을 모두 발사할 수 있다.

중국 내에서 위도가 가장 낮고 적도에서 가장 가까운 발사장이므로 발사 시에 지구 자전을 이용해 연료 소모를 줄일 수 있고, 동일 연료로 더 빠르게 우주로 올라갈 수 있다. 시창 발사장에 비해 10~15퍼센트의 추력이 늘어나는 효과가 있는 것이다. 아울러 발사각도가 19도로 시창의 27도보다 작으므로 각도 교정에 필요한 에너지를 절약해 위성 수명을 최대 3년까지 연장할 수 있다. 발사장이 육지가 아니어서 안전성이 높고 발사 방향 1,000킬로미터까지 망망대해라 만일 발사체가 추락한다 해도 인명 피해의 여지가 적다.

위성 관제와 관측

위성 관제망은 우주 비행체를 추적, 측정, 관제하는 체제로 비행 제어 지휘센터와 지상 관측소, 해상 측량선과 해외 관측소 등으로 구성되어 있다. 주요 관제 설비에는 마이크로파 레이더, 초단파 도플러 속도계, 이중 주파수 도플러 속도계, 광학 설비, 초고주파수 지령 원격 제어시스템 및 마이크로파 통일 시스템 등이 포함되어 있다. 대표적인 관제센터는 시안(西安)과 베이징에 있다.

지상 관측소에는 창청(長城, 長春), 미윈(密雲, 北京), 보하이(渤海, 靑島), 구이장(桂江, 昆明), 난다오(南島, 南海), 카스(喀什, 新疆), 친링(秦嶺, 渭南), 첸사오(前哨, 廈門), 황허(黃河, 魯山), 난닝(南寧), 스자좡(石家莊), 광저우(廣州, 기상위성 지상 관측), 자무스(佳木斯), 이빈(宜賓), 싼야(三亞), 시사(西沙) 등이 있다.

위안왕(遠望)호 측량선은 중국 원양 측량제어 함대의 총칭으로 중국위성해상측량제어부(中國衛星海上測控部)에서 총괄하고 있다. 현재 2세대 측량선인 위안왕 3호선과 3세대 측량선인 5호선과 6호선, 7호선 등이 운영 중이다. 중국은 위성 발사 횟수가 늘어나고 거대한 위성망을 운영하게 되면서 해외 여러 곳에도 지상 관측 기지들을 건설하고 있다. 여기에는 파키스탄, 케냐, 나미비아, 칠레, 호주 등이 포함된다.

전통과 명성이 있는 연구원 육성과 과학자들의 애환, 지원 기지 구축

중국의 우주 연구소 상당수는 1956년에 설립된 국방부 제5연구원에서 파생되어 60년 이상의 긴 역사를 가지고 있다. 이들은 1960년대 말의 3선 건설로 조성된 연구소, 기업들과 함께 중국의 우주개발을 책임지는 핵심 기관들이다. 근래 들어 첨단기술 발전과 새로운 영역의 개척으로 관련 연구소들이 증가하고 있으나, 그 위상은 오래된 연구소들에 미치지 못한다.

이 연구소들은 문화대혁명과 3선 건설 등으로 고난과 역경의 시간을 겪었으며 생명의 위협도 감수해야 했다. 중국이 이 연구소들과 핵무기 개발자들이 겪었던 여정을 양탄일성 정신(熱愛祖國, 無私奉獻, 自力更生, 艱苦奮鬪, 大力協同, 勇于登攀)으로 높이 평가하는 것도 이 때문이다. 따라서 중국의 우주 기관 종사자들은 국가가 위기 상황일 때 자신과 가정을 희생해 헌신한다는 오랜 전통이 있으며, 국민들도 과학자들이 겪은 애환을 존중하고 대우하는 기풍이 있다. 이를 이해하지 못하면 중국 우주개발 체계의 진면목을 보지 못할 수 있다.

중국의 우주 발사장은 개발 초기에는 사막이나 산간벽지였지만 지금은 대양에 인접하고 위도가 낮은 네 번째 발사장인 하이난으로 그 중심이 이전하고 있다. 이는 차세대 대형 발사체 수송이 용이하고, 단 분리나 사고로 발생하는 주민의 피해를 최소화할 수 있으며, 지구 자전을 활용해 에너지 소모를 줄이면서 위성 중량을 늘릴 수 있다는 장점이 있다. 또한 발사장을 국민 관광지로 개발하고 후세대의 교육장으로 활용하기도 한다.

우리나라도 위성 발사장 설립 초기에는 위도가 가장 낮은 제주도 일대를 고려했으나 민원 등의 제반 사정으로 실현하지 못했다. 그 대안으로 전남 고흥에 위치한 외나로도에 발사장을 건설했으나 면적이 좁아 확장성이 제한되고 차세대 대형 발사체에 불리하다는 지적이 있다. 또 교통이 불편하고 위도가 높아 관광 자원 활용도와 위성의 에너지 절약 측면에서도 불리하다. 참 안타까운 일이다.

12 인공위성의 현대화와 다양화

회수위성

"遠程導彈, 潛地導彈, 通信衛星."
(개혁 개방 직후, 중국 우주산업의 핵심 목표는
ICBM의 실거리 시험비행과 SLBM 및 통신위성 개발 세 가지였다.)

중국의 초기 인공위성은 정치적, 군사적 목적으로 만들어졌다. 최초의 인공위성인 둥팡홍 1호는 마오쩌둥의 찬가를 송출했다. 이어진 초기 위성들은 다른 나라들을 촬영해 필름을 회수하는 정찰위성이었으며, 이어서 개발된 '둥팡홍' 시리즈는 통신위성으로 중국의 위성 제작 기술이 한 단계 도약하는 계기가 되었다.
개혁 개방 이후, 중국은 군수 기술의 민수 전환과 경제 발전 기여를 목표로 위성 분야도 대대적인 개편을 추진했다. 이에 따라, 통신, 기상, 관측, 항법 실험 등의 다양한 플랫폼을 개발할 수 있는 여건이 마련되었으며 점진적으로 위성의 현대화가 진행되고 있다.

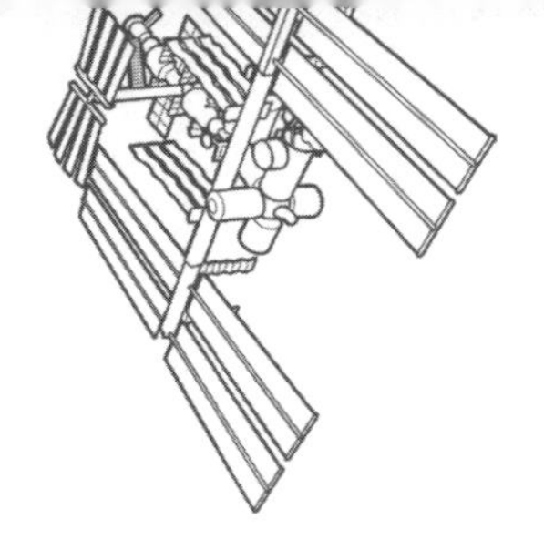

인공위성 기술 시험으로의 전환

1970년에 발사된 둥팡홍 1호 위성은 정치 구호 달성을 우선으로 생각했기 때문에 정상적인 기술개발 수요를 많이 반영하지 못했다. 위성 개발 책임자 쑨자둥이 발사장에 가지 못한 것처럼, 순전히 정치적인 이유로 핵심 기술자들이 귀중한 발사 경험을 축적할 기회를 박탈하기도 했다. 따라서 기술자들은 정치 목표를 달성한 다음, 이러한 상황을 극복할 방안을 찾게 되었다.

먼저 둥팡홍 1호와 같이 생산한 예비 위성을 기술 시험 위성으로 개조했다. 태양광 전원 장치를 부착하고, 둥팡홍 1호 간소화 과정에서 취소했던 온도 조절 등의 기술 지표들을 복구한 다음, '스젠(實踐) 1호'라고 명명했다. 이 위성은 개조한 지 1년이 채 안 된 1971년 3월 3일, 발사에 성공하여 8년 동안 작동했다. 설계 목표인 2년이란 수명을 월등히 넘어서 신뢰성을 입증한 것이다.

단순 기능만을 가진 위성은 태양광 전지판 부착만으로 상당한 수명을 보장할 수 있었다. 스젠 1호에 탑재된 온도 조절 장치는 위성을 회전시켜 태양열을 고르게 받도록 했다. 이에 스젠 1호의 전원 공급 장치와 온도 조절 장치, 자세제어 및 우주 측정 성과가 1978년에 개최된 전국과학대회에서 성과상을 수상했다.

위성의 군사적 응용 확대와 장기계획 수립: 1960년대

1960년대는 중국의 대외 관계가 상당히 험악했던 시기였다. 쿠바 사태로 인한 미·소 분쟁과 소련과의 관계 악화 등으로 마오쩌둥은 심각하게 전쟁을 준비하게 되었다. 이에 우주 분야에서도 전쟁에 대비하고 국방을 지원하는 정책을 더욱 강조하게 되었다. 공간기술연구원은 1968년 5월에 '인공위성, 우주비행선 10년 발전 계획(초안)'을 수립해 국방과학기술위원회에 보고했다.

이 계획은 앞으로 5년간 최초 위성(둥팡훙 정치위성), 정찰위성, 항법위성, 통신위성을 개발해 1960년대 중반의 국제 수준에 도달하고, 이후 5년 동안은 우주 공간 무기를 대대적으로 개발해 선진국 수준에 도달한다는 계획이었다. 핵심 과제는 1970년까지 둥팡훙 위성 발사, 10년 계획 종료 전까지 50톤 중량 우주왕복선 개발과 150톤 중량의 우주정거장 개발, 정찰위성과 항법위성, 통신위성, 유인우주선 개발 등이었다.

정찰위성은 '훙위병(紅衛兵)'이라 명명했다. 1호는 가시광선 카메라를 달아 1971년 발사하고, 적외선 카메라를 단 2호는 1972년 발사하며, 3호는 전자전 위성으로 1973~1974년에 발사하는 것이 목표였다. 항법위성은 먼저 초단파 항법위성을 발전시켜 원양 함대 수요에 대응하고, 이후에 초장파 항법위성을 개발하여 유도탄 탑재 핵잠수함 수요를 만족시킨다고 했다. 이름은 덩타(燈塔) 1호와 2호였고, 1971년까지 전 지구를 포괄하는 항법위성을 개발한다고 했다.

통신위성은 중궤도 통신위성, 동기궤도 통신위성, 대용량 동기궤도 통신위성을 순차적으로 개발한다는 목표를 세웠다. 1973년에 초보적인 위성통신을 실현하고 순차적으로 전역 통신과 주변 국가의 수요를 충족시킨다는 것이었다. 유인우주선은 2명, 3명, 또는 5명이 탑승하는 정찰용을 먼저 개발한 후, 동일한 인원이 탑승하는 공격용 위성을 개발한다는 목표를 세웠다.

그러나 1969년의 전바오다오(珍寶島) 무력 충돌로 소련과 일촉즉발의 긴장 상태에 돌입하자, 첸쉐썬 등은 국방에 대한 우주 분야의 개발을 다시 한 번 강화했다. 이에 1970년 말에 당시의 4차 5개년 계획과 연동한 「4·5 공간기술발전계획 5년 구상」을 제정해 보고했다. 이 계획은 2년 전에 수립한 10년 계획에 비해 모험적 요소를 줄이고 위성의 종류와 수량을 줄이며 개발 기한도 연장했다. 아울러 명칭도 변경해, 정찰위성을 젠빙(尖兵)으로, 통신위성을 둥팡훙으로, 유인우주선을 수광(曙光)으로 바꾸었다.

10년 계획과 5년 계획에는 당시 휘몰아치던 문화대혁명과 전면적인 전쟁 준비라는 시대적 구호가 담겨 있다. 그러나 이 안에서도 비교적 합리적인 위성 3단계 발전 구상을 읽을 수 있다. 즉, 1단계로 둥팡훙 1호를 개발하고, 2단계로 회수위성을 설계하며, 3단계로 통신위성과 항법위성에 대한 타당성 연구를 추진한다는 것이었다. 이 3종의 위성 개발 계획, 즉 둥팡훙 1호, 회수위성, 지구동기궤도 위성은 향후 중국 위성 산업 발전의 토대가 되었다. 둥팡훙 1호를 통해 핵심기술을 개발하면서 인력을 양성하고, 이를 토대로 실용 위성인 회수위성을 개발하며, 그 후에 통신용 동기궤도 위성을 개발하는 것이었다. 중국식 표현을 빌리면 "첫째로 올라가고, 둘째로 돌아오며, 셋째로 동기궤도를 점령한다"로 요약할 수 있다.

오늘날에는 이 과정들을 쉽게 이해할 수 있지만, 당시 상황과 기술 수준으로는 추진 자체도 아주 어려운 일이었다. 현재까지 미국과 러시아, 중국을 제외하면 회수위성을 개발한 나라가 없다는 사실도 이를 뒷받침한다.

실제 개발에 막대한 경비와 기술, 도전 정신이 필요하기 때문이다. 비록 개발 초기의 계획이었고 추진 과정에서 여러 가지 우여곡절을 겪기도 했지만, 50년이 지난 오늘날에는 모두 실현되었다.

정찰용 회수위성 개발

미국은 1959년 2월부터 지속적으로 '디스커버러(Discoverer)' 회수위성을 발사해 소련을 정찰했고, 소련도 매년 10개 정도를 발사하여 이에 대응했다. 1963년 초에 첸쉐썬은 해외 신기술 정보를 살펴보다 이 같은 상황을 발견하고, 이 사실이 중국 국방에 주는 의미가 크다는 것을 깨달았다.

첸쉐썬은 위성 개발 프로젝트(651과제)가 시작된 후, 제8설계원에 회수위성에 대한 연구를 시작하도록 했다. 1968년에 공간기술연구원이 설립되고 1975년에 제7기계공업부에 귀속되면서 그의 아이디어는 더욱 구체화되었다.

1966년 1월, 설계 부서가 창설되고 회수위성에 대한 기술 검증이 시작되었다. 이 위성은 둥팡훙 1호보다 10배 무겁고 하부 시스템이 복잡했으며, 적용된 기술 범위가 넓어 어려움이 컸다. 게다가 81개나 되는 협력 기관들도 전국 18개 지방에 퍼져 있었다. 이에 제7기계공업부 주도로 협력 사무실을 설립하고 각 기관의 연락원을 이곳에 파견하여 협력 업무를 수행하도록 했다.

1968년 하반기에 회수단(모듈) 외형을 선정하는 작업이 시작되었다. 당시에는 컴퓨터가 없었으므로, 7개의 모형을 만들어 베이징공기동력학연구소의 풍동 설비로 다양한 속도와 각도에서 시험했다. 1969년에 최종적으로 회수단의 외형을 종 모양으로 결정했다.

확정된 회수단은 최대 직경 2.2미터, 통 길이 3.144미터, 두부 반추각 10

도, 중량 1,800킬로그램, 작동 시간 3일이었고, 기기 모듈과 회수 모듈 2개로 구성되어 있었다. 본체와 열 조절, 카메라, 자세, 조종, 제어, 궤도 추적, 측정, 케이블, 회수, 에너지 등의 11개 하부 시스템을 갖추었다. 필름형 가시광선 카메라를 탑재했고, 촬영 완료 후에 회수 모듈이 필름을 수거해 지상으로 복귀하도록 했다.

1968년 4월에 T-7A 고공 로켓을 기술 시험 로켓으로 개조하고 카메라와 국산 필름 등을 달아 고공 성능을 시험하는 작업을 시작했다. 1969년 6월에 2발의 T-7A 기술 시험 로켓을 발사해 고도 80킬로미터에 도달했고, 탄두를 회수해 카메라 작동을 확인했다. 이후 3축 자세 안정의 정밀도를 개선해 1970년 말, 대규모 모사 시험을 세 차례 수행해 신뢰성을 높였다.

그러나 실제 생산에 들어가 여러 기술 분야와 합쳐지며 문제가 발생했다. 위성의 무게가 1,800킬로그램으로 운반 로켓 탑재 중량을 초과한 것이다. 첸쉐썬은 위성 첫 단계는 기술 시험이므로 위성 촬영과 회수 두 가지 핵심기술을 시험하고 다른 것들은 적당히 줄이라고 지시했다.

이에 쑨자둥의 주도로 '중량 1킬로그램 줄이기' 계획을 세워 이에 몰두하면서 위성궤도를 70도에서 63도로, 근지점 궤도를 190킬로미터에서 175킬로미터로 줄여 운반 능력을 200킬로그램 정도 확장했다. 운반 로켓 개발자들도 소추력 활공 비행 방법을 도입해 운반 로켓의 능력을 크게 개선했다. 노력 끝에 1,800킬로그램 정도의 위성을 운반할 수 있게 되었다.

1974년 11월 5일에 처음 발사된 로켓은 큰 방향으로 틀어져 6초 후 20초 만에 폭발했다. 실패의 원인은 로켓 안의 가속도 자이로 케이블 절단이었다. 외피 손상은 없었으나 내부 동선에 균열이 있었고, 발사 시의 진동으로 완전히 절단된 것이다.

당시 저우언라이 총리가 병중이라 중앙군사위원회 업무를 보던 예젠잉이 직접 마오쩌둥에게 보고했는데, 그는 심각한 표정을 지으며 일언반구도 없었다고 한다. 이에 심기일전한 연구진들은 품질 개선에 달라붙어 문제를 해결했고, 1975년 11월 26일에 창정 2호로 위성을 발사하는 데 성공했다.

발사한 날 밤, 관계자들은 위성의 회수 시기를 놓고 논쟁을 벌였다. 첫 번째는 품질 문제가 있을지 모르니 하루 만에 회수하자는 것이었고, 두 번째는 전 과정을 살펴본 후 2일 만에 회수하는 것이었으며, 세 번째는 정상 상태이니 원안대로 47번의 회전을 완료한 3일 후에 회수한다는 것이었다. 논쟁 끝에 세 번째 방안대로 하되 비상시에 대비하여 두 번째 방안도 준비토록 했고, 상부의 승인을 받았다.

11월 29일에 회수위성은 지상 유도에 따라 지구로 귀환을 시작하여 13분 후 구이저우성의 작은 탄광 근처에 착륙했다. 회수 시 일부가 불에 탔고 착륙 지점 편차도 컸으나 필름은 기본적으로 빛을 받지 않아 대량의 촬영 자료를 얻을 수 있었다. 중국이 미국, 소련에 이어 세계 세 번째로 회수위성을 가지게 된 것이다. 마오쩌둥은 회수위성을 지속적으로 개발하도록 지시했다.

이 위성은 회수 모듈과 기기 모듈을 구분하여, 미국과 달리 위성과 운반로켓의 경계면이 분명했다. 또한 가시광선 카메라 촬영과 동시에 반대편의 항성을 촬영하고, 대지 촬영 시 위성 자세를 측정하면서 궤도 수치를 결합해 목표 지점의 지리적 위치를 추산하는 기능이 있다. 제어와 위치 확정의 기능을 둘 다 하는 셈이다. 또한 회수 모듈은 자율 제어와 지상 제어를 결합한 제어 방식을 채택해 회수의 신뢰성을 높였다.

회수위성은 중국에서 가장 성공한 응용 위성이라고 할 수 있다. 중국은 이를 자원 조사와 지도 제작, 지질 조사, 철도 노선 확정, 고고학 연구 등에 활용하여 많은 성과를 얻었다. 동시에 국내외 고객들에게 100여 항목의 미중력과 우주 환경에서의 재료의 특성을 밝히고, 생명과학 실험, 농작물 종자 탑재 실험 등을 수행하도록 플랫폼을 제공했다.

항법위성 덩타의 개발과 중단

항법위성도 중국 우주개발자들과 해방군의 숙원 사업이었다. 1968년 초에 공간기술연구원에서 덩타(燈塔) 1호 수상항법 체계와 덩타 2호 수중항법 체계를 구상한 것도 이 때문이다. 해군은 1968년 7월에 「잠수함 지휘 통신, 항법 시스템 개발과 건설에 관한 보고」를 중앙군사위원회에 제출했다.

여기에서 위성통신과 위성항법에 대한 필요성이 제기되었다. 1972년까지 위성 마이크로파 통신과 위성항법 체계를 1974년까지 초장파 통신과 항법 체계를 구축한다는 것이었다. 이에 국방과학기술위원회에서 공간기술연구원에 이에 대한 타당성 연구를 지시했다.

1969년 1월, 해군 사령부에서 '위성항법 전술사용 요구 검증회의'를 개최하고 그 필요성과 긴급성을 논의했다. 그러나 빠른 시일 내에 잠수함 부대의 수중항법 기술을 개발하는 것은 어렵다는 결론을 내리고, 우선적으로 수상항법 체계를 개발해 해군과 일반 수요자에 대응하기로 했다. 3월에 국방과학기술위원회에서 항법위성 프로젝트를 확정하고, 해군 사령부 회의 날짜를 따 '691임무'라고 했다.

초기의 설계 방안은 두 가지였다. 하나는 먼저 기존 둥팡훙 1호 예비 위성에 다주파 속도 측정 항법 체계를 달아 빠르게 시험 항법위성을 개발하고, 다음 단계로 응용 항법위성을 개발하는 것이었다. 다른 하나는 시험 항법위성 단계를 생략하고 바로 응용 위성을 개발해 경비와 시간을 절약하는 것이었다.

첸쉐썬은 시험 위성과 응용 위성을 나누어 개발하는 2단계 방안을 지지했다. 그는 국방부 제5연구원의 유도탄 개발 경험을 언급하며 과학 연구는 반드시 객관적 규율에 맞게 단계를 나누어 점진적으로 개발해야 한다고 건의했다. 이에 1969년 여름에 공간기술연구원에서 첫 위성항법 응용범위를 결정했다. 남·북위 80도, 수명 1.5~2년, 궤도 경사각 약 70도, 이심률 0.015, 근지점 고도 1,000킬로미터, 위성 중량 200킬로그램 이하로 범위를 설정하고, 3개의 위성으로 망을 구성한다는 것이 그 내용이었다.

1970년 말, 제7기계공업부에서 항법위성 기술 검증 회의를 개최했다. 이때 국방과학기술위원회 부주임이었던 첸쉐썬의 의견에 따라 명칭을 '덩타 1호'로 결정했고, 이후 공정 개발 단계에 진입해 1973년 정식으로 국가 계획에 포함되었다. 1977년 4월에 덩타 1호 초기 모델 시험 위성의 설계를 마치고 6월부터 모델 개발을 시작했다.

그러나 1980년 12월 31일, 국방과학기술위원회에서 덩타 1호 개발 업무 취소 지시를 내렸다. 이유는 두 가지였다. 먼저 위성 자체의 성능이 미흡했다. 여기에 미국이 1967년에 자오선 위성항법 자료의 기밀을 해제해 중국에서도 앞다투어 수신기를 구매하고 있었다. 두 번째로 위성을 발사할 때 궤도 진입 정밀도의 요구가 높았다. 이에 적합한 운반 로켓을 개발해야 했는데 경비가 부족해 제대로 추진되지 못했다. 다만, 이때 추진된 연구 결과들이 후에 베이더우 항법위성을 개발하는 데 큰 도움이 되었다.

지구정지궤도 통신위성 둥팡훙 시리즈 개발

1972년 미국의 닉슨 대통령이 중국을 방문하면서 TV 생중계를 요청했으나 당시 중국의 설비로는 불가능했다. 이에 미국이 2대의 이동식 위성통신 지상 설비를 가지고 와서 생방송을 진행했고, 이를 저우언라이 총리에게 소개했다.

중국은 1960년대 후반기의 공간기술 발전계획에 정지궤도 통신위성 개발을 포함시켰으나, 문화대혁명으로 중단했던 경험이 있었다. 이에 1974년 5월에 당시 우전부(郵傳部)의 전문가들이 「위성통신 개발에 관한 건의」를 제출했고, 총리가 즉시 개발을 지시(5.19 지시)했다.[29] 1977년에는 국방과학기술위원회 장아이핑(張愛萍) 주임이 우주개발 3대 핵심과제에 통신위성을 포함시켜 개발을 가속화했다.

5.19 지시에 따라 1975년 2월에 국가계획위원회와 국방과학기술위원회에서 「중국 위성통신 발전 문제에 관한 보고」를 제출했다. 3월 31일에 중앙군사위원회에서 계획 추진을 비준했고, 4월 초에는 마오쩌둥의 승인을 받았다. 이에 통신위성 개발이 국가 계획에 포함되어 공식적으로 추진되었다.

당시의 계획은 둥팡훙 2호 통신위성과 창정 3호 운반 로켓, 측정 통신 제어시스템, 발사장, 지상 통신기지의 5개 하부 시스템으로 구성되었고, 과제 기호는 중앙군사위원회 비준 일자를 딴 '331공정'이었다. 중앙정부에 위성개발 지도그룹을 만들고 산하에 기술협력팀을 두어 관련 기관들이 협력하게 했다.

첸쉐썬은 국방과학기술위원회 부주임 직위를 활용하여 위성에 마이크로파 중계를 적용하고, 발사체도 새로 개발한 액체산소/액체수소 저온 고성능 엔진을 탑재하도록 했다. 개발 과정도 외국처럼 기술 시험 위성이나 중고도궤도 시험 위성을 거치지 않고 직접 정지궤도 통신위성을 발사해, 시간을 단축하면서 외국과의 격차를 좁히도록 했다.

29) 저우언라이 총리는 그 직후에 질병으로 입원하여 다시는 업무에 복귀하지 못했고, 1976년 1월 8일 78세의 나이로 사망했다.

둥팡훙 2호 위성 본체는 직경 2.1미터, 높이 3.6미터의 원통형으로 무게 441킬로그램에 3개의 C밴드 중계기를 장착했다. 당시 기술 수준이 낮아 3축 자세 안정은 시도하지 못했다. 따라서 자체 회전에 의한 온도 조절과 자세 안정 방안을 채택했고 동서로 길게 3개를 진입해 주로 원거리 TV 송신용으로 사용하기로 했다.

정지궤도 위성 발사를 위해 창정 2호를 개량한 창정 3호를 개발했다. 1단과 2단은 둥펑 5호와 같이 상온 추진제를 사용했는데, 기술 수준이 높았고 개발 시간도 짧았으며 신뢰성이 높았다. 3단은 저온 고성능 액체산소/액체수소 엔진을 채용했는데, 당시로서는 기술 성숙도가 낮고 개발 진도와 신뢰성이 미지수라는 지적이 있었다.

따라서 3단 추진제의 종류를 결정하는 것이 어려운 과제가 되었다. 1974년 9월에 제7기계공업부에서 책임자 회의를 개최했을 때, 3단에 일반 추진제를 사용하자는 의견과 액체산소/액체수소 추진제를 사용하자는 의견이 나왔지만 끝내 결론을 내지 못했다. 여기에는 세 가지 이유가 있었다.

첫째, 당시 중국은 마이크로파 중계 통신망을 가지고 있었고, 전국 누진율도 30퍼센트에 불과한데다 그마저도 대도시에 집중되어 있었다. 따라서 위성통신에 대한 수요가 매우 커서, 당 중앙이 "먼저 하나를 만들어 각 분야에서 시험하고, 그 후에 점진적으로 기술 성능을 제고하라"고 요구하고 있었다.

둘째, 개혁 개방이 논의되면서 경제 발전을 위한 위성통신 수요가 크게 증가했으나 우주기술은 이를 따라가지 못하고 있었다. 따라서 조기에 위성을 만들지 못하면 외국에서 구매해야 했다. 만일 위성을 구매하게 되면 위성 시장을 잃게 될 수도 있었고 기술개발 동력도 상실하게 될 상황이었다. 이런 악순환에 빠지면 중국의 첨단기술이 경쟁력을 상실한다는 주장이 제기되었다.

셋째, 우주궤도 자원이 후발주자인 중국에 극히 불리했다. 지구동기궤도가 인류 공동 자산이라고 하지만, 선진국들이 경제력과 기술력으로 대부분의 궤도 위치를 선점했다. 따라서 1970년대에 중국이 사용할 수 있는 정지궤도 범위가 많지 않아, 타국이 선점하면 대처할 길이 막막했다.

첸쉐썬은 액체산소/액체수소에 마음이 끌렸으나, 당시 상황은 국가적 긴급 수요와 장기 이익을 우선적으로 고려해야 했다. 1978년 7월 상하이에서 열린 위성통신공정회의에서 많은 전문가들이 일반 추진제를 제1안으로 하고, 액체산소/액체수소는 예비안으로 할 것을 주장했다. 첸쉐썬도 이에 동의하고 문서로 만들어 국방과학기술위원회 심의에 넘겼다.

이때 위성통신공정 총설계사이자 로켓 전문가인 런신민이 국방과학기술위원회 부주임의 집으로 찾아갔다. 액체산소/액체수소 엔진이 오래 전부터 개발되어 이미 기본 기술을 장악했으므로 이를 사용해야 한다고 간곡히 청했다. 이에 감동을 받은 부주임이 첸쉐썬과 상의해 원래 계획을 수정하게 되었다.

1979년 2월에 상하이에서 개최된 전문가 회의에서 「액체산소/액체수소 엔진을 제1안으로 하고 일반 추진제는 원래의 제1안에서 '또 하나의 안'으로 하는 수정안」이 통과되었다. 이것이 창정 3호이다. 중국 액체산소/액체수소의 명운이 결정된 순간이었고, 커다란 모험이었다.[30]

허나 결국에는 실패를 겪었다. 1984년 1월 29일에 첫 번째 통신위성 둥팡홍 2호가 발사되었으나, 위성이 정상 궤도에 진입하지 못했다. 원인은 3단 액체산소/액체수소 엔진이 1차에서는 정상 가동했으나 2차 점화에서

30) 일반 추진제를 사용하는 '또 하나의 방안'도 지속되어 1988년 9월에 펑윈 1호 기상위성 발사에 사용되었고, 창정 4호로 명명했다.

는 펌프가 파열되어 3초 만에 꺼진 것이다. 이에 위성에 탑재된 엔진을 가동해 원지점 6,480킬로미터, 근지점 400킬로미터 궤도를 돌도록 한 후, 데이터 통신과 전파, 전화 중계 등의 위성 시험을 진행했다.

곧 3단 엔진 개조가 시작되었다. 1차 점화 종료 후 연기 발생기와 연소실에 헬륨 기체를 순환시켜 결빙과 산소를 제거했고, 2차 점화 전 예비 냉각 시간을 기존 40초에서 60초로 늘렸으며, 엔진에 들어가는 가스 온도를 낮추었다. 결국 70여 일 후인 4월 8일에 준비된 예비 위성을 발사해 제2차 점화에 성공했다.

여기에서도 어려움을 겪었다. 위성이 목표로 이동하는 도중에 내부 온도가 급격히 상승한 것이다. 이에 지상 신호로 위성의 태양광 조사면과 자세를 크게 변화시켰다. 이는 원래의 위성 설계 범위를 넘어서는 자세 조정이었으나 수일간의 노력으로 위성 온도를 내리는 데 성공했고, 설계 수명 3년을 넘겨 4년간 작동했다. 비로소 중국이 지구정지궤도 위성 발사 기술을 확보한 것이다.

지구정지궤도 위성 발사 성공은 곧 중국 통신위성의 대대적인 발전을 이끌었다. 중국은 국토 면적이 넓고 민족이 다양해 유선망으로는 급증하는 통신 수요를 감당할 수 없었다. 이에 통신위성을 빠르게 확충하고 기술을 고도화하여, 자국의 수요를 충족하면서 해외시장 진출도 시도하게 되었다. 곧 3축 자세제어와 태양광 전지를 채택한 둥팡훙 3호 시리즈가 탄생했다. 위성 중량이 170킬로그램이었으나 탄소섬유를 사용한 경량화와 효율적인 에너지 제어로 수명과 성능이 대폭 증가했다. 24개의 C밴드 중계기를 장착해 TV 송신을 넘어 전화와 전보, 팩스, 데이터 전송이 가능하게 되었다. 1990년대 급격히 늘어나는 중국의 통신 수요를 충족할 수 있게 된 것이다.

이어진 둥팡훙 4호에서는 정지궤도 위성을 공용 플랫폼으로 하여 다양한 수요에 대응하고 성능도 확장했다. 위성 중량을 600~800킬로그램으로 늘려 대형화하고 전력 공급과 사용 효율을 개선하여 설계 수명을 8년에서 15년으로 대폭 연장했다. 또 10개가 넘는 위성을 발사하여, 세계무역기구(WTO) 가입 후 급증하는 대용량 통신과 이동통신 수요에 대응했다. 이 밖에 둥팡훙 위성을 토대로 중국과 아태지역 중심의 방송 통신위성인 신눠(鑫诺) 시리즈를 개발해, 항천과기집단유한공사 자회사인 중국위성통신집단공사에서 운용했다.

2000년대 초반에는 이 플랫폼을 개량해 나이지리아와 베네수엘라에 수출했다. 중국의 통신위성은 정치적 이해관계에 따라 파키스탄에 수출되었고, 미국과의 관계가 소원한 제3세계 국가들로 점차 늘려 나갔다. 최근에는 통신 용량과 성능, 수명이 대폭 확장된 둥팡훙 5호 시리즈를 개발해, 미래 30년 수요에 대응하고 있다.

통신위성 수출이 증가하면서, 중국의 플랫폼을 개량하거나 타국의 플랫폼을 공유하는 협력도 증가하고 있다. 대표적인 사례로 중싱(中星) 시리즈는 미국, 프랑스 등에서 개발한 위성을 활용하거나 자국의 둥팡훙 시리즈를 개량한 것으로 다양한 위성 수요에 대응하고 있다. 야타이(亞太) 통신위성 시리즈도 유사하게 운용된다.

중국의 이동통신 수요가 급증하면서 전용 위성인 톈퉁(天通) 시리즈도 개발되었다. 공간기술연구원에서 둥팡훙 4호 플랫폼을 기반으로 생산하고, 운용은 중국전신집단공사가 지상 기지국을 건설해 담당했다. 2016년에 최초로 발사했으며, 둥팡훙 5호 플랫폼을 기반으로 하는 차기 위성을 연속 발사하여 전 세계 이동통신 중계망을 구축하고 있다.

다양한 위성들의 수집 정보들을 중계해주는 톈롄(天鏈) 시리즈도 개발했다. 모두 4개의 위성으로 구성되며 2011년에서 2016년까지 모두 궤도에 진입하여 정상 작동하고 있다. 둥팡훙 3호 통신위성 플랫폼을 활용했으며, 다른 위성들이 수집한 정보들을 위치에 관계없이 중계하여 실시간으로 본국에 전송하는 임무를 맡고 있다.

항법위성 베이더우 체계의 개발

비록 덩타 위성 개발은 중단되었지만, 항법위성에 대한 수요가 사라진 것은 아니었다. 오히려 개혁 개방이 가속화되고 국가 발전 수요가 늘어나면서 항법위성이 필요하다는 의견도 많아졌다. 이 의견의 핵심은 간단한 시스템으로 기반을 마련하자는 것이었다.

먼저 1983년에 국방과학공업위원회 측량통신연구소 책임자였던 천팡윈(陳芳允)이 2개의 지구정지궤도 위성과 지상 기지들을 연결하는 약식 항법 체계 개발을 건의했다. 당시 해방군 총참모부 측량지도국(測繪局) 부국장이 미국의 관련 세미나에서 "GPS가 민수용과 군수용으로 나뉘고, 필요할 때 미국이 민수 사용을 제한할 수 있다"는 것을 파악하고, 대안을 세우고 있었다. 이에 1986년에 천팡윈의 제안에 대한 타당성 연구가 시작되었다.

1989년에 국방과학공업위원회 주관으로 몇몇 기관들이 연합하여 적도 상공 동경 87.5도와 110.5도의 통신위성 두 개를 활용하는 모사 시험을 했다. 그 결과 오차 20미터 이내에서 간단한 문자와 시간 전파가 가능하다는 결론을 얻었다. 이를 보완해 1993년에 두 개의 정지궤도 위성을 활용하는 항법 체계 타당성이 입증되었다.

그러나 당시 중국 우주업계가 유인우주선에 집중하고 있어, 많은 재정이 필요한 항법위성에 투자할 여력이 부족했다. 결국 항법위성은 '9차 5개년 계획(1996~2000년)'이 진행되면서 공식 개발이 시작되었다. 공간기술연구원의 부담을 줄이기 위해 상하이의 제8연구원에 맡기는 방안도 검토되었으나 처음부터 다시 시작해야 했기 때문에 취소되었다.

베이더우(北斗) 1호의 원래 개발 계획은 "1988년을 보장하고 1987년으로 앞당긴다(保8爭7)"는 것이었다. 그러나 개발 중에 수많은 문제점들이 나타나, 2000년 10월 말이 되어서야 제1차 발사에 들어가게 되었다. 10월 31일 시창 발사장에서 첫 베이더우 1호 위성이 발사되어 11월 6일에 궤도에 진입했고, 12월 21일에 두 번째 위성이 창정 3호갑에 실려 발사되어 26일 궤도에 진입했다. 2003년 5월에는 예비로 보존했던 세 번째 위성을 궤도에 진입시켰다.

2000년 연말부터 3년간 베이더우 1호 항법 체계에 대한 시험 운용이 시작되었다. 이를 통해 문제를 시정하고 지상 설비를 갖추어, 2003년 12월 15일에 베이더우 항법 체계를 공식 개통하게 되었다. 미국 GPS와 러시아 글로나스(GLONASS)에 이어 세계 세 번째의 항법위성 체계가 탄생한 것이다. 이 체계는 2008년 발생한 쓰촨 대지진 복구 과정에서 그 실효성을 입증했다.

그러나 제한된 위성을 사용하는 베이더우 1호 체계는 많은 한계를 가지고 있었다. 위치 편차가 크고 3차원이 아닌 2차원 공간 좌표를 제공했으며, 응답 속도가 느리고 수신기가 커서 휴대가 불편했다. 여기에 지상 단말기 이동 시에 전파 신호를 발송해야 해서 군용으로는 부적합했다.

이때 이라크 전쟁(2003년)이 발발했다. 미군은 오차 1미터의 군용 GPS를 활용한 정밀 타격으로 이라크군을 무력화했으나, 영국, 프랑스 등의 동맹국은 오차 10미터의 민용 GPS에 의존했다. 중국은 자국 함선이 말라카 해협을 통과할 때 미국의 검사를 받았고, 이에 불응하면 GPS를 교란당하는 상황을 겪었다. 당시 러시아 글로나스는 시스템 안정성이 떨어졌다.

이에 중국은 새로운 군용 항법 체계 개발이 시급함을 깨닫고 두 가지 조치를 병행했다. 하나는 유럽연합(EU)이 2002년부터 개발하던 갈릴레오 항법 체계에 참여하는 것이었고, 다른 하나는 베이더우 1호를 대체하는 제2세대 항법 체계를 개발하는 것이었다.

2003년 10월에 중국과 유럽연합(EU)이 갈릴레오 공동 개발에 합의했다. 중국이 2억 유로를 투자하기로 했으나, 후에 유럽연합(EU)이 안보상의 이유로 중국과의 협력과 기술 교류를 제한했다. 이 일은 중국이 자주 개발의 길 위에 서도록 만들었다. 2004년 8월에 국무원과 중앙군사위원회에서 '제2세대 위성항법 1기 공정(베이더우 2호 지역 위성항법 시스템)' 추진을 결정했다. 이 계획은 '국가중장기과학기술발전계획 강요(2006~2020년)'의 16개 대형 과제에도 포함되었다.

2006년 9월, 국무원의 결정으로 해방군 총장비부가 주관하는 지도위원회가 결성되었다 참가 기관들은 국방과학공업위원회와 과학기술부, 발전개혁위원회, 재정부, 총참모부, 신식산업부, 교통부, 중국과학원, 교육부 등이었다. 총괄 사무실은 총장비부에 설치되었다.

베이더우 2호 항법 체계는 지구정지궤도 위성 5개와 비정지궤도 위성 30여 개로 구성되었다. 서비스는 개방형과 권한위임형의 두 가지가 있는데, 전자는 오차 10미터, 속도 50나노초(ns), 속도 정밀도 초속 0.2미터(0.2m/s) 의 서비스를 무료로 제공하는 것이고, 후자는 권한을 위임받은 사용자에게 더욱 정밀한 서비스를 제공하는 것이다. 먼저 중국 본토용을 구성하고 점차 아시아 태평양 지역, 전 세계로 확대했다.

2007년 4월 14일에 시창 발사장에서 창정 3호갑으로 최초의 베이더우 2호 중고도 위성을 발사하는 데 성공했다. 2009년 4월에는 두 번째 위성을 지구정지궤도에 진입시켰으나 위성의 고장으로 가동이 중단되었다. 중국은 이를 극복하고 2010년에 5개의 위성을, 2011년 12월에 열 번째 위성을 발사했다. 지구정지궤도 3개와 경사궤도 위성들로 구성되는 중국 본토 및 주변국용 항법 체계를 완성한 것이다.

2012년 10월에는 16번째 위성을 발사해 5개의 지구정지궤도와 5개의 경사지구동기궤도, 4개의 중고도 위성으로 구성되는 지역성 항법 체계를 완성했다. 서비스 지역이 아시아 태평양 대부분과 주변 지역으로 확대되었다. 중국 내에서는 광범위한 베이더우 항법 활용 체계가 구축되었고 날로 그 응용 범위가 확대되고 있다.

시진핑 정부가 들어서면서 베이더우 항법 체계가 더욱 확장되었다. 특히 중국 정부가 야심차게 추진하고 있는 '일대일로' 정책에서 주변국과 세계 각지와의 교통망과 통신망 구축이 부각되며 베이더우에 대한 기대가 점점 더 커졌다. 이에 중국은 항법 체계 구축의 마지막 단계인 전 지구 대상 항법 체계 베이더우 3호 구축을 시작했다.

2015년 3월에 베이더우 3호 첫 위성이 발사되었고, 지속적으로 확대되어 2020년 6월 23일에 마지막 위성을 발사했다. 이로써 중국이 35개의 위성으로 구성된 베이더우 3호 항법 체계를 완성했다. 전체 베이더우 위성은 총 55개에 달한다. 중국은 베이더우 체계가 미국 GPS보다 나중에 개발되어 최신 기술이 적용되었기 때문에 서비스 정밀도와 응용 범위가 더 크다고 자랑한다.

위성의 현대화와 다양화 : 민수용 관측위성 시리즈

우주 발사체와 위성 기술이 정상 궤도에 진입하면서 중국의 위성 활용도 크게 확장되고 있다. 군사용과 경제 발전 수요를 넘어 우주 탐사와 차세대 기술개발, 과학기술 실험 등에도 위성을 적극 활용하고 있다. 이에 따라 이미 개발된 위성들을 공용 플랫폼으로 하고, 목적에 맞게 변용하는 방법을 적극 활용하게 되었다.

앞서 소개한 통신위성 시리즈와 항법위성 시리즈 외에 많이 사용되는 것에 지구관측위성이 있다. 이는 경사궤도와 태양동기궤도 위성을 혼용하여 기상, 해양, 환경, 자원 탐사, 정찰 등의 다양한 수요에 대응한다. 필요 시에는 지구정지궤도 위성을 병용하기도 한다.

기상위성에는 펑윈(風雲) 시리즈가 있다. 먼저 펑윈 1호 시리즈는 네 개의 저고도 위성으로 구성되어 광학과 적외선 영상을 촬영해 전송하는 임무를 맡았다. 1988년에 발사된 최초 위성이 강력한 태양 활동으로 인해 작동이 중단되기도 했으나 이후 발전된 기술을 적용하여 안정된 기상관측을 수행했다.

기상위성 후속 시리즈로 펑윈 2호가 개발되었다. 지구정지궤도에 두 개의 시험 위성과 네 개의 실용 위성을 올려 주야간, 실시간 기상관측이 가능하게 되었다. 1997년부터 2012년까지 여섯 개의 위성을 순차적으로 발사하면서 기술을 크게 개선했다. 설계 수명 3년 이상으로, 관측 영역을 중복시켜 한 위성이 고장 나도 다른 위성으로 대체할 수 있게 했다.

이어서 펑윈 3호 시리즈가 개발되었다. 세 개의 위성으로 구성되며, 광학과 적외선 관측기 수를 대폭 늘리고 오존과 태양복사, 마이크로웨이브 온습도 측정과 공간 환경 탐사기 등을 추가하여 성능을 크게 개선했다. 2000년부터 개발을 시작하여 2013년에 세 번째 위성을 발사하는데 성공했다. 펑윈 시리즈를 통해 중국의 기상측정 능력이 대폭 개선되었다고 할 수 있다.

자원탐사 위성은 제10장에서 소개한 브라질과의 합작 위성 CBERS를 기반으로 한다. 중국에서는 이를 쯔위안(資源) 시리즈라고 한다. 중국과 브

중국 위성의 목적별 분류

<table>
<tr><th>목적</th><th>분류</th><th>시리즈</th></tr>
<tr><td rowspan="8">관측</td><td rowspan="4">지구 관측과 응용</td><td>기상관측위성 펑윈(風雲) 시리즈</td></tr>
<tr><td>자원탐사위성 쯔위안(資源) 시리즈</td></tr>
<tr><td>해양관측위성 하이양(海洋) 시리즈</td></tr>
<tr><td>환경관측위성 환징(環境) 시리즈</td></tr>
<tr><td rowspan="4">민군 겸용 관측</td><td>원격탐사위성 야오간(遙感) 시리즈</td></tr>
<tr><td>관측위성 가오펀(高分) 시리즈</td></tr>
<tr><td>고해상도 관측위성 가오징(高景) 시리즈</td></tr>
<tr><td>회수위성 시리즈</td></tr>
<tr><td rowspan="6">통신</td><td>국내 다목적</td><td>둥팡훙(東方紅) 시리즈</td></tr>
<tr><td>아태지역 방송통신</td><td>신눠(鑫诺) 시리즈</td></tr>
<tr><td rowspan="2">국제 합작</td><td>중싱(中星) 시리즈</td></tr>
<tr><td>야타이(亞太) 시리즈</td></tr>
<tr><td>이동통신</td><td>톈퉁(天通) 시리즈</td></tr>
<tr><td>통신 중계</td><td>톈롄(天鏈) 시리즈</td></tr>
<tr><td colspan="2">항법 체계</td><td>베이더우(北斗) 시리즈</td></tr>
<tr><td rowspan="4">과학기술</td><td rowspan="3">실험, 탐사, 초소형</td><td>과학기술 실험위성 스젠(實踐) 시리즈</td></tr>
<tr><td>우주 탐사위성 탄처(探測) 시리즈</td></tr>
<tr><td>초소형 위성 : 촹신(創新) 시리즈, 시왕(希望) 시리즈 등</td></tr>
<tr><td>미래 기술개발</td><td>양자과학, 암흑물질입자 탐측, 우주 관측, 태양 관측,
물 순환 관측, 이온층 탐측 등</td></tr>
</table>

라질은 지구 반대편에 위치하면서 광대한 사막과 밀림지대를 보유해 지구 관측위성을 공유하기에 아주 적합하다. 협력을 통해 그 실효성이 입증되면서, 더 발전된 수준의 협력으로 나아가고 있다.

해양관측위성으로는 하이양(海洋) 시리즈가 있다. 2002년에 발사된 하이양 1호 저고도 위성은 중국 연해 지역 탐사용으로 해수의 광학적 특성과 오염, 엽록소 농도, 공기 중의 미세먼지 등을 측정하여 수산 자원 개발을 지원했다. 이어서 발사된 두 번째 위성은 색체 스캐너와 카메라 수량 및 성능을 개선하여 보다 정밀한 측정을 수행했다.

이렇게 구축한 기반 기술을 토대로 하이양 2호 시리즈가 개발되었다. 이것은 중국 연해를 넘어 전 세계의 해양 상황과 파도, 해수면 온도 등을 측정하고 재난 방지와 예측, 해양 자원 개발, 환경 보호, 과학 연구, 군사적 활용 등의 다양한 수요에 대응하고 있다. 2011년 8월에 첫 발사에 성공했다.

해양 관측 범위가 넓어지면서 원격 탐사와 원거리 고감도 통신, 다기능 복합 센서 등의 관련 기술들을 개발했고, 정밀 자세제어를 적용해 측정의 정밀도를 개선했다. 이 과정에서 부품의 국산화율을 90퍼센트 이상으로 올리고 지상 설비들도 구축하여 위성의 운용, 유지에서 경제성도 확보했다.

환경 관측용으로 환징(環境) 시리즈도 개발했다. 2008년 9월에 최초 발사된 환징 1호는 두 개의 광학 위성과 한 개의 SAR 위성으로 구성되어 실시간으로 환경 감시와 보호, 재난 예측 및 복구 지원 등을 수행했다. 이후 광학 위성 2개와 SAR 위성 3개를 추가하여 4+4 원격 탐사 체계를 구축하고 환경 관측의 범위와 정밀도, 성능을 대폭 개선했다. SAR 위성을 군사용에서 민수용으로 전환한 첫 사례이기도 하다.

민군 겸용 관측위성 시리즈

성능이 우수한 저궤도 관측위성의 경우에는 민수용을 표방하더라도 군에서 우선적으로 사용하는 경우가 많다. 특히 사회주의 국가인 중국은 대부분의 발사체와 위성을 군이 통제해 개발·발사·운용하므로 이런 경향이 더욱 심하다. 다음에 소개하는 위성들이 대표적인 사례이다.

먼저 원격탐사위성인 야오간(遙感) 시리즈가 있다. 이 시리즈는 과학 실험과 자원 및 농작물 조사, 자연재해 예방 등을 표방했지만, 위성이 모두 SAR를 탑재하여 일정 깊이까지 지표 탐사가 가능해 군사적으로도 사용할 가능성이 크다. 2006년 4월에 첫 발사를 한 후, 수십 개를 지속적으로 발사하면서 성능을 개선하고 실시간 감시망을 구축해 나가고 있다.

다음으로 고해상도 관측위성인 가오펀(高分) 시리즈가 있다. 가오펀 1호가 2013년 4월에 발사되었고 지금까지 10여 기가 발사되었다. 중국 환경부와 국토자원부, 농업부 등의 10여개 부처가 공동으로 활용하고 있다. 2016년에 제10호가 도중에 추락했으나 이를 극복하고 후속 사업을 재개했다.

가오펀 시리즈는 고해상도 광학 카메라와 IR, SAR 위성들로 구성되어 목적에 따라 다양하게 활용된다. 경사궤도와 태양동기궤도, 지구정지궤도를 모두 활용하고, 발사장도 발사체 특성에 따라 변화한다. 저궤도 위성의 해상도는 초기에 흑백 2미터, 컬러 8미터 수준이었으나, 지속적으로 개선하여 현재 대부분이 1미터 이내가 되었다.

또 하나의 고해상도 관측위성으로 가오징(高景) 시리즈가 있다. 관측위성 중 가장 최근인 2016년 12월에 처음 발사되었고, 해상도는 컬러에서 0.5미터 정도라고 한다. 복수의 카메라를 탑재하여 다중 모드나 입체 영상 수집이 가능하며, 다양한 궤도와 성능을 가진 20개 이상의 위성들을 발사해 종합 관측 체계를 구축해 나가고 있다.

측량 전용 위성인 톈후이(天繪) 시리즈는 지형을 정밀 관측해 정밀 지도를 제작하는 데 사용된다. 863계획의 국방 분야 과제로 시작했고 청색, 녹색, 적색, 근적외선 촬영으로 2미터 이내의 고해상도 컬러 이미지를 생성한다. 전 세계에 걸친 3차원 지도를 제작하고 관련 데이터베이스를 구축하여 국방과 경제 각 분야에 응용하고 있다.

과학 실험, 우주 탐사 미래 개척, 초소형 위성

중국의 위성 수가 대폭 증가하고 다양화되면서 각종 실험, 탐사, 연구 위성들을 같이 발사하거나 시리즈를 형성하는 사례도 늘어나고 있다. 과학기술 실험위성 스젠(實踐) 시리즈가 대표적이다. 이것은 중국의 첫 번째 위성인 스젠 1호를 계승, 발전시킨 것이다. 중국의 위성 개발 목표가 상당히 다양하고 관련 기관이 많은 만큼, 스젠 시리즈도 20개를 넘어서고 있다.

실험 내용도 초기 목적인 태양 활동 관측, 지구 주변 환경과 복사 측정, 우주 환경과 미중력 측정 등에서 벗어나, 우주 환경에서의 위성 성능 개선과 도킹, 복수 위성의 편대 비행 등으로 넓어졌다. 이와 함께 농업 분야의 신품종 육종과 식량 생산, 동물 생존 환경 파악, 우주 환경에서의 신소재 개발 등도 병행했고, 많은 위성을 회수하여 실험 결과들을 응용하고 있다.

우주 관측용으로는 탄처(探測) 시리즈가 있다. 이것은 중국과학원의 우주 탐사 연구용으로, 두 개의 위성을 적도 방향과 양극 방향으로 발사하여 태양과 행성계 활동을 관측하고 이로 인한 재난성 기후 변화를 예측하는 것이다. 유럽 우주국과 협력하여 이들이 발사한 위성 네 개와 공조 체계를 구축해 연구를 수행하고 있다.

중국은 매년 수십 개의 로켓을 발사하면서 수많은 소형 위성들의 실험을 수행할 여유가 생겼다. 기술 발전으로 발사체 추력이 커지고 페이로드(중량의 합계)가 증가하여 복수의 위성을 동시에 발사할 수 있게 되었다. 초소형 위성은 한 번에 10여 개를 다양한 궤도에 진입시킬 수 있다. 이에 중국도 대형 기관 중심에서 벗어나 다양한 주체들이 참여할 수 있도록 발사체 대여를 확대하고 있다.

먼저 2003년에 중국과학원에서 개발한 창신(創新) 1호를 창정 4호을에 실어 발사하는 데 성공했다. 이것은 무게 88킬로그램으로 751킬로미터 고도의 태양동기궤도를 도는 소형 관측위성이다. 중국과학원은 이를 토대로 다양한 후속 소형 위성들을 개발하고 있다. 대학들도 가세하여 2004년에 하얼빈공업대학의 나노 위성이 발사되었고, 다른 대학들로 확산되고 있다. 특히 중국은 우주 발사 횟수가 연간 수십 회에 달하고 있어 초소형 위성을 함께 발사하는 데 매우 유리하다.

청년 인력 양성과 국민 사기 진작, 베이징올림픽 기념을 겸한 시왕(希望) 시리즈도 있다. 중국우주항공학회와 중국과학기술협회, 베이징올림픽 조직위원회가 공동으로 진행한 '중국 청소년 우주과학기술 체험 활동'의 일환이었다. 35킬로그램 중량의 1호가 2009년에, 2호가 2015년에 발사되었고, 무선통신과 대기 밀도 측정, 원격 측정 등의 실험을 수행했다.

미래 기술 선점과 차세대 주도권 확보를 위한 시험 위성들도 적극적으로 개발하고 있다. 여기에는 양자 통신 시험과 우주 암흑물질 탐측, 우주 관측, 지구 물 순환 관측, 자기장과 이온층 탐측, 아인슈타인 상대성이론 검증 등이 있다.

위성 기술의 자립과 미국 추월

최근 중국의 위성 종류와 연간 발사 수량이 미국을 능가하고 있다. 베이더우 항법위성 체계도 미국의 GPS를 능가한다고 주장한다. 장기간 상당한 국력이 소모되었지만 서구 세계의 기술 통제와 재정난을 이겨내고 만들어낸 성과라는 점에서 높이 평가할 만하다. 중국은 어려운 과정을 거치며 필요한 기술을 개발하고 부품을 국산화하여, 이제는 대부분의 수요를 자체 힘으로 충당하고 있다.

중국 위성산업의 장점으로 충분한 국내 수요와 국가적인 지원을 들 수 있다. 거대한 국토와 인구, 급속한 경제 발전으로 다양한 위성 수요가 촉발되었고 정부도 이를 인식하고 있었다. 또 초기의 국방 견인에서 이제는 민군 공동 수요로 발전했다. 여기에 수십 년간 축적해온 우주산업 기반이 있어, 수요와 공급을 연계하는 안정적 정책 수립과 추진이 가능해졌다.

풍부하고 안정적인 수요는 위성 개발자들이 더욱 효율적으로 위성을 개발하고 경제성을 확보할 수 있게 해주었다. 중국은 분야별로 공용성과 확장성이 큰 위성 플랫폼을 개발하고, 이를 단계적으로 개량하면서 다양한 고객들의 수요에 대응했다. 또 부품을 모듈화하고, 선행 기술을 개발해 차기 플랫폼에 적용할 수 있었다.

중국의 위성 기술 자립과 충분한 수요, 발사체 분야의 지원 능력은 해외시장 진출에서도 커다란 위력을 발휘했다. 중국은 염가의 위성과 정부의 정책적 지원을 수반하는 해외시장 진출로 상당한 성과를 달성하고 있다. 특히 미국의 영향력이 작은 제3세계 시장에서 두각을 나타내고 있다. 미국 부품 없이 대부분의 수요를 충족할 수 있는 중국 우주산업의 장점이 잘 나타나는 사례이다.

중국은 여기에 머물지 않고, 적극적으로 미래 기술을 개발하면서 국제협력 플랫폼도 개척하고 있다. 장기 계획을 통해 심우주 탐사와 신규 수요 창출, 응용 범위 확대 등을 추진하고, 이를 매개로 하는 국제 협력에도 주도적으로 나서고 있다. 시진핑 정부 이후 적극적으로 홍보하고 있는 일대일로 정책도 그 중 하나이다.

우리나라는 국력에 비해 운용하는 위성 수가 적은 편이다. 외국 전문가들은 "한국은 위성 수요가 적어 특별 대우를 하기 어렵다"는 말을 많이 한다. 이는 국토 면적이 좁아 다목적 위성으로 여러 수요에 대응할 수 있기 때문으로 보인다.

앞으로 우리의 발사체를 가지게 되면 좀 더 기능이 세분화된 위성들을 많이 확보할 수 있을 것이다. 첨단기술의 발전으로 소형 위성이 대형 위성의 기능을 충족하고 가격도 저렴해지고 있다. 이제 공용 플랫폼을 개발하면서 수요를 대폭 확장하는 방안을 고려할 때가 되었다.

13 유인우주선과 우주정거장

항천과기집단유한공사 박물관에 전시된
유인우주선 선저우(神舟)

"特別能吃苦, 特別能戰鬪, 特別能攻關, 特別能奉獻."
(유인 우주 정신 : 특별한 고난과 전투에 집중과 봉헌을 해야 한다.)

1986년 3월, 미국의 전략방어계획(스타워즈 계획) 추진에 위기감을 느낀 4명의 원로 과학자 왕간창(王淦昌), 왕다헝(王大珩), 양가지(杨嘉墀), 천팡윈(陈芳允) 등이 「세계 첨단 기술을 따라가는 데 관한 건의」를 제안했다. 이에 덩샤오핑이 적극적으로 추진할 것을 지시하면서 '선도기술연구계획(863계획)'이 시작되었다. 여기에 핵무기와 우주의 두 가지 국방 기술을 포함하여 국가적인 노력을 기울였다.
이어서 1992년 1월 말에 당시 중국항공항천부에서 「중국 유인 우주기술 발전에 관한 건의」를 덩샤오핑에게 전달했다. 덩샤오핑은 "내 평생에 하지 못한 두 가지가 있는데, 하나는 싼샤(三峡)댐이고 다른 하나는 유인우주선이다. 앞으로 이 일들이 잘 추진되기를 바란다"고 말하며 동의했다고 전해진다. 드디어 중국의 유인우주선 개발 사업인 921공정이 시작되었다.

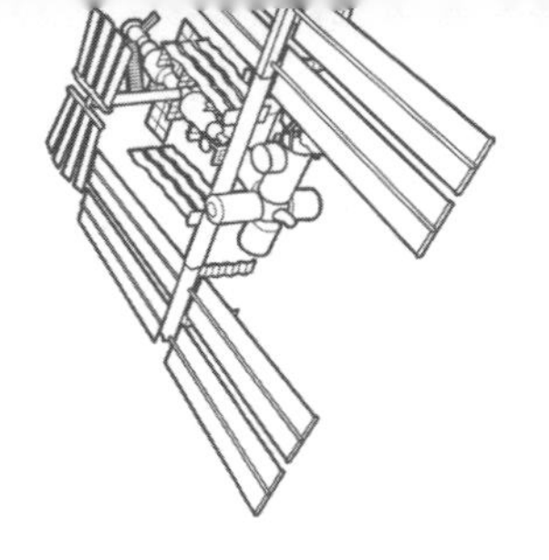

우주비행에 관한 초기 연구

1961년 4월 12일, 소련의 가가린이 인류 최초로 우주를 비행해 스푸트니크 인공위성 이후 또다시 세계를 놀라게 했다. 첸쉐썬은 〈인민일보〉에 「우주 비행의 신기원」이란 글을 투고해 이를 치하하고, 각계 전문가들과 함께 '우주 항행 좌담회'를 개최해 중국이 이를 따라가야 한다고 주장했다. 이에 중국과학원에서 우주비행위원회를 구성하고, 인공위성 개발계획인 '651공정'에도 우주비행 항목을 포함시켰다.

1965년 7월에 중국과학원에서 그동안의 성과를 모아 「중국 인공위성 발전 방안에 대한 건의」를 제출했다. 여기에 10년 내에 4개 계열, 20개의 인공위성과 우주선을 발사한다는 계획을 담았고, 생물 위성과 우주선을 '대약진'이라 명명했다. 대약진 계획은 첫 번째 인공위성 발사 후 5년 내에 유인우주선을 발사한다는 것이었다. 이는 소련이 1957년에 위성 발사를 한 후 4년 만인 1961년에 우주인을 보냈고, 미국 역시 4년 만에 유인우주선을 발사한 것을 참고한 것이다.

1965년 8월, 중앙전문위원회가 이에 동의하면서 200여 개의 선행 연구과제가 시작되었다. 이를 위해 중국과학원 생물물리연구소에 우주생물연구실(고공생리연구조), 군사의학과학원에 항공우주의학연구소(대외적으로는 제3연구소), 중국의학과학원에 우주의학연구소조 등을 설립했다. 이들은 후에 중국 우주의학 연구의 토대가 되었다.

의견 충돌도 발생했다. 생물물리연구소에서는 먼저 동물 실험을 하고 후에 사람을 태우자고 주장했으나, 군사의학과학원 등에서는 미국과 소련이 이미 동물 실험을 넘어 사람을 우주로 보내고 있으니 바로 유인 실험을 진행하자고 한 것이다. 한 전문가도 "T-7A 개량형 로켓으로 고공 생물실험을 수행해 상당한 자료를 확보했으니, 직접 유인우주선으로 갈 수 있다"고 했다. 이에 중국과학원에서 발전 계획 일부를 수정해 위성 생물실험을 고공 로켓 실험으로 대체했다.[31]

이는 2,000~3,000킬로그램의 무인우주선을 1972년에 발사해, 생물이 우주에서 장기 체류할 때의 상황, 작은 재진입 각도와 낮은 초중력 상태에서의 우주선 회수 기술, 지상 관측 설비의 응용 상태 점검, 생명 유지 시스템과 안전 보장 시스템 성능 시험들을 수행하는 것이었다. 아울러, 1973년에 2~3톤의 유인우주선을 발사해 우주인의 우주 공간 임무 수행 능력을 점검한 후, 우주정거장 건설의 토대를 형성한다고 했다.

수광호의 개발과 중단

그 와중에 문화대혁명이 발생했다. 1967년 3월, 군중이 주자파 타도를 외치며 제8설계원 정문을 지날 때, 판지엔펑(范劍峰)이 "소련이 우주인을 보낸 지 6년인데, 우리는 위성도 못 보내고 뭘 하고 있나?"라고 외치자 군중이 이에 호응했다. 그들은 우주개발 관계자들을 모아 유인우주선에 관한 토론을 시작했고, 첸쉐썬이 나와 상황을 설명하고 개발 강화를 약속했다.

31) 초기 인공위성 연구와 고공 로켓 개발 및 응용은 제3장 참조

3개월 후, 제8설계원에 판지엔펑을 포함한 유인우주선 총체연구실이 설립되었다. 9월에는 우주인 한 명을 태우는 우주선 개발 방안을 보고했고, 중앙전문위원회의 승인을 받아 '수광(曙光)호'로 명명했다. 그러나 "한 사람은 너무 적다. 마오쩌둥 주석이 소련, 미국을 추월하자고 하지 않았나? 5명으로 하자"는 등의 정치적 개입으로 논란이 계속되었다.

논란이 지속되는 가운데 첸쉐썬은 대륙간탄도탄을 개조해도 추력이 부족하다는 사실을 발견했다. 당시 미국과 소련은 이미 두 명을 우주에 보냈고 세 명 보낼 계획을 세우고 있었다. 이에 중국은 관계 기관과 협의해 우주에 보낼 인원을 세 명을 또는 두 명으로 조정했다. 위성과 우주선의 추적과 제어시스템에 차이가 큰 것도 커다란 난제였다. 우주선 회수와 우주인 생환 기술을 새로 개발해야 했는데 당시 우주의학 연구는 3개 기관으로 분산되어 진행하고 있었다.

1968년 2월에 해방군 제5연구원(후에 공간기술연구원으로 개칭)이 설립되었고 첸쉐썬이 원장을 겸임했다. 여기에 공간비행 총체설계부(약칭 501부) 산하 유인우주선 총체설계실을 설치하고, 8설계원의 관련자들을 영입하면서 판지엔펑을 주임으로 임명했다. 우주의학 관련 연구소들도 통합하여 우주의학공정연구소(507연구소)를 만들고, 공간기술연구원 산하로 편입했다.

1970년 4월 24일, 둥팡훙 1호 발사 당일에 베이징에서 수광호 유인우주선 논증 회의가 개최되었다. 501부에서는 설계한 유인우주선 상세 도면과 모형을 전시했다. 상하이에서 생산한 우주 식품, 고열량 초콜릿, 압축 과자 등을 시식하고 전투기 좌석을 본떠 만든 우주인 좌석에 앉아 보기도 했다.

수광호는 좌석 모듈과 설비 모듈로 구성되었고, 좌석 모듈에 2명의 우주인이 타도록 설계되었다. 회의 개막일 저녁에 첫 번째 인공위성 발사가 성공했다는 소식이 전해져, 개발의 앞날을 밝게 해주었다. 같은 해 7월에 마오쩌둥이 유인우주선 개발과 우주인 훈련을 승인했다. 이에 바로 수광 1호 개발이 시작되었고 714공정으로 명명되었다.

11월에 국방과위와 제7기계공업부가 베이징에서 2차 수광 1호 유인우주선 논증 회의(11. 9 회의)를 개최했다. 여기서 우주인 두 명에 최장 비행시간을 8일로 하고, 1973년에 무인우주선을 발사해 성공하면 1974년에 유인우주선을 발사하기로 했다. 이에 따라, 714공정 주비처(籌備處, 준비처)가 베이징에 설립되고 수광 1호 개발 업무가 전면적으로 시작되었다.

세부 분야는 우주선 총체구조와 열 공제, 최종 조립, 측정, 제어와 항법 및 컨트롤, 리모트 센싱과 디스플레이, 생명보장 시스템과 우주인 훈련, 긴급 구난 장치와 낙하산 회수, 유효 탑재 중량과 연료 전지 개발, 열 진공 등의 대형 지상 설비 개발과 시험, 생산, 발사장과 지상 측정망 및 원양 측량선 개발, 각종 협력 업무 등이었다.

1970년 10월부터 전국의 전투기 조종사 1,000여 명 중에서 80여 명을 선발했다. 선발된 인원들은 다시 정밀 검사를 거쳐 이듬해 3월에 10여 명의 우주인이 최종 선발되어 집중 훈련에 들어갔다. 빠른 진전으로 1971년 4월부터 허난성 정저우(鄭州)에서 8개의 수광 1호 모형 공중 투하 실험을 수행하여 목표에 도달했고, 우주의학 연구 기지와 통신 설비도 건설되었다.

다만, 문화대혁명의 영향으로 수많은 개발 업무들이 정상대로 진행되지 못했다. 설상가상으로 1971년 9월 13일, 린뱌오(林彪) 사건이 터져 수많은 기업들이 영향을 받았다. 특히 공군은 반란의 핵심으로 지적되어 많은 업무들이 중단되었고, 결국 11월 중순에 우주인 훈련 준비조가 해산되었다. 714공정이 험난한 시기를 맞이하게 된 것이다.

또 하나의 문제는 경비 부족이었다. 1972년부터 수광 1호 개발 속도가 지연되기 시작했고, 공간기술연구원에서도 유인우주선 계획을 1978년으로 연기했다. 결국 1975년 3월, 국방과위에서 정식으로 714공정의 중단을 선포하고, 핵심기술 추적 연구만을 남겨 놓았다. 구체적인 표현은 “지구상의 일을 먼저 처리하고 지구 밖의 일은 나중에 처리한다”는 것이었다.

우주의학 연구도 시련을 맞이했다. 1973년에 507연구소가 국방과위 직속으로 이전되면서 조직이 축소되고, 명칭도 항천의학공정연구소로 개명되었다.[32] 1980년대 중반에 해방군이 감축되면서 다시 연구소 감축이 논의되었다. 첸쉐썬 등은 연구소가 필요할 때 다시 만들려면 엄청난 시간과 노력이 필요하므로 그대로 남겨 달라고 건의했다. 1985년 10월에 507연구소의 인력을 300명으로 감축하긴 했으나, 연구소 직제는 그대로 남겨 후일을 도모했다.

수광 1호는 8년여의 선행 연구를 통해 많은 성과를 도출했고 후에 추진한 선저우 유인우주선 개발에 많은 기초 자료를 제공해주었다. 관련 고급 인력을 양성했고 운반 로켓과 발사장, 지상 측정 설비, 측량선 등의 대규모 프로젝트 경험을 쌓았으며, 우주선의 형상과 중량, 회수 궤적 설계, 안전 시스템, 우주의학과 우주인 훈련 등에서 상당한 기술력을 축적했다.

863계획의 태동과 우주선 모형 탐색

1986년 3월 5일, 덩샤오핑이 원로 과학자 네 명의 건의를 받아들여 ‘첨단기술연구계획(863계획)’이 시작되었다. 이 계획은 생물, 우주, 정보, 첨단방어(핵), 자동화, 에너지, 신소재의 7개 영역 15개 주제로 구성되었고, 후에 해양이 추가되어 8개가 되었다. 우주는 이 계획의 두 번째로 863-2 영역이

32) 2009년 9월 30일에 중국항천원 과연훈련중심으로 다시 이름을 바꾸었다.

라 불렸고, 1987년 2월에 전문가위원회(863-2 전문가위원회)가 설립되었다.

전문가위원회 산하에 전문가조(팀)를 구성하고 두 가지 분야에 집중했다. 첫 번째는 대형 운반 로켓과 우주왕복선을 개발하는 것으로 863-204라 했고, 두 번째는 유인 우주정거장과 그 응용으로 863-205라 했다. 대형 운반 로켓으로 우주에 올라가고 우주왕복선으로 왕래하며, 우주정거장을 만들어 우주 자원을 활용한다는 것이 주요 골자이다.

863-204 전문가조는 구성된 지 2개월 만에 공모를 통해 우수 기관들을 선정하고, '대형 운반 로켓 및 우주왕복선 개념 연구와 실행 가능성 연구'를 발주했다. 당시 항천부 소속의 1, 3, 5, 8연구원 산하 연구소들과 항공부, 국가교육위원회, 중국과학원, 총참모부, 국방과공위 등의 60여 개 연구소에서 2,000여 명이 참가하는 대규모 연구가 시작된 것이다.

1987년까지 각 기관에서 모두 11종의 우주왕복선 추진 방안이 제시되었고, 전문가조에서 다음 조건을 갖춘 우주비행선 5종을 예비로 선정했다.

1. 중복 사용이 가능한 유인 및 물자 수송선
2. 로켓 보조추진 궤도 모듈로 주동력을 가지지 않은 소형 우주항공기
3. 로켓 보조추진 궤도 모듈로 주동력을 가진 우주항공기
4. 중복 사용과 수직이착륙이 가능한 2단 우주선
5. 중복 사용과 수평이착륙이 가능한 우주비행선

1988년 7월 말에 5개 방안의 대표자들이 하얼빈에 모여 17명의 최고 전문가들로부터 평가를 받았다. 전문가들은 우주선과 로켓추진 우주선은 미래 왕복선으로 활용이 가능하지만 국내 기술의 기초가 빈약하고 투자 여력도 없으므로 21세기 초까지 달성하기 어렵다고 했다. 또 주동력을 가

지는 우주항공기는 로켓 엔진의 중복 사용 문제가 있어 어려움이 크다는 데 의견이 일치했다.

이들은 다용도 우주선과 주동력을 가지지 않은 소형 로켓보조 우주항공기 중 어느 것을 선정할 것인가를 검토하는 데 많은 시간을 들였다. 전문가들의 평가도 거의 비슷했다. 우주선 지지자들은 당시 중국이 10여 개의 회수위성 발사에 성공한 경험이 있고, 수광호 연구 성과를 생명보장 설비에 활용할 수 있으며, 기존 운반 로켓기술과 발사장 기본 설비를 활용할 수 있다고 했다.

실용성 면에서도 우주선은 우주인과 우주정거장용 물자를 모두 수송할 수 있고, 우주정거장의 소형 궤도 탈출 모듈로 활용할 수도 있었다. 또 향후 오랫동안 중국의 우주 왕복 수요가 많지 않을 것이므로 1회만 사용하는 우주선이 상대적으로 편리하고 경제적이라고 했다.

시간적으로 보면, 8~10년간의 노력을 통해 21세기 초입에 우주인을 보낼 수 있는 데 비해 우주왕복선은 아직 중국의 항공 기술 수준이 낮으므로 단기간 내에 개발할 수 없다고 했다. 미래 발전 측면에서, 우주선은 도킹을 할 수 있고 이를 통해 우주인들의 외부 활동 실험이 가능하므로 미래 우주정거장 건설을 위한 경험을 축적할 수 있다고 했다.

항공기를 주장하는 사람들은 "우주선은 1960년대 산물이고 기술적으로 낙후했다. 중국 유인 우주사업은 수준 높은 기술로 국제 우주 발전의 흐름을 반영하는 우주항공기로 가야 한다. 우주항공기는 중복 사용이 가능하고 장기적으로 발사 차수를 높일 수 있으므로 편리하고 경제적이다"라고 했다.

과학은 토론 중에 발전한다. 당시 자오쯔양(趙紫陽) 총리는 전문가들의 의견이 통일되지 않았으므로 더 깊은 논증을 한 후 결정하자고 했다. 이에 우주선과 항공기 두 가지 방안에 대한 추가 연구를 한 후, 1989년 7월에 전문가조에서 「대형 운반 로켓과 우주 왕복 운송 시스템에 관한 타당성 및 개념 연구 종합보고」를 완성했다.

여기에 기술적 가능성과 경비 부담 능력, 안전성 등의 지표로 양쪽을 비교한 후, 중국의 실정에 입각해 다음과 같은 2단계 발전 방안을 제시했다.

1단계 : 회수위성 경험을 활용해 적은 비용으로 2000년 전후까지 다용도 우주선을 개발하면서 관련 기술을 확보하고 초기 우주 응용 수요를 충족한다.

2단계 : 2015년 정도에 현대적이고 경제적인 우주왕복선(2단 수평이착륙 우주항공기)을 개발해 미래 우주정거장 수요에 대비한다.

첸쉐썬은 70세가 넘어 이미 은퇴했기에 참여하지 않았지만, 자문에 응하면서 국가 부담 능력과 이익 최대화 사이에서 균형을 유지해야 하고, 미국 챌린저 우주왕복선 폭발 사고를 참고해 유사한 난관을 겪지 말아야 한다고 했다. 또 장기 계획을 세워 세밀한 문제들을 충분히 논의해야 하고 최종 결정은 국가에서 내리도록 하며, 시스템 공학 기법을 사용해 한 길을 가면서 명확한 태도와 방침을 보여야 한다라는 의견을 보냈다.

1990년 5월, 863-2 전문가위원회에서 국방과공위에 「우주 분야 논증업무 종합보고」를 제출하면서, "우주비행선을 유인 우주의 제1단계로 하고, 2010년 또는 그 후에 하나의 우주정거장과 우주정거장 응용 시스템, 대형 운반 로켓, 우주 왕복 운송 시스템(유인우주선), 발사장과 회수장, 측정 통신망과 우주인 시스템으로 구성된 초기 형태의 유인 우주정거장 대형 공정을 건설한다"는 청사진을 제시했다.

지도층의 결단과 921공정의 태동

그러나 당시 중국은 커다란 혼란을 겪고 있었다. 1989년 6월의 천안문 사태로 자오쯔양이 실각하고, 장쩌민(江澤民) 총서기가 취임했다. 국제 사회의 중국 비판이 확산되었고, 국내적으로도 공산당과 중앙정부에 대한 신뢰가 크게 떨어진 시기였다. 이런 상황에서 엄청난 자금이 필요한 유인우주선 개발이 무슨 의미가 있는가에 대한 논란이 제기되었다. 중앙정부에서는 이를 책임질 사람이 없었고, 결국 막후 조정 논의가 이루어졌다.

1992년 1월, 중앙전문위원회 제5차 회의에서 항공항천부 기술고문인 런신민(任新民)이 「중국 유인 우주 공정 입항에 관한 건의」를 보고했다.

◍ 막후 논의 내용은 다음과 같다. 1991년 1월 말, 중국우항학회, 사회과학원, 국무원 발전연구중심이 연합으로 '우주 첨단기술 보고회'를 개최했다. 이 회의에 항공항천부(1988년에 항공부와 항천부가 합병해 설립) 류지위엔(劉紀原) 부부장(차관)이 제2포병 부참모장이자 덩샤오핑의 매부인 리첸밍(栗前明)에게 기관에서 논의한 「중국 유인 우주 기술 발전에 관한 건의」를 덩샤오핑에게 전달하도록 부탁했다.

이 안에는 "1956년 국방부 제5연구원 설립 이래 우주 분야에 약 180억 위안의 적은 금액을 투자해 커다란 성과를 달성했다. 또 유인 우주 사업비 53억 위안은 국민 수입의 1만 분의 8에 불과해 중국이 감당할 수 있다. 지금 하지 않는다면 선진국에 뒤져 기회를 잃어버릴 수 있고, 인력에도 단절이 생길 것이다. 우주 사업을 하느냐 마느냐는 단순한 과학기술의 문제가 아니라 정치적 결정이니, 중앙에서 심사숙고해주기 바란다."는 내용이 들어 있었다.

설 이후, 이 내용이 덩샤오핑에게 전달되었다. 그가 무슨 말을 했는지는 알려지지 않았으나, 리펑(李鵬) 총리가 군사위원회 부주석 류화칭(劉華淸)에게 사업을 추진하도록 했고, 류지위엔은 이를 덩샤오핑이 동의한 것으로 판단했다. 후에 덩샤오핑이 한 다른 말이 전해졌다. "내 평생에 하지 못한 두 가지가 있다. 하나는 싼샤(三峽)댐이고 다른 하나는 유인우주선이다. 이들이 추진되기를 바란다"는 것이었다. 이후 사정이 급변해 신속하게 추진되었다.

회의를 통해 "정치, 경제, 과기, 군사 등 여러 방면을 고려할 때, 즉시 국내 유인 우주 사업을 발전시킬 필요가 있다. 이는 유인우주선을 기점으로 한다"는 결론을 얻고 각계 전문가들을 모아 타당성 연구를 진행했다. 1992년 8월에 다시 중앙전문위원회에서 유인우주선 공정의 기술 경제 타당성 연구 결과 보고를 듣고 결과에 동의하면서, 비로소 중국 유인 우주 프로젝트의 3단계 발전 방안이 확정되었다.

1단계는 두 개의 유인우주선과 한 개의 유인우주선을 발사해 시험적인 유인우주선 시스템을 구축하고 우주 응용 실험을 시작하는 것이다. 2단계로 첫 번째 유인우주선 성공 후에 이것과 우주비행기(궤도 모듈)의 도킹 기술을 장악하고, 일정 규모와 단기 우주인 체류가 가능한 8톤급의 우주 실험실을 발사해 운용한다. 3단계로, 대형이면서 장기 체류가 가능한 20톤급의 우주정거장을 건설하여 우주 응용을 본궤도에 진입시킨다는 것이었다.

마침내 1992년 9월 21일, 중앙정치국 제12기 상무위원회 제195차 회의에서 중앙전문위원회의 '중국 유인우주선 공정 연구 제작 개시에 관한 청시'를 논의하고 비준했다. 이 계획은 중국 우주개발 역사상 가장 규모가 크고 어려운 프로젝트였으므로, 당시에 막 자리를 잡아가던 제3세대 지도자들도 대거 참석했다. 장쩌민 총서기와 리펑 총리, 차오스(喬石), 야오이린(姚依林), 리루이환(李瑞環) 등이 참석하고, 양상쿤(楊尙昆), 보이보(薄一波), 완리(萬里), 류화칭(劉華淸), 양바이빙(楊白冰), 딩관건(丁關根), 원자바오(溫家寶) 등이 참석했다.

유인 우주 계획이 회의를 통해 결정된 후, 중국의 유인우주선 개발은 중점 과제로 취급되어 국가 계획에 들어가게 되었다. 1992년 1월, 중앙전문위원회 동의와 1992년 9월 21일, 중앙정치국 상무위원회 비준이 모두 9, 2, 1 세 숫자를 포함하고 있어 921은 중국 유인 우주산업에서 상징적이고 결정적인 의미를 가진다.

중국 정부는 이 원대한 계획의 실현을 보장하기 위해 중앙전문위원회에서 직접 이 계획을 지도하고 국방과학공업위원회에서 실행 책임을 지도록 했다. 다양한 참가 기관을 통일적으로 관리하기 위해 '921공정 과제사무실(中國載人航天工程辦公室)'을 설치하고, 총지휘와 총설계사의 두 가지 관리 체계를 만들어 이들이 연석 회의를 통해 중요한 문제들을 해결하도록 했다.

항천과기집단공사 산하의 운반로켓연구원과 공간기술연구원, 상하이항천기술연구원, 중국과학원 산하연구소, 신식(정보)산업부 산하 연구소와 해방군 총장비부 산하 연구소 등 모두 110개의 연구소와 회사들이 연구와 생산에 참여했고 항공, 선박, 병기, 기계, 전자, 화공, 금속, 방직, 건축 관련 부서와 지방정부의 3,000여 개 기관이 지원 업무에 참여했다.

1단계 사업의 추진

곧 제1단계 유인우주선 공정의 4가지 임무와 7대 계통(시스템), 경비, 진도, 조직 관리 등이 구체적으로 논의되었다. 4가지 임무는 안전과 신뢰성을 확보한다는 전제 아래 유인 우주 기본 기술을 확보하고, 우주에서의 대지 관측과 우주과학 및 기술 연구를 진행하며, 초기 우주 왕복 수송 수단을 확보해 대형 우주정거장 건설을 위한 경험을 축적한다는 것이다.

7대 계통은 우주인계통(921-1), 우주선응용계통(921-2), 유인우주선계통(921-3), 운반 로켓계통(921-4), 발사장계통(921-5), 추적통신계통(921-6), 착륙장계통(921-7)이었다. 이를 조기에 실현하기 위해 소련, 미국의 개발 과정과 단계를 세밀히 검토한 후, 우주인의 안전 귀환을 보장하는 조건에서 몇 가지 단계를 뛰어넘는 추월식 개발 전략을 구사했다.

우주인계통은 우주인을 선발, 훈련시키고 이를 지원하는 대형 훈련 설비들을 구축하고 우주복과 우주 식품 등을 개발하는 것이고, 우주선 응용계통은 우주 대지 관측과 환경 감시, 생물 실험, 재료 실험, 우주 물리와 천체물리 등의 우주 실험을 위한 설비와 기술들을 개발하는 것이다.

유인우주선계통은 '선저우'호를 개발해 우주인의 생명 안전과 작업 환경, 무사귀환을 보장하는 것이다. 선저우호는 궤도선회 모듈과 귀환 모듈, 추진 모듈로 구성되고 3인의 우주인이 승선해 7일 동안 자주적으로 비행할 수 있도록 설계되었다. 궤도선회 모듈(2인)은 귀환 모듈(1인)이 분리된 후에도 반년 간 선회하면서 필요한 실험을 진행하고, 후일의 우주선 도킹에도 대비하도록 설계되었다.

운반 로켓계통은 유인우주선 발사가 가능하고 안전성이 극히 우수한 대형 발사체를 개발하는 것이다. 전문가들은 창정 계열 로켓 개발 경험을 토대로, 안정성과 자동 조종 성능을 대폭 개선하고 비상탈출용 도피탑을 갖춘 창정-2호F(CZ-2F) 로켓을 개발했다.

발사장계통은 주취안 위성 발사장에 유인우주선 발사장을 새로 건설하는 것이다. 통신과 관측을 위해 국제 규격에 적합한 설비들을 추가 설치하고 국제망과 연결된 S파 통신 설비들을 보강해 새로운 육지, 해양 우주선 관측 통신망을 구축했다. 착륙장으로는 네이멍구 초원 두 곳의 주 착륙장과 주취안 발사장 부근의 부 착륙장, 육지 세 곳과 세 개 해역에 비상 착륙장 등을 설치하고 필요한 설비들을 갖추었다.

유인우주선 발사까지의 1단계 사업은 입안 단계, 초기 단계, 정상 추진 및 무인 시험비행단계, 유인 비행단계의 4단계로 구분되어 추진되었다. 1992년 9월에 시작된 입안 단계는 앞서 소개한 7개 하부 시스템별로 소요 설비와 부품을 설계하고, 시제품을 개발한 후, 지상 시험과 개선을 거쳐 세부 추진 계획을 종합적으로 완성하는 것이었다.

출범 3년 후인 1995년 7월에 중앙전문가위원회의 비준을 거쳐 초기 단계에 진입했다. 이 단계에서는 로켓과 우주선, 관련 부품들의 부분별, 시스템별 시험을 마치고 전반적인 연계 시험을 통해 우주선 발사에 필요한 준비를 완성했다.

1998년 상반기부터 3단계인 정상 추진 및 무인 시험비행단계가 시작되었다. 1999년 11월 20일에 최초로 창정 2F 로켓을 이용해 무인우주선 선저우 1호를 발사, 회수하는 데 성공했고, 2001년 1월, 2002년 3월, 2002년 12월에는 각각 2호, 3호, 4호 무인우주선이 비행시험에 성공했다. 마지막 4단계는 2003년 10월에 최초의 유인우주선 선저우 5호의 발사와 착륙에 성공함으로써 원만하게 종료되었다. 드디어 우주정거장과 연계하는 2단계 사업이 시작된 것이다.

발사체(창정 2호F, 神箭)와 우주인 안전 시스템 개발

1단계 운반 로켓계통(921-4)은 기존의 창정-2호E 로켓을 개조해 유인우주선을 발사하는 것으로, 항천과기집단공사 산하의 운반로켓연구원(제1연구원)에서 책임지게 되었다. 곧 제1연구원의 선신순(沈辛蓀) 원장이 921-4 공정 행정 총지휘에, 왕더신(王德臣) 부원장이 총설계사에 임명되었고, 발사체 개발 공정이 출범하면서 4명이 책임자로 임명되었다.

공정 총설계사는 막중한 자리였기에 책임자 선정이 매우 어려웠다. 설계 전체의 청사진을 장악하고 모든 연구 인력들을 관리하며, 창조적으로 과제를 추진해야 했다. 담당자가 첸쉐썬에게 의견을 구했을 때, 그는 청년 시기에 천재적인 아이디어로 문제를 해결해 장기간 총애했고 제1연구원 원장을 역임했던 왕융즈(王永志)를 천거했다.

유인우주선 발사체 개발에는 여러 난제가 있었다. 유인우주선 발사체는 목표 수준(신뢰성, 안정성)[33]이 높아야 했다. 도피탑과 고장 진단기술, 3수(수직조립, 수직측정, 수직이동), 1,500미터 원거리 발사 통제, 첨단 제어, 지상 시험설비 등의 신기술도 대거 적용해야 했기에 임무 범위가 상당히 넓어졌다. 게다가 문화대혁명의 영향으로 기술자들의 연령과 경험에 단절이 있다는 것도 큰 문제였다.

제1연구원에서는 1993년 3월 초에 921-4공정 업무 회의를 개최하고, 구체 일정으로 "1997년 목표로 하되, 1998년은 반드시 보장한다(爭7保8)"고 결정했다. 1993년 9월 타당성 입증, 1994년 9월 개념 설계 완성, 1996년 3월 시제품 개발 완성, 1997년 9월 시험 생산 완성과 신뢰성 비행시험 순서로 일정을 확정했다.

창정 2호F는 창정 2호E를 유인우주선 발사용으로 개량한 것이다. 당시 중국 내 최대 품질, 최대 길이, 신뢰성, 안정성에서 최고로 평가받았으며 가장 복잡한 운반 로켓이었다. 4개의 부스터와 본체 1단, 본체 2단, 페어링, 도피탑으로 구성되고, 사용 연료는 사산화이질소(N_2O_4)와 비대칭디메틸히드라진(UDMH)이다. 길이 58.34미터, 이륙중량 480톤, 본체 직경 3.35미터, 4개의 부스터 직경 2.25미터, 페어링 직경 3.8미터, 탑재 능력 8톤으로, 근지점 궤도 200킬로미터, 원지점 궤도 450킬로미터, 궤도각 52도, 비행시간 585초이다.

하지만 추진 과정에서 수많은 어려움에 직면하면서 일정이 지연되었다. 결국, 1995년 6월이 되어서야 개발이 시작되었고 1997년 12월까지 2년 반에 걸쳐 시제품 개발이 이루어졌다. 엔진은 1998년 6월, 도피탑은 1999년 1월에 시제품 개발이 완료되어 생산에 돌입했다. 1998년 6월, 발사장에서

33) 일반 운반 로켓의 신뢰성은 0.91이지만 유인우주선은 0.97이고, 안전성 지표는 0.997이었다.

1차 합동 훈련이 이루어졌고, 1998년 10월에 도피탑의 영고도(최저고도) 비행시험을 수행했다. 이를 토대로 1999년 11월 20일에 창정 2F의 최초 비행시험으로 선저우 1호가 정상 궤도에 진입했다.

창정 2호F의 엔진은 067기지(현재의 항천과기집단유한공사 제6연구원)에서 개발했는데, 1992년에 시작해 1999년까지 7년 동안의 힘든 시간을 거쳤다. 우주인이 탑승하므로 시험 환경이 더욱 엄격해져 어려움이 컸기 때문이다. 신뢰성 확보를 위해 시험을 더욱 가혹하게 진행했다. 1단 엔진 연소가 160초이었지만 600초 시험을 했고, 2단 엔진은 300초이었지만 600초 시험을 했으며, 2단의 4개 자세제어 엔진도 480초이었지만, 1,100초 시험을 했다.

이 과정에서 2단 엔진 터보 펌프가 연소 시 오래 견디지 못하는 것을 발견해 시정했고, 둔감 화약도 채용했다. 또한 엔진 추력실 온도가 300도 이상으로 올라갈 때와 추진제가 대량으로 진입할 때 연소 불안정이 발생했다. 067기지에서는 소련의 관련 연구소와 협력해 이 문제를 해결했다. 이를 통해 창정 2호F 엔진의 안전성과 신뢰성이 대폭 개선되었다. 고장진단 시스템을 개발해 적용하고, 페어링 중량을 원래의 972킬로그램에서 450킬로그램으로 대폭 감량했다.

우주인의 안전과 관련한 가장 큰 특징은 신뢰성이 높은 도피탑을 설치한 것이다. 우주인의 비상탈출은 발사 대기 중, 발사 후 대기권, 대기권 밖, 궤도 선회, 귀환 착륙, 착륙 후의 6가지 상황으로 구분된다. 도피탑은 발사 후 대기권에서의 긴급 탈출에 대비하도록 설계된 것이다. 이 탑은 주 엔진과 조정 엔진, 분리 엔진 등으로 구성되어 페어링 상부에 설치하는데, 자력으로 높이 1,500미터, 거리 800~900미터를 날아 도피할 수 있다. 발사 대기 중에 긴급 상황이 발생하면 우주인이 귀환 모듈에서 나와 궤도선회 모듈과 페어링을 통과해 전용 엘리베이터를 타고 지하 엄폐호로 대피한다.

창정 2호F 로켓은 정상 발사 후 120초에 도피탑을 분리하고 200초에 페어링을 전개한다. 따라서 발사 후 저고도 대기층에서 응급상황이 발생했을 때는, 페어링 상부에 설치한 도피탑을 이용해 우주선을 본체와 분리하고 귀환 모듈을 독자적으로 작동시켜 지구에 착륙한다. 도피탑이 분리된 후인 고고도에서는 귀환 모듈만을 이용해 비상 착륙한다. 귀환 모듈의 대지 착륙은 상부에 설치된 대형 낙하산에 의존한다. 장쩌민 총서기는 '선지엔(神箭)'이라는 이름의 휘호를 내려 발사체 개발 성과를 치하했다.

우주선 선저우의 개발

921공정의 7개 시스템 중에서 가장 어려웠던 것이 유인우주선 개발이라고 한다. 한 번도 해보지 않았고, 우주인의 생명과 직결된 것이기에 더욱 그랬다. 이는 로켓 발사에서 귀환선 착륙까지의 모든 단계와 연결된다. 여기에 당시 중국은 "출발이 늦었지만, 목표는 높고, 한 번에 도달해야 한다(起步晚, 起点高, 一步到位)"는 점을 강조하는 상황이었다.

담당 기관인 공간기술연구원은 1970년대의 회수위성 개발 경험과 러시아와의 협력을 통해 선저우(神舟)를 개발했다. 특히 세계 최초로 유인우주선을 발사하고 우주정거장 건설 경험도 풍부한 러시아에서 큰 도움을 주었다. 당시 러시아는 체제 전환으로 거대한 재정 압박을 겪으면서, 우주 관련 연구소들이 커다란 어려움을 겪고 있었다. 이에 러시아의 경험을 흡수, 소화하면서, 후발국 우세를 이용한 도약식 발전으로 유인우주선 선저우를 개발할 수 있었다.

선저우는 러시아의 소유즈와 유사하게 궤도선회 모듈과 귀환 모듈, 추진 모듈, 도킹 부분으로 구성되어 있다. 발사 후 세 명의 우주인이 7일간 자주적으로 비행할 수 있고, 궤도선회 모듈은 귀환 모듈이 분리된 후에도 반년 간 선회하면서 필요한 실험을 진행할 수 있게 설계되었다.

궤도 모듈은 길이 2.8미터, 최대 직경 2.8미터의 원추형으로 한쪽은 귀환 모듈과, 다른 한쪽은 우주정거장과 연결할 수 있도록 설계되었다. 상승과 귀환 단계를 제외하면 우주인이 체류하면서 실험과 식사, 수면, 생리 활동을 하므로 온도를 17~25도로 유지하고 전력 공급을 위한 태양전지판도 양 끝에 부착했다.

회수 모듈은 길이 2미터, 직경 2.4미터의 종 모양이다. 밀폐 구조이고 내부에 계기판과 조종 장치, 디스플레이가 설치되며 전면에 출구가 있다. 상부에는 주 낙하산과 보조 낙하산(인도 낙하산)이 설치되고, 하단은 두꺼운 금속을 부착해 착륙 시의 고온과 충격에 견디도록 설계되었다.

추진 모듈은 길이 3.05미터, 직경 2.5미터, 하부 직경 2.8미터의 원추형이다. 우주선 추진을 위한 엔진과 방향 전환 및 자세 조정을 위한 보조 엔진, 추진제, 산소와 물 공급 장치가 탑재되어 있고, 외부에는 전력 공급을 위한 태양전지판이 부착되어 있다. 선저우의 전력 공급 능력은 러시아 소유즈의 3배 이상이라고 한다. 도킹 부분은 미래 우주정거장과의 도킹용인데 우주탐사 설비들이나 국방 용도의 실험 설비들을 탑재하기도 한다.

최근까지 발사된 11개의 선저우 우주선은 발사 목적이 변경되고 기술이 발달함에 따라 점진적으로 개선되었다. 즉, 1호부터 6호까지는 유인 우주비행 능력을 확보하기 위한 기술 시험용이었고, 7호에는 우주인의 외부 활동(유영)과 우주정거장 건설을 위한 기술 시험을 추가했으며, 8호부터는 우주정거장에 대한 물자 수송 기술을 개선하면서 형식을 고정하여 우주선을 대량으로 생산하는 데 주력했다.

곧 발사될 12호부터는 창정 5호B 발사체를 활용해 부피와 탑승 우주인

수, 물자 수송 능력이 대폭 개선될 전망이다.

우주정거장 톈궁의 개발과 운용

921공정 1단계 사업에는 대형 우주정거장 건설을 위한 수송 수단 확보와 경험 축적이 포함되어 있었다. 중국은 실험과 발사가 성공을 거두어 유인 우주가 실현되자, 바로 우주선 외부 활동과 우주 물자 수송, 소형 우주정거장 건설 및 운용 시험을 추진했다. 개발 초기에는 이를 '목표비행기(기호 MB)'라고 불렀으며, 2006년에 '톈궁(기호 TG)'으로 변경했다.

톈궁(天宮)이라는 명칭은 중국 고전 『서유기(西遊記)』에 나오며, 중국인들이 미지의 천상 공간을 이르는 말이다. 우주정거장을 개발하는 공간기술연구원 공정사 왕한(王菡)은 "인간이 가장 편안하게 생활하는 공간을 천궁이라 칭하니, 우주인이 궁전에 사는 것같이 편안한 공간을 제공한다"는 의미로 명명했다고 했다.

유인우주선 선저우가 순조롭게 발사되면서 공간기술연구원은 2008년, 톈궁 1호 발사 계획을 발표했고 2009년에 시제 생산을 완료했다. 이후 2010년까지 각종 측정과 성능을 개선했고, 2011년에 검정을 완료한 후 주취안 발사장으로 이송했다. 길이 10.4미터, 최대 직경 3.35미터이고 내부 유효 사용 공간은 15세제곱미터이다. 세 명의 우주인이 실험과 생활을 할 수 있고 설계 수명은 2년이다.

톈궁 1호는 2011년 9월 29일에 발사되어 1,630일을 우주에서 체류하며 설계 수명을 초과하여 운행했다. 다양한 실험과 측정 임무를 수행하는 등 중국 최초 우주정거장 건설과 운용 경험 축적에 커다란 기여를 했다. 2016년 3월 16일에 임무를 종료하고 4월 2일에 대기권에 진입해 소산되었다.

이어서 톈궁 2호가 개발되었다. 이것은 지구 관측과 우주 응용, 우주 의학 등을 활발히 추진하고 소형 위성도 발사할 수 있도록 설계되어, 진정한 의미에서의 우주정거장이라고 할 수 있었다. 실험 모듈과 자원 모듈로 구성되었고, 길이 10.4미터, 최대 직경 3.35미터, 태양전지판 전개 후의 폭은 18.4미터, 중량은 8.5톤이다.

톈궁 2호는 선저우 우주선이나 톈저우(天舟) 화물 수송선과 도킹하여 물자와 인력을 보충하고, 장기간 우주에서 실험을 할 수 있었다. 기본적으로 톈궁 1호와 유사하나, 1호를 운용하며 쌓은 기술을 적용하여 양자 통신을 시도했으며, 국제 협력을 통해 블랙홀 탐사도 수행했다. 톈궁 2호는 2016년 9월 15일에 발사되어 화물 운송선 톈저우 및 유인우주선 선저우와 도킹하면서 임무를 수행했고, 2019년 7월 19일에 대기권에 진입하면서 소산되었다.

중국의 초기 계획은 톈궁 3호를 발사해 운용한 후 대형 우주정거장을 건설하는 것이었다. 그러나 톈궁 2호 발사와 2016년 10월 선저우 11호와의 도킹에 성공한 후, 계획이 변경되었음을 밝혔다. 원래 톈궁 3호에서 수행하려 했던 실험들을 모두 톈궁 2호가 수행했으므로 공정 단축과 달 탐사에의 집중, 경비 감소를 위해 곧바로 대형 우주정거장 건설을 시작한다는 것이다.

본격적인 대형 우주정거장 건설은 원래 2020년 전후로 계획되어 있었다. 그러나 이를 발사할 창정 5호 개발이 지연되고 발사 또한 실패하여 지연된 상태이다. 중국은 2022년경에 우주정거장을 건설할 것이라고 발표했고, 국제 협력을 통한 공동 건설과 운용 가능성도 열어놓고 있다.

우주인의 선발과 훈련

우주인 선발 과정에서는 과거의 유인우주선 개발계획(714공정)을 위해

1968년에 설립된 베이징우주의학공정연구소가 큰 역할을 했다. 우주인은 공군 전투기와 공격기 조종사 중에서 전문대학 이상의 학력에 경력 3년 이상, 비행 600시간 이상, 성적이 우수한 사람으로 선발했다. 이외에도 응급 시 대처 능력과 강한 인내력, 독립적인 사고와 원만한 대인 관계가 선발 기준이 되었다. 주로 25~35세에 신장 160~172센티미터, 체중 55~70킬로그램의 신체 건장한 남성들이었다.

이들은 모두 네 가지 관문을 거쳐 선발되었다. 첫 관문은 예비 선정으로, 1,500명이 넘는 지원자 중에서 서류 심사, 조종술, 체력 검사를 통해 800여 명을 선발했다. 두 번째는 체력 검사로 임상 검사와 특수 검사, 실험실 검사, 심리 검사를 거쳐 60명을 선발하고 20명을 후보로 두었다.

세 번째는 엄격한 재심으로서, 60명 중 15명씩을 베이징공군총의원에 15일 정도 입원시켜 정밀 심사를 진행했다. 동시에 베이징우주의학공정연구소에서 20일 동안의 생리 시험(심폐기능, 하체 및 두부 내압 기능, 뇌기능, 평형감각, 회전감각, 초중력 내성, 저압 내성, 고공 감압 내성, 귀의 기압 내성, 개인 심리 등)을 진행하여 부적격자를 탈락시키고, 전문가위원회에서 18~20명을 선정했다.

마지막 네 번째는 정식 선정으로서, 관계 기관이 참여하여 정치사상, 기술 수준, 가정 상황, 가족 유전자 이력, 풍토병과 전염병 이력 등에 대한 정밀 조사와 종합 평가를 거쳐 12명의 예비 우주인과 3명의 후보를 선발했다. 선발된 우주인들은 모두 대학 이상 학력에 1,000시간 이상의 비행 경력, 탁월한 비행술, 건강한 신체, 양호한 심리 특성을 보유한 공군의 엘리트 조종사들이었다.

이들은 군대식의 우주인 대대를 형성하여 베이징우주인훈련센터에서 훈련을 받았다. 우주인 대대는 러시아의 가가린우주인훈련센터에서 1년간 훈련을 받은 교관 두 명을 포함해 모두 14명으로 구성되었다.

훈련은 3인 1조로 구성되어 4년간 4단계로 진행되었다. 각 단계는 1단계 기초 이론 훈련 12개월, 2단계 우주 전문 기술 훈련 20개월, 3단계 우주 비행 가상 훈련 16개월, 4단계 발사장 발사 준비 1개월로 구성되었다. 이를 도식화하면 다음과 같다.

중국의 우주인 훈련 과정

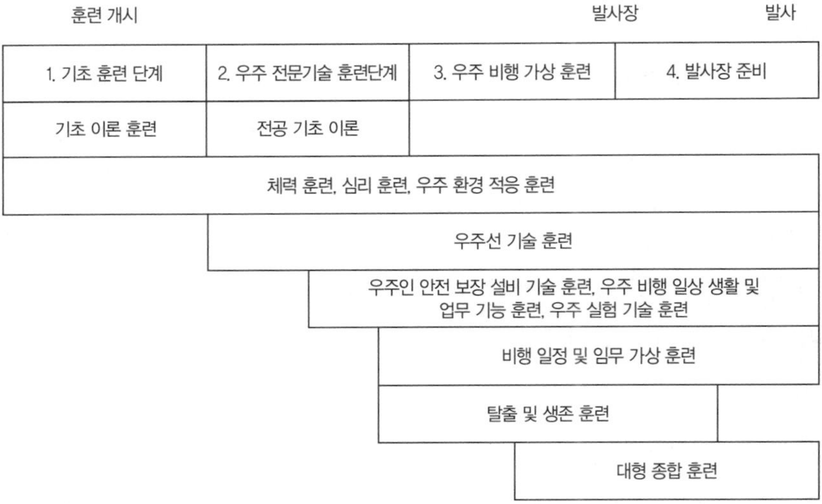

훈련 개시 / 발사장 / 발사

1. 기초 훈련 단계	2. 우주 전문기술 훈련단계	3. 우주 비행 가상 훈련	4. 발사장 준비
기초 이론 훈련	전공 기초 이론		

체력 훈련, 심리 훈련, 우주 환경 적응 훈련

우주선 기술 훈련

우주인 안전 보장 설비 기술 훈련, 우주 비행 일상 생활 및 업무 기능 훈련, 우주 실험 기술 훈련

비행 일정 및 임무 가상 훈련

탈출 및 생존 훈련

대형 종합 훈련

이렇게 선발된 중국 최초의 우주인 중 양리웨이(陽利偉)는 훈련 과정에서 가장 우수한 성적을 나타냈다고 한다. 1983년 18세에 해방군 공군제8비행학원에 입학해 우수한 성적으로 졸업하고, 공격기와 전투기 조종사로 근무하다 1996년에 168센티미터, 65킬로그램의 신체 조건으로 우주인 선발 시험에 응시했다. 1998년 1월에 베이징우주인훈련센터에 입소해 가장

좋은 성적으로 선저우 5호의 최종 우주인 3명에 선발되었고, 마침내 중국 최초의 우주인이 되었다.

선저우 발사와 유인 우주의 실현

중국 우주 계획의 3단계 발전 전략에 따라 선저우 유인우주선에 부여된 임무는 다음과 같다.

1. 유인 우주 비행 기본 기술의 개발
2. 우주에서의 대지 관측, 우주과학기술 실험
3. 초보적인 우주왕복선 개발
4. 유인 우주정거장 개발을 위한 경험 축적

이를 실현하기 위해 1999년부터 2016년까지 5차례의 무인우주선 실험과 6차례의 유인우주선 실험을 수행했다.

선저우 1호는 첫 발사를 기념하기 위해 중국 국기와 올림픽기, 각종 우표를 실었고, 피망, 옥수수, 보리와 감초, 판람근 등의 중약재 종자를 탑재하여 우주 환경에서의 변화를 측정했다. 발사 시스템을 종합적으로 점검하고 내부 측정과 지상/해상에서의 추적 역량도 검증했다.

선저우 2호는 유인 우주 실현을 위해 우주선 내에서의 미중력 환경 시험과 우주 생명공학 시험을 수행했고, 별도로 결정 성장 등의 신소재 개발과 우주 천문 및 우주 물리 실험 등을 수행했다.

선저우 3호는 유인우주선과 동일한 환경을 조성하고 보다 진보된 과학 실험을 수행했다. 특히 모형 우주인과 도피탑을 설치하여 우주공간에서의 신진대사 변화를 측정하고 비상탈출 상황도 실험했다.

순서	발사일	귀환일	우주인	비행시간	회전
선저우 1호	1999.11.20	1999.11.21	무인우주선	21시간 11분	14
선저우 2호	2001.01.10	2001.01.16	무인우주선	6일 18시간 22분	108
선저우 3호	2002.03.25	2002.04.01	모의 우주인 탑재	6일 8시간 39분	108
선저우 4호	2002.12.30	2003.01.05	모의 우주인 탑재	6일 18시간 36분	108
선저우 5호	2003.10.15	2003.10.16	양리웨이	21시간 28분	14
선저우 6호	2005.10.12	2005.10.17	페이쥔룽, 녜하이성	4일 19시간 32분	77
선저우 7호	2008.09.25	2008.09.28	자이지강, 류보밍, 징하이펑	2일 20시간 30분	45
선저우 8호	2011.11.01	2011.11.17	모의 우주인 탑재	18일	?
선저우 9호	2012.06.16	2012.06.29	징하이펑, 류왕, 리우양*	12일	?
선저우 10호	2013.06.11	2013.06.26	녜하이성, 장샤오광, 왕야핑*	15일	?
선저우 11호	2016.10.17	2016.11.18	징하이펑, 천둥	32일	?

*는 여성 우주인

선저우 4호는 궤도선회 모듈과 귀환 모듈에 각각 두 명과 한 명의 모형 우주인을 탑재하여 완전히 유인우주선과 같은 상황을 연출했고, 미중력 상황에서의 세포 융합과 제약 실험도 수행했다.

선저우 5호는 최초로 우주인 양리웨이를 태우고 발사되어 우주 비행에 성공했다. 2008년 베이징올림픽기를 탑재하고 우주인 활동과 신진대사 동태를 측정했으며, 유인 우주를 위해 고장 자동진단 시스템과 도피탑도 전면 개선했다. 선저우 6호는 우주인을 두 명으로 늘리고 우주 육종 실험을 수행했으며, 우주인에게 보내는 편지를 공모해 특등상 작품을 탑재했다.

선저우 7호는 세 명의 우주인 중 한 명이 외부로 나가 우주 유영을 실현했고, 이를 위한 우주복과 외부 출입 장치, 산소 공급 장치 등을 전면 개선했다. 우주 유영은 미리 외부에 부착한 물건을 회수하는 실험을 통해 우주 정거장 건설을 위한 활동을 포함시켰다.

무인우주선인 선저우 8호는 성능을 대폭 개선하여 톈궁 1호 우주정거장과 두 차례 도킹에 성공했다. 선저우 9호는 여성 한 명을 포함한 세 명의 우주인이 탑승했고, 톈궁 1호와 도킹해 양쪽을 연결했다. 우주인들이 선저우에서 숙식하고 톈궁에서 실험과 휴식을 취하면서, 우주정거장에서의 주거와 실험 여건들을 점검했다.

선저우 10호는 여성 한 명을 포함한 세 명의 우주인이 탑승하여 톈궁 1호와의 자동/수동 도킹 체계를 점검했고, 톈궁에 물자를 공급하면서 결합체 비행으로 우주인의 장기 체류 가능성을 점검했다. 선저우 11호는 두 명의 우주인이 탑승해 톈궁 2호와 도킹했고, 32일간 체류하면서 우주정거장에서의 장기 체류 시험을 수행했다.

선저우 우주선의 발사 내용을 보면 1호에서 4호까지는 무인으로 유인우주 핵심기술을 확보했고, 5호에서 유인 우주를 실현했으며, 6호는 복수 우주인 탑승, 7호는 우주 유영, 8호는 무인 도킹, 9호는 유인 도킹, 10호는 우주 수송과 결합체 비행, 11호는 우주인 장기 체류를 시험하면서 빠른 기간 내에 세계 수준에 진입한 것을 알 수 있다.

국격 상승과 국민들의 자긍심 고취

중국의 유인우주선 계획은 개혁 개방을 통해 세계 수준과의 격차를 확인하고 위기의식을 느끼는 가운데 시작되었다. 이에 민감한 과학자들이 연명으로 대안 수립을 건의했고, 이를 이해한 최고 지도자가 바로 총력을 다해 추진할 것을 지시했다. 이렇게 시작된 863계획에 우주기술 개발이 포함되었고, 대대적인 기술 추격과 도약을 시작하게 되었다.

20여 년의 노력을 거쳐, 중국은 소련, 미국에 이어 세계 세 번째로 유인우주선을 개발한 국가가 되었다. 유인우주선 개발 성공은 중국의 군사적, 과학기술적 역량을 전 세계에 과시하고 창정 계열 로켓의 상품 가치를 극대화하는 데 크게 기여했다. 국내적으로도 공산당 통치의 정당성과 3세대 지도자들의 업적을 과시해 정치적 안정과 민족 단결을 강화하는 데 중요한 역할을 했다. 시의적절한 계획과 장기적인 노력이 큰 성과를 낸 것이다.

예산 투입 대비 효과

이러한 계획에 막대한 경비가 들어간 것은 물론이다. 이에 따라 국내 각계에서 "우주개발의 경제적 실효성이 적으니, 그 경비 대부분을 민생 투자로 전환할 것"을 주장했다. 특히 1990년대 말과 2000년대 말의 경제 위기 상황에서 이런 주장이 많은 설득력을 얻으며 확산되었다.

그러나 오늘날 중국의 위상이 크게 높아지고 우주기술 응용 범위가 넓어지면서 이런 주장이 점차 줄어들고 있다. 우주 관련 기업들도 적극적으로 실물 경제에 참여해 수익을 창출하고, 눈높이를 낮춰 국민들의 다양한 수요에 부응하고 있다. 러시아 등과의 협력으로 개발 기간과 경비를 절감하기도 했다. 점차 기업들의 수익성이 개선되었고, 중국 정부의 우주 계획도 점차 높은 목표를 지향하게 되었다.

우주 개척은 장기적인 계획과 지속적인 투자가 선행되어야 세계 시장에서 높은 위상을 확보할 수 있다. 과학기술은 성공할 때도 많지만 실패할 때도 많으므로, 당면한 어려움 때문에 계획을 포기하거나 수정하지 않아야 한다. 우리나라의 우주 계획은 정권 교체 시마다 크게 바뀌는 경우가 많은데, 중국의 경험을 타산지석으로 삼을 필요가 있다.

14 미래 계획: 달 탐사를 넘어 우주로

"繞, 落, 回."
(달궤도에 진입하고, 착륙한 후, 돌아온다.)

인간을 달에 보내는 것은 중국인들의 오랜 염원이자 꿈꾸어 오던 소망이었다. 이런 염원은 베이징우주의학공정연구소 전 소장이며 '921공정'의 부총설계사였던 선리핑(沈力平)의 회고록에도 잘 나타난다. 그는 1988년, 닐 암스트롱이 연구소를 방문했던 때, "인류 최초로 달에 가는 꿈을 꾼 사람은 아름다운 중국 여성이었다. 그러나 최초로 달에 간 사람은 미국인이고 그 사람이 바로 나다"라는 말에 큰 도전을 받았다고 했다.
암스트롱이 말한 여성은 중국의 고대 전설에서 서왕모(西王母)의 불사약을 훔쳐 달로 달아났다는 창어(상아, 항아, 嫦娥)이다. 과거에는 빛나는 영광이었지만 빛을 잃어버린 오늘날의 상황은 중국인들로 하여금 우주개발에 더욱 분발하도록 하는 계기가 되었다. 이제 중국은 지구궤도 위성과 유인 우주 단계를 넘어 화성과 심우주 탐사로 개척 범위를 확대해 나가고 있다.

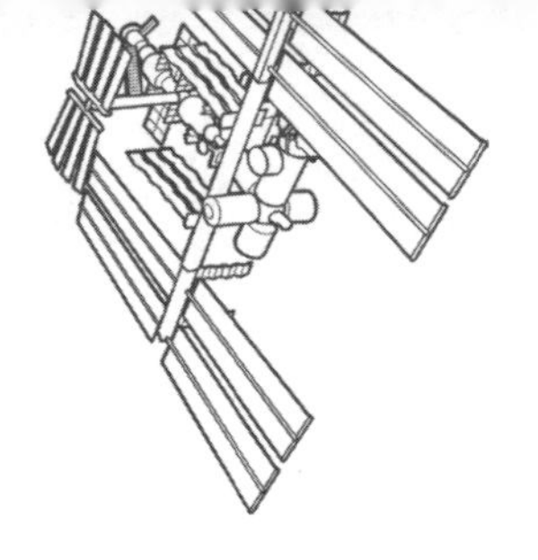

『중국우주백서』와 장기 전망 목표

중국 우주기술의 응용 범위가 넓어지고 수준이 높아지면서, 보다 체계적이고 예측 가능하며 대중이 동참할 수 있는 활동이 필요해졌다. 이에 국가항천국 주도로 『중국우주백서(中國的航天)』를 발간했다. 이 백서는 2000년에 처음 발간된 후, 국민 경제 발전 5개년 계획과 연동하여 5년마다 발간하고 있다.

『중국우주백서』는 서론과 발전 목표, 5년 성과 회고와 향후 5년 핵심사업, 국제 협력 등으로 구성된다. 2016년에 발간된 백서에서는 중국 우주산업의 목표로 우주에 대한 인식 확산, 우주의 평화적 이용, 경제 건설과 과학기술 발전, 국가 안전과 사회 진보, 국민 소양 제고, 종합적인 국력 향상 등을 언급했다.

백서는 중국 우주개발의 비전을 우주 강국 건설과 자주적 혁신, 경제사회 발전과 국가 안보 지원, 우주기술과 산업 개발, 인프라 건설, 인력 개발 등을 통한 중화민족 부흥과 '중국의 꿈' 실현, 인류문명 진보에의 공헌 등으로 소개하고 있다. 또한 발전 원칙으로 혁신 발전, 조화 발전, 평화 발전, 개발 발전 네 가지로 요약하고 있다.

지난 5년(2011~2015년)의 주요 성과로 자주 혁신 능력 증가와 우주 진입 능력 제고, 우주 인프라 개선, 중대 공정(유인우주선, 달 탐사, 위성항법, 고해상도 지구 관측)의 순조로운 추진, 우주과학, 우주기술, 우주 응용 분야에서의 풍부한 성과 등을 소개했다.

다음 5년(2016~2020)의 주요 임무는 다음과 같다.

1. 우주 강국 건설과 기초 역량 제고
2. 핵심/첨단기술개발
3. 중대공정 실시(유인우주선, 달 탐사, 위성항법, 고해상도 지구 관측, 차세대 운반 로켓)와 우주 인프라 구축
4. 우주 응용 범위와 우주과학 연구 확대
5. 우주과학, 우주기술, 우주 응용의 전면적인 발전 추진 등

우주백서를 살펴보면 핵심사업의 연속성과 기술 고도화, 응용 범위 확대가 뚜렷하게 나타나는 것을 알 수 있다. 아울러 과거의 정부 중심, 국방 위주에서 벗어나 국민 경제 건설과 사회 발전, 국민 자긍심 고취를 도모하고, 국제 사회에서의 위상을 높이면서 중국이 주도하는 우주 활동을 전개하려 하고 있다. 최근에 '일대일로'를 우주 활동과 연계하려는 것도 바로 이 때문이다.

중국 우주개발의 중장기 목표는 1단계 지구궤도 위성, 2단계 유인 우주 실현, 3단계 심우주 탐사로 발전하는 것이다. 중국은 이미 1단계를 실현했고, 21세기 초, 2단계를 진행하는 과정에서 커다란 진전을 이루었다. 이제는 빠른 속도로 3단계를 향해 달려가고 있다. 처음에는 세계적 추세를 따라 가다가 어느덧 미국, 러시아와 어깨를 견주게 된 것이다. 그 핵심사업에 달 탐사가 있다.

달 탐사: 창어 공정의 가동

창어(嫦娥) 이야기에서 본 것처럼 달 탐사는 중국인의 오랜 숙원이었다. 1960년대 미국과 소련의 달 탐사 경쟁이 벌어지자, 중국도 관련 정보를 수집하면서 참가 가능성을 모색했다. 921공정으로 유인우주선을 탑재할 수 있는 창정 2호F 발사체가 개발되면서, 여기에 달 탐사선을 탑재하는 방안을 찾기도 했다.

달 탐사 연구는 지구궤도 위성이나 유인우주선과 달리 국방 분야와 직접적으로 연계되지 않았기 때문에 초기 연구는 중국과학원 등의 학자들이 많이 참여했다. 1994년에 타당성 연구를 수행했고, 1996년에 달 탐사위성 기술개발 경로를 연구했다. 이를 토대로 1997년에 중국과학원에서 「중국 달 탐사기술 발전에 관한 건의」를 발표했고, 1998년에는 위성 핵심기술 개발이 이루어졌다.

이러한 초기 연구를 토대로 국가항천국이 유인우주선 이후의 국가 핵심과제로 달 탐사를 선정했다. 2000년에 베이징에서 개최된 '세계 우주 주간' 행사에서 당시 국가항천국 국장이 달 탐사 의지를 천명한 것이다. 결국 2000년 발간된 중국 최초의 우주백서에 '달 탐사를 중심으로 하는 심우주 탐사 사전 연구'가 단기 발전 목표 중 하나로 선정되었다.

2001년, 중국과학원의 오우양즈위엔(歐陽自遠) 원사가 주도한 '달 탐사 위성 제1기 목표와 설계 방안'이 국가 심사를 통과했다. 이에 중앙정부는 달 탐사 계획 추진을 승인했고, 2004년부터 달 탐사 계획인 '창어 공정'이 본격적으로 가동되었다.

이 공정은 유인우주선과 함께 국방과학공업위원회에서 주관했고, 총설계사에 쑨자둥이, 수석 과학자에 오우양즈위엔 원사가 임명되었다. 수석 과학자로는 전국 80여 기관의 전문가들이 과학자 위원회를 구성했고, 이들에게는 기술 응용 분야를 담당하는 막중한 책임이 주어졌다.

달 탐사는 지구궤도 밖을 왕복하면서 헬륨-3(^{3}He) 등의 유용 자원을 채취하고 달 기지 건설 경험을 축적하는 것으로, 미래 심우주 탐사의 중요한 첫걸음이다. 성공한다면 우주 분야에서 세계 선두에 올라서게 되고, 미래 우주 탐사와 응용을 주도할 수 있게 된다.

창어 공정의 목표와 3단계 발전 전략

중국은 창어 공정의 목표로 다음의 4가지를 소개하고 있다.

1. 달의 3차원 영상 확보
2. 달 표면의 유용 자원 함량과 분포 파악
3. 토양의 특성과 두께, ^{3}He(헬륨-3) 자원의 총량 파악
4. 지구와 달 사이의 공간 환경 탐사, 태양 활동이 지구에 미치는 영향 파악 등

전체 공정은 5개의 하부 시스템으로 구성되는데, 달 탐사 위성, 발사체, 발사장, 관제, 지상 응용이다. 위성은 둥팡훙 통신위성 플랫폼을 활용해 개발하고, 발사체와 발사장은 지구정지궤도 위성 발사에 활용되는 창정 3호와 시창 발사장을 활용한다. 이는 달 탐사 위성이 먼저 지구정지궤도에 진입한 후 이탈하여 달궤도로 향하기 때문이다. 관제는 기존 18미터 안테나 외에 35미터, 64미터 안테나를 추가 건설해 사용하며, 지상 응용은 중국과학원에서 담당한다.

상당수의 중국 우주 프로젝트가 3단계 발전 전략을 채택하고 있는데, 달 탐사 공정도 마찬가지이다. 중국은 장기 목표를 3단계로 나누어 무인

달 탐사, 유인 달 탐사, 달 기지 건설로 구분했다. 1단계 무인 달 탐사를 다시 3단계로 나누어, '요(繞), 락(落), 회(回)(둘러싸고 낙하한 후 돌아온다)'라 명명했다.

요는 2007년경까지 달 탐사 위성이 지구궤도 밖으로 전이하는 천체 비행 기술과 달궤도 진입 기술을 개발하고, 달 표면 3차원 영상과 유용 원소 함량 정보 등을 확보하는 것이다.

락은 2013년 말까지 탐사선이 달에 착륙하는 기술과 탐사 차량의 자동 운행 기술을 개발하고, 착륙장 주변의 토양과 암석 특성을 파악해 달 기지 건설에 필요한 정보를 얻는 것이다.

회는 2020년경까지 달 착륙선이 샘플을 채취한 후 다시 지구로 복귀하는 천체 왕복 기술을 개발하고, 정밀 분석을 통해 달의 기원과 진화 과정을 파악해 달 기지 건설의 토대로 삼는 것이다. 하지만 2017년의 창정 5호 발사 실패로 전체 일정이 지연되었다. 이것이 완성되면 다음 단계, 유인 달 탐사로 이어진다.

창어 위성 발사와 활동

1단계 개발 단계에서 창어 위성은 7개 정도로 계획되어 있었다. 1호는 달궤도 진입과 관측용, 2호는 1호의 개량형, 3호는 달 착륙용, 4호는 3호의 예비용이었다. 5호는 달 샘플 채취 후 귀환용, 6호는 궤도선과 상승선, 착륙선, 귀환선으로 구성된 자동 운행 모형, 7호는 모사 우주인을 탑재하는 유인 달 탐사 검증용이었다.

먼저 2007년 10월에 발사된 창어 1호는 14일 만에 성공적으로 고도 200킬로미터의 달궤도에 진입했다. 1호에는 CCD 입체 카메라와 레이저 고도계, 분광계와 마이크로파 측정기, 태양 우주선 검측기 등이 탑재되어 있어, 달 표면의 3차원 영상과 표면 특성 및 착륙 지점 파악 등을 수행했다. 설계 수명은 1년이었지만, 이를 초과해 임무를 수행한 후 달 표면에 충돌하여 사라졌다.

이어서 창어 2호가 2010년 10월에 발사되었다. 1호와 달리 38만킬로미터 고도에 직접 도달해 달까지의 이동 시간을 5일로 단축했고, 달 선회 고도를 100킬로미터로 낮추었다. 카메라 해상도가 1호의 120미터에서 10미터로 좋아졌고, 100×15킬로미터의 타원궤도로 전환하면 1미터의 정밀 영상을 확보할 수 있었다. 이를 통해 세계 최초로 7미터급 해상도의 달 전체 영상을 획득하는 데 성공했다. 이후 달궤도를 떠나 라그랑주 포인트[34]로 이동하여, 지구와의 통신 실험을 했다.

1호와 2호로 3단계 발전 전략의 요(绕, 둘러싸기)가 완성되고, 2013년 12월에 발사된 3호부터 락(落, 착륙)이 시작되었다. 3호는 착륙 위성과 달 탐사 로봇(로버) '위투(玉兔) 1호(1.5×1×1.1미터, 140킬로그램)'로 구성되었는데, 360도 입체 카메라와 적외선 카메라, X선 분석기, 레이더와 망원경 등을 탑재하여 종합적인 고해상도 영상 촬영과 분석을 수행할 수 있었다.

1호가 달 표면에 충돌하는 데 비해 3호는 연착륙을 해야 했다. 게다가 달에는 공기가 없어 낙하산을 활용한 감속도 불가능하므로 달 표면에 접근할 때 역추진으로 속도를 줄였다. 특히 달 표면의 극심한 온도차를 견디는 것이 어려운 과제였다. 달의 하루가 지구의 1개월 정도에 해당하는데, 낮에는 온도가 100도 이상으로 올라가고, 밤에는 영하 180도 이하로 떨어지기 때문이다.

---

34) 두 천체의 중력이 평형을 이루어 중력이 0에 가까운 지점을 말한다. 지구와 달 사이의 라그랑주 포인트에 위성을 띄우면 어느 한쪽으로 추락하지 않고 안정적으로 머물 수 있으므로 지구 반대편에 착륙하는 탐사선과의 통신을 중계할 수 있다.

이러한 달의 환경에서 오랜 시간을 버틸 수 있는 소재를 개발하고 플루토늄-239(^{239}Pu) 원자력 전지를 탑재해 온도를 조절했다. 아울러, 밤에는 위투의 통신과 온도 조절 등을 제외한 대부분의 실험 장치 작동을 중단하고 휴면 상태에 진입했다가, 낮에 다시 자체적으로 깨어나 활동하도록 설계했다. 그러나 고장으로 2014년 9월까지 간헐적으로 자료를 전송하는 데 그쳤고 이마저도 2015년 3월에 중단되었다.

이어서 2018년 12월에 창어 4호가 발사되었다. 3호가 성공한 후 4호를 예비로 남기고 5호를 2017년 말에 발사할 예정이었으나, 이를 운송할 신형 창정 5호가 시험발사에 실패하면서 계획이 틀어졌다. 이에 예비로 두었던 4호에 '위투 2호'를 탑재하여 세계 최초로 지구 반대편 달 표면에 착륙했다. 이곳은 지구와 직접 통신하기 어려운 위치로, 5월에 발사되어 라그랑주 포인트에 진입한 췌차오(鵲橋, 오작교) 중계위성의 통신 중계를 받았다.

위투 2호는 장시간 휴면과 활동을 반복하면서 실험을 수행했다. 특히 면화와 유채, 감자, 애기장대, 효모, 초파리 등의 종자와 충란(하등 동물 암컷의 생식세포) 배양 실험을 수행했고, 이 중 면화 싹이 자라는 모습을 관측하기도 했다. 곧 차가운 기온에 얼어 죽었지만, 향후 달 기지 건설에 응용할 중요한 실험이 되었다. 이제 창정 5호가 정상화되면, 창어 5호 이후 위성을 통해 착륙과 귀환이 시도될 것이다.

화성 탐사를 위한 러시아와의 협력과 실패

화성은 지구궤도를 벗어나는 첫 번째 행성이자 달 탐사를 넘어서는 두 번째 심우주 탐사 대상이다. 따라서 우주 선진국들이 앞다투어 탐사에 나서고 있고, 최근 들어 후발 주자들도 가세하고 있다. 그러나 지금까지 발사된 화성 탐사선의 3분의 2 이상이 실패해 '탐사선의 무덤'이라 불릴 정도로 많은 어려움이 존재한다.

화성 탐사를 위해서는 먼저 강력한 발사체가 필요하다. 지구의 인력을 벗어나려면 속도가 초속 11.2킬로미터(11.2km/s)의 제2우주속도(지구 중력장에서의 탈출 속도) 이상이어야 하는데, 창정 5호 이전까지는 이를 실현할 수 없었다. 다음으로 화성은 궤도상 근거리에서 60~70만킬로미터이고 원거리에서 4억 킬로미터가 되어 더 멀어진다. 관제를 위해 거대한 심우주 레이더가 필요하고, 무선통신에 수십 분이 소요되므로 탐사선에 자동화 시스템을 갖추어야 한다.

화성이 지구와 가까워지는 시기가 2년에 한 번씩 찾아오므로 이 시기를 놓치면 다시 2년을 기다려야 한다. 화성까지의 이동에 7개월이 소요되고, 중간에 태양빛이 수 시간 가려지면 위성 온도가 영하 200도로 떨어지기도 한다. 따라서 화성 탐사에서 앞서는 것은 곧 세계적인 우주 강국의 반열에 오르는 것을 의미한다.

2000년대 들어서 달 탐사에 진전을 보인 중국은 그다음 단계이자 우주개발 최전선인 화성 탐사를 기획하게 되었다. 그러나 당시 중국에는 화성 탐사선을 발사할 강력한 발사체와 심우주 탐사용 관제망이 없었고, 관련 정보와 기술도 부족했다. 따라서 화성 탐사에서 가장 앞섰다고 평가받는 러시아와 협력해, 기술과 정보를 입수하면서 사업을 추진하게 되었다.

2007년에 화성 탐사를 위한 중·러 우주국 협력 협정이 체결되었고, 상하이위성공정연구소에서 과제를 받아 탐사선을 개발하게 되었다. 당시 목표는 화성이 지구와 가까워지는 2009년에 최초의 탐사위성을 공동 발사하고, 이후 화성 환경 탐사를 지속하면서 기술을 성숙시킨 후 2020년경 화성에 착륙해 탐사와 분석을 한다는 것이었다.

탐사선은 중국과 러시아가 별도로 만들고, 같은 발사체로 발사해 분리된 후 화성으로 향하도록 했다. 중국은 러시아의 기술 지원을 받아 2년 만에 카메라와 자기장 측정기를 탑재한 탐사선 '잉훠 1호(螢火一號)'[35]를 제작했다. 크기는 75×75×60센티미터이었고 중량은 110킬로그램이었다. 러시아는 자체적으로 포보스-그룬트(Phobos-Grunt)라는 이름의 화성 탐사선을 제작했다.

그러나 러시아 측에 문제가 발생하여 2009년 발사 시기를 놓치고, 2011년에야 발사하게 되었다. 11월 8일, 카자흐스탄의 바이코누르 발사장에서 러시아의 제니트-2SB 로켓으로 잉훠 1호가 발사되었으나, 다음 날 러시아 탐사선이 분리에 실패했다. 결국 중국 탐사선도 분리되지 못했고 후에 대기권에 진입해 소산했다.

자주적인 화성 탐사 가동

러시아 발사체 문제로 계획이 실패하자, 중국은 다시는 외국 발사체에 의존하지 않고 자주적인 화성 탐사를 실시하기로 결정했다. 이에 치밀한 준비를 거쳐 2016년 1월 11일부터 화성 탐사 계획(中国火星探测計劃)을 공식 추진하게 되었다.

중국의 초기 화성 탐사 계획은 '요, 락, 순, 회'의 4단계로 구성되어 있었다. 달 탐사 공정의 3단계에 순을 추가한 것인데, 이는 탐사선이 화성에 착륙한 후 차량이 곳곳을 순회하며 탐사와 시료 채취, 분석 등을 수행하는 단계를 말한다.

이를 위해 잉훠 1호가 관측에 치중하는 요를 실현하고 2호가 착륙을 의미하는 락을 실현하도록 계획했다. 그러나 러시아와 협력한 1호가 실패하

35) 잉훠는 고대 중국의 화성 이름인 형혹(熒惑)에서 음을 따온 것으로 반딧불이를 의미한다.

면서 계획이 변경되었다. 국산 창정 5호를 이용해 발사하되, 잃어버린 시간을 최대한 극복할 수 있도록 도약식 발전을 도모한 것이다. 동시에 심우주 탐사용 대형 관제 레이더도 구축했다.

2020년 4월 24일, 제5차 중국 우주의 날에 국가우주국이 화성탐사계획의 명칭을 '톈원(天問)'으로 결정했다. 이는 초나라 시인 굴원(屈原)의 시 제목으로 하늘에 대한 의문 제기와 진리 추구의 의지를 드러낸 말이다. 이에 따라 2020년 7~8월경에 발사 예정이었던 잉훠 2호의 명칭도 '톈원 1호'로 변경되었다.

◍ 중국 우주의 날을 선정할 때, 전문가들은 후보 날짜 세 개를 건의했다. 그 날짜는 2003년 10월 15일(양리웨이 첫 유인 우주 성공), 1956년 10월 8일(국방부 제5연구원 설립), 1970년 4월 24일(중국 최초 위성 동팡훙 발사 성공)이었다. 이 중에서 최초의 인공위성 발사일이 우주의 날로 선정되었다.

톈원 1호는 탐사선과 착륙 순시기로 구성했다. 원래 계획의 4단계 중에서 요, 락, 순의 세 가지를 한 번에 수행하는 것이다. 이를 화성 탐사 1단계 공정이라 했다. 탐사선은 창정 5호로 지구-화성 천이궤도에 진입한 후, 몇 번의 기동과 수정을 거쳐 화성 타원형궤도에 진입한다. 이후 낙하산과 감속엔진을 적용해 착륙 순시기를 착륙시키고, 탐사선은 궤도상에서의 탐사와 지구와의 중계를 수행한다.

착륙 순시기에는 6개의 탐사 장치들을 탑재해, 화성 환경 위주의 탐사 활동을 전개한다. 주요 측정항목은 대기 온도와 바람의 존재 여부, 풍속 등이다. 탐사 차량의 '주간 활동-야간 휴면' 방식과 자동제어는 달 탐사 차량 창어 3호, 4호에서 쌓은 경험과 기술을 적용한다. 탐사 기간은 화성의 3개월인데, 이는 지구의 92일에 해당한다.

새로운 우주 강국으로의 부상

2019년 연말, 창정 5호 발사가 성공하며 그동안 지연되었던 차기 우주정거장과 창어 5호 달 탐사 위성 등의 우주 프로젝트 대부분이 2020년부터 재개되고 있다. 화성과의 거리가 가까워지는 시간도 2020년 7~8월경이므로, 톈원 1호도 이 시기에 발사하는 것을 목표로 했다.

결국 2020년 7월 23일, 하이난 원창 발사장에서 톈원 1호가 창정 5Y4에 실려 성공적으로 발사되었다. 아랍에미리트의 첫 화성 탐사선 아말(Amal)보다 3일 늦었고, 미국의 퍼시비어런스(Perseverance)보다는 일주일 빠른 것이었다. 이후 화성으로의 궤도 전이와 도달 거리가 국제 사회의 주목을 받으면서 계속 보도되었다.

지금까지 수많은 국가들이 화성에 도전했으나, 착륙에 성공한 나라는 미국과 구소련뿐이었다. 이 중 소련의 탐사선은 착륙 후 활동에 실패했으므로 미국 NASA만이 화성에 착륙해 탐사와 분석 작업을 성공적으로 수행하고 있다. EU-러시아 공동 탐사 계획도 있었으나, 탐사선에 문제가 발생해 2020년 발사 시기를 놓친 것으로 알려졌다. 아랍에미리트는 발사체와 탐사선 모두 외국 의존도가 높아, 진정한 우주 경쟁력을 보유했다고 보기 어렵다.

결과적으로 미국과 중국이 화성 탐사의 최전선에서 실력을 겨루게 되었다. 비록 중국의 화성 탐사가 미국보다 수십 년 뒤졌으나, 첫 탐사에서 미국의 경험을 추격해 대등한 위치에 도달하려 하고 있다. 이제 화성 도착과 착륙, 탐사 경쟁에서 중국의 기술력이 어느 정도인지는 2021년 2월부터 드러날 것이다.

얼마 전까지만 해도 우주 분야의 초강대국은 미국이었고, 러시아와 유럽이 뒤따랐지만, 최근 많은 영역에서 중국이 러시아와 유럽을 넘어 미국에 도전하고 있다. 화성 탐사는 항법위성과 함께 중국이 우주 분야에서 러시아와 유럽을 넘어 미국에 도전하는 또 하나의 영역이 될 것이다. 이는 최근 격화된 미·중 양국의 안보, 경제 경쟁에서 중국의 위상을 높이고 국민 자긍심을 높이는 매개체가 될 수 있다.

최고를 향한 경쟁

중국은 2030년경에 우주 강국 반열에 오를 것이라 선언한 바 있다. 물론 이를 판단하는 기준이 아직은 애매하지만, 강력하고 신뢰성 있는 발사체와 우주정거장의 보유, 심우주 탐사 능력 등이 공동의 평가 지표가 될 수 있다. 중국은 921공정으로 유인우주선과 우주정거장을 개척한 후, 달 탐사와 화성 탐사 및 차기 우주정거장을 최우선 과제로 두고 연구에 매진하고 있다. 연구의 질적 수준과 경제성 문제를 지적하는 사람들이 많지만 전 분야에 걸쳐 구축한 기본 역량과 정부의 개발 의지는 이를 실현하기에 부족함이 없어 보인다.

앞서 이야기한 바와 같이, 중국의 장점은 군과 민을 결합한 거대하고 다양한 수요의 창출과 안정적으로 추진되는 단계별 장기 계획, 자주적 기술 개발의 의지와 충분한 지상 설비 구축, 실패에도 위축되지 않는 대규모 전문가 집단과 이들의 헌신 등이다. 중국은 강력한 공산당의 통치와 사회주의 동원체제가 있다. 이러한 중국이 우주 개척을 매개로 미국과의 경쟁에서 대등하거나 앞서려 한다. 최근의 정치적 경쟁 관계가 이를 더욱 부추기고 있다.

이춘근·최해옥·백서인·손은정·강지연(2017), 「중국(중화권) 첨단기술 모니터링 및 DB 구축 : 우주개발 분야를 중심으로」, 과학기술정책연구원

이춘근(2004), 「중국의 유인우주선 개발과 향후 전망」, 과학기술정책연구원

______ (2017), 「중국의 우주 국제 협력 사례」, 과학기술정책연구원

國務院(1956), 「1956-1967年科學技術發展遠景規劃綱要(草案)」

______ (1986.3), 「國家高技術研究發展計劃」

______ (1986), 「關於加速發展航天技術報告」

______ (2006), 「國家中長期科學和技術發展規劃綱要(2006-2020年)」

______ (2013), 「國家衛星導航產業中長期發展規劃」

______ (2011), 「2011中國的航天白皮書」

______ (2016), 「2016中國的航天白皮書」

謝光 等(1992), 『當代中國的國防科技事業(上,下)』, 當代中國出版社

國防科學技術工業委員會(1999), 『航天』, 宇航出版社

中國宇航學會(2003), 『中國神州』, 科學出版社

株增泉(2003), 『來自中國載人航天工程的內部報告-飛天夢圓』, 華藝出版社

宮方(2004), 『從加加林到楊利偉』, 河南大學出版社

鄒永廖(2007),『中國的探月方略及其實施』, 上海科技教育出版社

陳閩慷·茹家欣(2007),『長征系列火箭的發展曆程』, 上海科技教育出版社

戚發軔·李頤黎(2010),『巡天神州』, 中國宇航出版社

唐國東·華強 外(2012),『翱翔太空-中國載人航天之路』, 上海交通大學出版社

歐陽自遠 外(2014),『中國探月工程』,浙江科學技術出版社

亢建明(2015),『問鼎太空』, 山西人民出版社

外務省(2017.7.25.),「宇宙に関する各國の外交政策について調査研究」